工业和信息化
人才培养规划教材

Industry And Information
Technology Training
Planning Materials

高 职 高 专 计 算 机 系 列

网络组建
与维护技术（第2版）

Network Formation and Maintenance

汪双顶 余明辉 ◎ 主编
孙丽萍 ◎ 审

U0262303

人民邮电出版社
北京

图书在版编目（CIP）数据

网络组建与维护技术：第2版 / 汪双顶，余明辉主编. -- 北京：人民邮电出版社，2014.5（2023.8重印）
工业和信息化人才培养规划教材
ISBN 978-7-115-34728-2

Ⅰ. ①网… Ⅱ. ①汪… ②余… Ⅲ. ①计算机网络—教材 Ⅳ. ①TP393

中国版本图书馆CIP数据核字(2014)第027897号

内 容 提 要

本书详细介绍了局域网组建与维护工作过程中所涉及的网络基础、交换技术、路由技术及网络安全技术等方面的基础知识和基本技能，以及如何将企业网络接入到互联网中，并实施安全认证的方法。

全书由 21 个单元模块组成，包括网络基础知识、网络参考模型、基础协议、交换机工作原理、虚拟局域网（VLAN）、生成树（STP/RSTP）、静态路由、动态路由（RIP/OSPF）、交换机端口安全、IP ACL、NAT 技术以及网络故障排除等网络组建与维护技术。

本书的读者对象可以是本科类院校和高职类院校的学生、教师，也可以是准备参加网络管理员等相关职业资格认证考试的专业人士，以及希望学习更多企业网络构建知识的技术人员。

◆ 主　　编　汪双顶　余明辉
　　审　　　孙丽萍
　　责任编辑　王　威
　　责任印制　焦志炜

◆ 人民邮电出版社出版发行　　北京市丰台区成寿寺路 11 号
　　邮编　100164　电子邮件　315@ptpress.com.cn
　　网址　http://www.ptpress.com.cn
　　三河市君旺印务有限公司印刷

◆ 开本：787×1092　1/16
　　印张：17.5　　　　　　　　　　2014 年 5 月第 1 版
　　字数：454 千字　　　　　　　　2023 年 8 月河北第 16 次印刷

定价：39.80 元

读者服务热线：(010)81055256　印装质量热线：(010)81055316
反盗版热线：(010)81055315
广告经营许可证：京东市监广登字 20170147 号

前　言

随着互联网技术的发展，计算机网络技术正在改变着人们的生活、学习和工作方式，推动着社会文明的进步。伴随全球信息化浪潮的到来，建立以网络为核心的工作、学习以及生活方式，将成为未来发展的趋势。

21 世纪，面对信息化社会对巨量信息快速存储和处理的需要，我国计算机网络技术的发展非常迅速，应用也更加普遍。计算机与通信技术的不断进步，推动着计算机网络技术的发展，新概念、新思想、新技术、新型信息服务也不断涌现。

因此，要想在网络技术飞速发展的今天有所作为，必须学习、理解、掌握计算机网络技术的基本知识，了解网络技术发展的最新动态。计算机网络技术不仅是计算机从业人员必须掌握的知识，也是广大读者特别是青年学生应该了解和掌握的。

依据教育部关于职业教育"培养适应生产、建设、管理、服务第一线需要的高素质、应用型人才"的培养目标，本书详细介绍了在局域网组建与维护工作过程中所涉及的网络基础、交换技术、路由技术以及网络安全技术等方面的基础知识和基本技能，教会读者如何将企业网络接入到互联网中，并实施安全认证。

全书由 21 个单元模块组成，包括网络基础知识、网络参考模型、基础协议、交换机工作原理、虚拟局域网（VLAN）、生成树（STP/RSTP）、静态路由、动态路由（RIP/OSPF）、交换机端口安全、IP ACL、NAT 技术以及网络故障排除等网络组建与维护技术。

为帮助读者了解这些网络技术与未来工作岗位的对应关系，本课程按照基于工作过程的课程思想，在每一单元模块的开头都描述了相应发生的场景，提出了实际的工作需求，并对工作需求进行分析，然后讲解本项目实施过程中应用到的关键技术原理和实施方法，最后按照实际工作任务的需求，完成项目的实施，以强化学生职业技能的训练，实现学校课程和企业实际工作的对接。

本书对于网络技术的理论知识和工作原理介绍得相对浅显；突出理论联系实际，重点介绍网络应用技术方面的知识，注重培养读者掌握网络实际应用技术的能力。全书按照基于工作过程的项目式教材开发思想，每一个项目都解决一项生活中的网络问题。通过熟悉、了解、认识、实践该网络问题，让读者可以全面学习和了解计算机网络的基础知识，力求体现教材的系统性、先进性和实用性。

为更好地实施这些项目内容，还需要为本课程提供课程实施的环境，以再现这些网络工程项目。相关设备包括二层交换机、三层交换机、模块化路由器、无线接入 AP 以及若干台测试计算机和双绞线（或制作工具）。在缺少硬件的学习环境中，网络上很多成熟的网络组建模拟器软件，如 Bonson、Packet Tracer 等也可以帮助完成本书中的实践操作。

本书选择的工程项目来自企业案例，但本课程在规划中遵循行业内通用的技术标准，力求全部知识诠释和技术都具有通用性。全书关于设备功能描述、接口标准、技术诠释、命令语法解释、命令的格式、操作规程、图标和拓扑图型的绘制方法都使用行业内的标准，以加强其通用性。

由于本书的专业性、实用性、易读性，本书可以作为网络管理员等相关职业资格认证考试的指导教材。读者通过相关的职业资格认证考试，也可以为未来的就业提供竞争力。

本课程开发人员来自企业和院校教学一线，他们把多年来在各自领域中积累的工作经验和教学经验，以及对网络技术的深刻理解整理归纳成本书。

作者汪双顶来自锐捷网络，他积极发挥在企业的项目资源优势，结合多年的网络工程实施经验，实现了本课程中技术场景和工作场景的对接；同时，他还利用其技术优势，剔除目前废弃的旧技术，把网络行业的最新技术引入到本课程中，保证课程和市场的同步。

作者余明辉来自广州番禺职业技术学院，该校是国家首批示范高职建设学校。余明辉在承担国家示范性职高学校建设期间锐意改革，按照企业工作过程，完成学院计算机系课程体系的革新。在本书编写过程中，他积极发挥在院校教学一线的优势，筛选来自企业的技术和项目，并依据课程实施的难易度，按照学生的接受程度，进行循序渐进的规划，以适合的课程方式在院校落地实施。

孙丽萍教授来自上海理工大学，她对全书使用到的技术进行审核，并对相关知识和章节点给予优化。

此外，本书在编写过程中，还得到了其他一线教师、技术工程师、产品经理的大力支持。他们积累多年来自工程一线的工作经验，为本书的真实性、专业性以及方便在学校教学、实施给予了有力的支持。

本书策划、编辑的过程历经一年多，前后经过多轮的修订，得到很多的人力支持，其修改力度较大，远远超过策划者先前的估计，加之编者水平有限，错漏之处在所难免，敬请广大读者指正。

编者
2014 年初

使用说明

　　为帮助读者全面理解网络技术细节，建立直观的组网概念，在全书关键技术解释和工程方案实施中，会涉及一些网络专业术语和词汇。为方便大家今后在工作中的应用，全书采用业界标准的技术和图形绘制方案。

　　以下为本书中所使用的图标示例：

接入交换机

固化汇聚
交换机

模块化汇聚
交换机

核心交换机
交换机

二层堆栈

三层堆栈
交换机

中低端路由器

高端路由器

Voice 多业务
路由器

SOHO 多业务
路由器

IPv6 多业务
路由器

服务器

单路 AP

双路 AP

无线网卡 1

无线网卡 2

无线网桥

无线交换机

带无线网卡的
笔记本

室外天线

台式机

笔记本

SAM 服务器

认证客户端

黑客 1

黑客 2

黑客 3

打印机

电话

IP 电话

磁带库
系统

磁盘阵列
系统

防火墙

VPN 网关

IDS 入侵检测
系统

IPS 入侵保护
系统

目 录 CONTENTS

PART 1

项目 1
组建双机互联对等网络

核心技术

◆ 计算机网络体系结构

能力目标

◆ 了解计算机网络的基本功能
◆ 会区别局域网、城域网和广域网
◆ 了解计算机网络拓扑结构类型及其优缺点
◆ 熟悉计算机网络体系结构
◆ 熟悉 OSI、TCP/IP、IEEE802 三大协议应用环境
◆ 会组建简单的对等网

知识目标

◆ 掌握计算机网络定义
◆ 了解计算机网络应用的环境
◆ 了解计算机网络分类：WAN 和 LAN
◆ 了解计算机网络拓扑结构
◆ 了解 OSI、TCP/IP、IEEE 802 三大协议
◆ 了解对等网基础知识

【项目背景】

绿丰公司是一家消费品销售公司，为提高信息化，公司组建了互联互通的办公网络。为共享内部资源，还搭建了公司内部服务器：一来可共享办公用打印机；二来可共享办公网络各种信息资源；三来还可以接入互联网。

随着公司网络规模的扩大，需要加强网络管理，因此绿丰公司专门招聘了一位网络管理员小明，帮助管理公司的网络运营和维护。

小明来到公司后，为了共享办公网中的资源信息，他把网络中心的几台计算机互联起来，

组建了简单的办公室内对等网络，以共享办公服务。

【项目分析】

从功能和服务角度划分，计算机网络可以分为客户机/服务器的 C/S 模式，以及对等网络 P2P 模式。由于绿丰公司的网络中心没有购买服务器，因此搭建客户机/服务器网络系统。

为共享办公资源，小明把办公室内多台计算机使用集线器连接起来，就组建了简单的对等网络。对等网络又称为工作组网络，网络上各台计算机有相同的功能，无主从之分。任一台计算机都可作为服务器，设定共享资源供网络中其他计算机使用。

【项目目标】

本项目从网络管理员日常管理角度出发，讲解计算机网络在企业中的应用环境和场景，帮助读者了解计算机网络基础知识，熟悉相关的知识和技术在真实网络中应用的场景，为后续计算机网络知识和技术的学习打下良好基础。

【知识准备】

计算机网络是计算机技术与通信技术相结合的产物，它的诞生使计算机的体系结构发生了巨大变化。在当今社会发展中，计算机网络起着非常重要的作用，并对人类社会的进步做出了巨大贡献。

目前，计算机网络的应用遍布全世界各个领域，并已成为人们社会生活中不可缺少的重要组成部分。从某种意义上讲，计算机网络的发展水平不仅反映了一个国家的计算机科学和通信技术的水平，也是衡量其国力及现代化程度的重要标志之一。

那么，什么是计算机网络？它主要涉及哪些基本概念、知识和技术呢？

1.1 什么是计算机网络

计算机网络是指将地理位置不同的、具有独立功能的多台计算机及其外部设备，通过通信线路连接起来，在网络操作系统、网络管理软件及网络通信协议的管理和协调下，实现资源共享和信息传递的计算机系统。

一般来说，将分散在不同地点的多台计算机、终端和外部设备用通信线路互联起来，再安装上相应的软件（这些软件就是实现网络协议的一些程序），彼此间能够互相通信，并且实现资源共享（包括软件、硬件、数据等）的整个系统叫做计算机网络系统。

其中，在计算机网络中使用的通信程序叫做协议。就像讲不同语言的人无法进行对话一样，计算机网络中的双方也需要遵守共同的规则和约定才能进行通信。这些规则和约定就是计算机网络协议，由协议来解释、协调和管理计算机之间的通信和相互间的操作。

1.2 计算机网络由来

世界上第一台电子计算机 ENIAC（电子数字积分计算机）于 1946 年 2 月 15 日在美国宣告诞生。在计算机最初诞生的 10 年期间，因为计算机主机相当昂贵，主要是一些集中处理的大型机。而当时的通信线路和通信终端设备相对便宜，因此在 20 世纪 50 年代，人们为了共享大型计算机的主机资源，并利用大型机进行信息处理，开始将彼此独立发展的计算机技术与通信技术结合起来，建设了第一代以单主机为中心的"远程终端联机网络"系统，如图 1-1 所示。

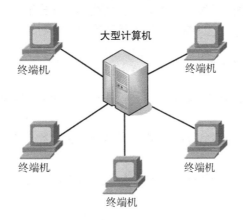

图 1-1　第一代计算机网络"远程终端联机网络"

第一代计算机网络"远程终端联机网络"，最早应用于美国国防系统，用于构建当时著名的美国空军 SAGE 半自动化地面防控系统，迈出军队信息化建设第一步。第一代计算机网络完成了数据通信与计算机通信网络的研究，为后续计算机网络大规模的发展，奠定了良好的基础。

第二代计算机网络将多个主机通过通信线路互联，为用户提供服务，它兴起于 20 世纪 60 年代后期。由于 60 年代出现了大型主机，因而也提出了对大型主机资源远程共享的要求。

同时，以程控交换为特征的电信技术的发展，为这种远程通信需求提供了实现手段。在这种网络中，主机之间不是直接用线路相连，而是由端口报文处理机（IMP）转接后互联。IMP和它们之间互联的通信线路一起负责主机间的通信任务，构成通信子网，如图 1-2 所示。通信子网互联的主机负责运行程序，提供资源共享，组成了资源子网。

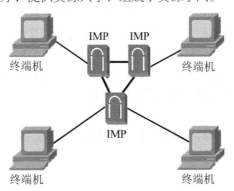

图 1-2　远程大规模互联网络

现代意义上的计算机网络是从 1969 年美国国防部高级研究计划局（DARPA）建成的 ARPAnet 实验网开始。该网络当时只有 4 个结点，以电话线路为主干网络，创建了第一个分组交换网 ARPAnet。两年后 ARPAnet 网络建成 15 个节点，进入工作阶段。

到了 20 世纪 70 年代后期，网络中的结点超过 60 个，主机 100 多台，地理范围跨越美洲大陆，连通了美国东部和西部的许多大学和研究机构，而且通过通信卫星和欧洲地区的计算机网络相互联通。现代计算机网络中的许多概念和方法，如分组交换技术都来自 ARPAnet。

ARPAnet 在以后的时间中得到不断的发展，后续发展成为全球瞩目的互联网（Internet）。在 ARPAnet 网络中，将协议按功能分成了若干层次。如何分层以及各层中具体采用的协议总和，称为网络体系结构。

ARPAnet 的特点主要是：①资源共享；②分散控制；③分组交换；④采用专门的通信控制处理机；⑤分层的网络协议。这些特点被认为是现代计算机网络的一般特征。

1.3　计算机网络功能

计算机网络的主要功能是建立资源共享，资源共享是计算机网络的主要共享，主要共享的资源表现在以下几个方面。

（1）硬件资源：包括各种类型的计算机、大容量存储设备、计算机外部设备，如彩色打印机、静电绘图仪等。

（2）软件资源：包括各种应用软件、工具软件、系统开发所用的支撑软件、语言处理程序、数据库管理系统等。

（3）数据资源：包括数据库文件、数据库、办公文档资料、企业生产报表等。

（4）信道资源：通信信道可以理解为电信号的传输介质。通信信道的共享是计算机网络中最重要的共享资源之一。

此外，通过计算机网络实现通信，是计算机网络的另一项重要功能，计算机网络通信技术改变了人类信息时代的沟通方式。利用计算机网络可以传输各种类型的信息，包括数据信息、图形、图像、声音、视频流等各种多媒体信息。

分布式计算和集中处理数据信息也是计算机网络承担的重要职责。分布式计算主要是利用计算机网络，把要处理的任务分散到各个计算机上执行，而不是集中在一台大型计算机上。这样，不仅可以降低软件设计的复杂性，而且可以大大提高工作效率、降低成本。

利用计算机网络进行集中管理信息，主要是针对地理位置分散的组织和部门，可通过计算机网络来实现集中管理，如数据库情报检索系统、交通运输部门的订票系统、军事指挥系统等。当网络中某台计算机的任务负荷太重时，通过网络和应用程序的控制和管理，将作业分散到网络中的其他计算机中，由多台计算机共同完成，从而实现计算机网络的均衡负荷功能。

计算机网络技术的发展给传统的信息处理工作带来了革命性的变化，同时也给传统的管理工作带来了很大的冲击。计算机网络技术目前广泛应用于生活的各个领域，受到个人和公司的青睐。其应用的领域和范围主要表现在以下几个方面。

1．数字通信

数字通信是现代社会通信的主流，包括网络电话、可视图文系统、视频会议系统和电子邮件服务等。

2．分布式计算

分布式计算包括两个方面：一是将若干台计算机通过网络连接起来，将一个程序分散到各计算机上同时运行，然后把每一台计算机计算的结果搜集汇总，整体得出结果；另一种是通过计算机网络将需要大量计算的题目传送到网络上的大型计算机中进行计算并返回结果。

3．信息查询

信息查询是计算机网络提供资源共享的最好工具，通过"搜索引擎"使用少量的"关键"词来概括归纳出这些信息内容，快速地把你感兴趣的内容所在的网络地址一一罗列出来。

4．远程教育

远程教育是利用互联网技术开发的现代在线服务系统，它充分发挥网络可以跨越空间和时间的特点，在网络平台上向学生提供各种与教育相关的信息，做到"任何人在任何时间、任何地点，可以学习任何课程"。

5．虚拟现实

虚拟现实是计算机软硬件技术、传感技术、机器人技术、人工智能及心理学等高速发展的结晶。虚拟现实与传统的仿真技术都是对现实世界的模拟，即两者都是基于模型的活动，而且都力图通过计算机及各类装置实现现实世界尽可能精确再现的目标。随着计算机科学技术的飞速发展，虚拟现实技术与仿真技术必将更加异彩纷呈、绚丽夺目。

6．电子商务

广义的电子商务包括各行各业的电子业务、电子政务、电子医务、电子军务、电子教务、电子公务和电子家务等；狭义的电子商务是指人们利用电子化、网络化手段进行商务活动。

7．办公自动化

办公自动化能实现办公活动的科学化、自动化，最大限度地提高工作质量、工作效率和改善工作环境。

8．企业管理与决策

随着计算机网络的广泛应用，各类企业采用管理科学与信息技术相结合的方式，开发企业管理和决策信息系统，为企业管理和决策提供支持服务。目前，企业正在朝着开发"智能化"的决策支持系统迅速发展。

1.4　计算机网络分类

虽然网络类型的划分标准各种各样，但按照网络的覆盖范围来分类，是一种大家都认可的通用网络划分标准。按照这种标准可以把各种网络类型划分为局域网、城域网、广域网。

1．局域网（LAN）

LAN（Local Area Network）就是指局域网，这是最常见、应用最广的一种网络。随着整个计算机网络技术的发展和提高，局域网得到充分的应用和普及，几乎每个单位都有自己的局域网，有的家庭中甚至都有自己的小型局域网，如图 1-3 所示。

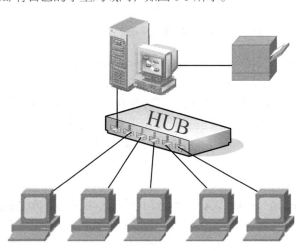

图 1-3　局域网连接示意图

局域网一般位于一栋建筑物或一家单位内，它所覆盖的地区范围较小，是安装在局部地区内的网络。局域网在计算机数量配置上没有太多的限制，少的可以只有两台，多的可达几百台。一般来说，在企业类型的局域网中，网络中的计算机终端数量在几十到两百台。而在网络涉及的地理距离上，可以是几米至几十千米。

局域网的主要特点是：连接范围窄、用户数量少、配置容易、连接速率高。

目前，IEEE 的 802 标准委员会定义了多种主要的 LAN 网：以太网（Ethernet）、令牌环网（Token Ring）、光纤分布式端口网络（FDDI）、异步传输模式网（ATM），以及最新的无线局域网（WLAN）。最快的局域网要数现今速率为 10Gbit/s 的以太网。

2．城域网（MAN）

城域网（Metropolitan Area Network，MAN）一般是指在同一个城市，但不在同一地理小区范围内的计算机互联。这种网络连接距离可以在 10km ~ 100km，它采用的是 IEEE 802.6 标准。与局域网相比，城域网扩展的距离更长，连接的计算机数量更多，在地理范围上可以说是局域网的延伸。

在一个大型城市或都市地区，一个城域网通常连接着多个局域网，如连接政府机构的 LAN、医院的 LAN、电信的 LAN、公司企业的 LAN 等，如图 1-4 所示。由于光纤连接的引入，城域网中高速的局域网之间互联成为可能。

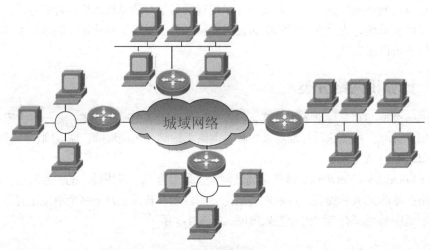

图 1-4　城域网连接示意图

城域网多采用 ATM 技术做骨干网。ATM 是一个用于数据、语音、视频以及多媒体应用高速网络传输的方法。ATM 包括一个端口和一个通信协议，该协议能够在一个常规的传输信道上，在比特率不变及变化通信量之间进行切换。ATM 也包括硬件、软件以及与 ATM 协议标准一致的介质。ATM 提供一个可伸缩的主干基础设施，以便能够适应不同规模、速度以及寻址技术的网络。ATM 的最大缺点就是成本太高，所以一般在政府管理部门的城域网中应用，如银行、医院等。

3．广域网（WAN）

广域网（Wide Area Network，WAN）也称为远程网，所覆盖的范围比城域网更广，它一般是在不同城市的局域网或者城域网之间互联，地理范围可从几百千米到几千千米，如图 1-5 所示。

图 1-5　广域网连接示意图

广域网因为传输的距离较远，信息衰减比较严重，所以这种网络一般需要租用电信的专线技术，通过 IMP（端口信息处理）协议和线路连接起来，构成网状结构。广域网因为所连接的用户多，传输的距离长，因而总出口带宽有限，所以用户终端连接速率一般较低，通常为 9.6Kbit/s~100Mbit/s 。如中国公用计算机互联网（CHINANET）、中国公用分组交换网（CHINAPAC）和中国公用数字数据网（CHINADDN）。

在以上网络分类中，现实生活中遇到最多的是局域网，因为它可大可小，无论单位还是家庭实现起来都比较容易，因而也是应用最广泛的一种网络。

1.5　计算机网络拓扑类型

计算机网络拓扑（Computer Network Topology）是指根据计算机或网络设备之间的连接状态以及分布情况，把服务器、工作站等网络单元抽象为"点"，把网络中的电缆、双绞线等传输介质抽象为"线"，画在图纸上就构成了网络拓扑图。网络中的计算机或设备之间连接的结点有两类：一类是转换和交换信息的转接结点，包括结点交换机、集线器和终端控制器等；另一类是访问结点，包括计算机主机和终端等。

计算机网络拓扑结构影响着整个网络的设计、功能、可靠性和通信费用等许多方面，是决定局域网性能优劣的重要因素之一。常见的网络拓扑结构主要有：总线型结构、星状结构、环状结构和树状结构。

1．总线型结构

总线型结构是使用最普遍的一种网络，它由一条高速公用主干电缆，即总线连接若干个结点构成网络。网络中所有的结点通过总线进行信息的传输，如图 1-6 所示。

总线型结构的优点是结构简单灵活、建网容易、使用方便、性能好；其缺点是主干总线对网络起决定性作用，总线故障将影响整个网络。

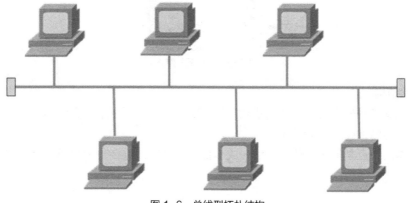

图 1-6　总线型拓扑结构

2．星状结构

星状结构由中央结点与各个结点连接组成，各结点必须通过中央结点才能实现通信，如图1-7所示。

星状结构的优点是结构简单、建网容易，便于控制和管理；其缺点是中央结点负担较重，容易形成系统"瓶颈"，线路的利用率也不高。

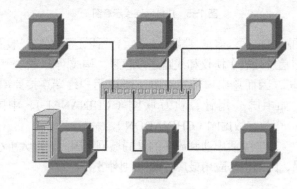

图 1-7　星状拓扑结构

3．环状结构

环状结构由各结点首尾相连形成一个闭合环形线路。环状网络中的信息传送是单向的，即沿一个方向从一个结点传到另一个结点；每个结点需要安装中继器，以接收、放大、发送信号，如图1-8所示。

环状结构的优点是结构简单、建网容易、便于管理；其缺点是当结点过多时，将影响传输效率，不利于扩充。

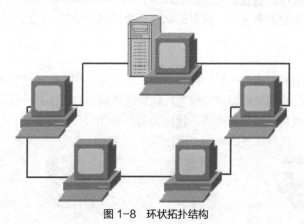

图 1-8　环状拓扑结构

4．树状结构

树状结构是一种分级结构。在树状结构的网络中，任意两个结点之间不产生回路，每条通路都支持双向传输，如图1-9所示。

树状结构的特点是扩充方便、灵活，成本低，易推广，适合分主次或分等级的层次型管理系统。

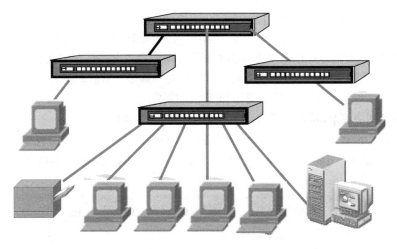

图 1-9 树状拓扑结构

局域网中最常见的结构是星状拓扑结构。

1.6 计算机网络体系结构

计算机网络体系结构是指计算机网络层次结构模型，各层的协议以及层次之间端口的集合。在计算机网络中实现通信就必须依靠网络通信协议，目前广泛采用的是国际标准化组织（ISO）在 1979 年提出开放系统互联（OSI-Open System Interconnection）参考模型。

1．开放系统互联参考模型 OSI/RM

在 20 世纪 70 年代，各大计算机生产商的产品都拥有自己的网络通信协议。但不同厂家生产的计算机系统难以连接，为了实现不同厂商生产的计算机系统之间以及不同网络之间的数据通信，国际标准化组织（ISO）开发了 OSI/RM 模型，也称为 ISO/OSI 模型，该系统称为开放系统。

OSI/RM 模型是一种异构网络系统之间的互联分层结构，它提供了互联系统通信规则的标准框架。但该参考模型只定义一种抽象网络模型分层结构，而没有对具体通信过程实现进行详细研究。

OSI/RM 参考模型规定：不同系统中相同层的实体为同等层实体；同等层实体之间通信由该层的协议管理；相同层间的端口定义了原语操作和低层向上层提供的服务；直接的数据传送仅在最低层实现；每层完成所定义的功能，修改本层的功能并不影响其他层。

OSI 参考模型采用分层结构化技术，它把网络通信共分七层：物理层、数据链路层、网络层、传送层、会话层、表示层和应用层，用来描述网络分层通信的结构。

其中，各层的基本功能如下。

● 物理层：提供为建立、维护和拆除物理链路所需要的机械的、电气的、功能的和规程的特性。

● 数据链路层：在网络层实体间提供数据发送和接收过程；提供数据链路流控。

● 网络层：控制分组传送系统的操作、路由选择、拥护控制、网络互联等功能，它的作用是将具体的物理传送对高层透明。

● 传输层：提供建立、维护和拆除传送连接的功能；选择网络层提供最合适的服务；在系统之间提供可靠的、透明的数据传送；提供端到端的错误恢复和流量控制。

- 会话层：提供两个通信进程之间建立、维护和结束会话连接的功能。
- 表示层：代表应用进程协商数据表示；完成数据转换、格式化和文本压缩。
- 应用层：提供 OSI 用户服务，例如事务处理程序、文件传送协议和网络管理等。

开放系统互联参考模型 OSI/RM 的规范对所有的厂商是开放的，具有指导网络结构和开放系统走向的作用。它直接影响总线、端口和网络的性能。

2．传输控制协议/因特网互联协议（TCP/IP）体系结构

在计算机网络中，还存在另外一套网络体系结构，即传输控制协议/因特网互联协议（TCP/IP）的体系结构。TCP/IP 包括 TCP/IP 的层次结构和协议集，如图 1-10 所示，是安装在计算机中、内嵌在 Windows 操作系统内核中的 TCP/IP 协议。

图 1-10　安装在计算机中的 TCP/IP

TCP/IP（传输控制协议/因特网互联协议）是国际互联网络最基本的协议，由网络层的 IP 协议和传输层的 TCP 协议组成。TCP/IP 定义了电子设备如何接入互联网，以及数据如何在它们之间传输的标准。协议采用了四层的层级结构，每一层都调用它的下一层所提供的网络来完成自己的需求。

TCP/IP 协议不是 TCP 和 IP 这两个协议的合称，而是指互联网整个 TCP/IP 协议族。从协议分层模型来讲，TCP/IP 共分四层：网络端口层、网络层、传输层、应用层。

TCP/IP 协议并不完全符合 OSI 的七层参考模型。OSI 与 TCP/IP 有着许多共同点和不同点，如表 1-1 所示。OSI（Open System Interconnect）是传统的开放式系统互联参考模型，是一种通信协议的七层抽象的参考模型；而 TCP/IP 通信协议采用了四层的层级结构，每一层都调用它的下一层所提供的网络来完成自己的需求。

由于互联网的前身 ARPANET 网的设计者注重的是网络互联功能，允许通信子网（网络端口层）采用已有的或是将来有的各种协议，所以这个层次中没有提供专门的协议。实际上，TCP/IP 协议可以通过网络端口层连接到任何网络上，例如 X.25 交换网或 IEEE 802 局域网。

表 1-1　TCP/IP 结构对应 OSI

OSI 各层	功　能	TCP/IP 协议族
应用层	文件传输、电子邮件、文件服务、虚拟终端	TFTP、HTTP、SNMP、FTP、SMTP、DNS、Telnet 等
表示层	翻译、加密、压缩	没有协议
会话层	对话控制、建立同步点（续传）	没有协议
传输层	端口寻址、分段重组、流量、差错控制	TCP、UDP
网络层	逻辑寻址、路由选择	IP、ICMP、OSPF、EIGRP、IGMP、RIP、ARP、RARP
数据链路层	成帧、物理寻址、流量，差错、接入控制	SLIP、CSLIP、PPP、MTU
物理层	设置网络拓扑结构、比特传输、位同步	ISO 2110、IEEE 802、IEEE 802.2

3．局域网网络体系结构 IEEE 802

于 1980 年 2 月成立的 IEEE 802 委员会（IEEE - Institute of Electrical and Electronics Engineers INC，即美国电气和电子工程师学会），专门从事局域网标准化工作，该委员会制订了一系列局域网标准，称为 IEEE 802 标准。目前，许多 802 标准已经成为 ISO 国际标准。

IEEE 802 所描述的局域网参考模型，只对应 OSI 参考模型的数据链路层与物理层，如图 1-11 所示，是两种协议模型的分层对比。它将数据链路层划分为逻辑链路控制（Logical Link Control，LLC）子层与介质访问控制（Media Access Control，MAC）子层。

IEEE 802 协议是一种物理协议，因为有多种子协议，把这些协议汇集在一起就叫 802 协议集。它包括 802.2 逻辑链路控制（LLC）协议、802.3 以太网规范、802.4 令牌总线网规范、802.5 令牌环线网规范、802.6 城域网规范、802.7 宽带局域网规范、802.8 光纤局域网规范、802.9 综合话音/数据局域网规范、802.10 可互操作局域网安全标准，以及 802.11 无线局域网规范。

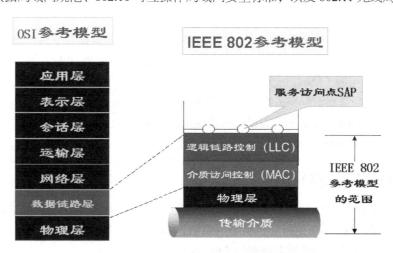

图 1-11　IEEE 802 与 OSI 参考模型对比

1.7 局域网体系结构

局域网是一种在有限的地理范围内，将大量计算机及各种电子设备连接在一起，实现数据传输和资源共享的计算机网络。决定局域网特性的主要技术有 3 个方面。

（1）局域网的拓扑结构。

（2）用以传输数据的介质。

（3）用以共享媒体的介质访问控制方法。

局域网的体系结构与广域网的体系结构有很大的区别。广域网使用的是点到点连接的网络，各台主机之间通过很多个节点组成的网络进行通信。而局域网则使用广播信道，即所有的主机都连接到同一传输媒体上，各主机对传输媒体的控制和使用采用多路访问信道及随机访问信道机制。这里的广播是指网络中的计算机或者其他电子设备，使用一个共享的通信介质进行数据传播，网络中的所有节点都能接收到任一节点发出的数据信息。

局域网体系标准 IEEE 802 规范并定义了网卡如何访问传输介质（如光缆、双绞线、无线等），以及如何在传输介质上传输数据的方法，还定义了传输信息的网络设备之间连接建立、维护和拆除的途径。遵循 IEEE 802 标准的产品包括网卡、网桥、交换机以及其他一些用来建立局域网的组件。

由于局域网中设备之间不需要路由选择，因此它并不需要网络层，而只需要最低的两层：物理层和数据链路层。按照 IEEE 802 标准，又将数据链路层分为两个子层：逻辑链路控制子层和介质访问控制子层。因此，局域网体系结构由物理层、逻辑链路控制子层和介质访问控制子层组成。在 IEEE 802 标准中，主要定义了 ISO/OSI 的物理层和数据链路层。

1．物理层

物理层主要功能：实现比特流的传输和接收；产生和删除为进行同步用的前同步码；信号的编码与译码；规定了拓扑结构和传输速率。

2．数据链路层

数据链路层包括逻辑链路控制（LLC）子层和媒体访问控制（MAC）子层。

● 逻辑链路控制（LLC）子层

该层集中了与介质访问无关的功能。具体来讲，LLC 子层的主要功能是：建立和释放数据链路层的逻辑连接；提供与上层的端口（即服务访问点）；给 LLC 帧加上序号；差错控制。

● 介质访问控制（MAC）子层

该层负责解决与介质访问有关的问题和在物理层的基础上进行无差错的通信。MAC 子层的主要功能是：发送时将上层交下来的数据封装成帧进行发送，接收时对帧进行拆卸，将数据交给上层；实现和维护 MAC 协议；进行比特差错检查与寻址。

1.8 常见的局域网类型

局域网自 20 世纪 60 年代以来，经过多年的发展，出现过多种类型的局域网网络模型，最主要的有 3 种：以太网（Ethernet）、令牌环（Token Ring）和令牌总线（Token Bus），以及作为这 3 种网络的骨干网的光纤分布数据端口（FDDI）。

这里的以太网（Ethernet）指的是由 Xerox 公司创建并由 Xerox、Intel 和 DEC 公司联合开发的基带局域网规范，是现有局域网采用的最通用的通信协议标准。以太网络使用 CSMA/CD（载波监听多路访问及冲突检测）技术。

以太网是应用最为广泛的局域网，目前已经占据了世界范围内局域网市场90%以上的份额，其包括标准的以太网（10Mbit/s）、快速以太网（100Mbit/s）和10G（10Gbit/s）以太网，它们都符合 IEEE 802.3。

从网络互联的角度看，网络体系结构的关键要素是网络通信协议和网络连接拓扑。

其中，IEEE 802.3 是一篇非常重要的业界网络通信协议，主要定义了以太网的通信规范，规定了以太网的电气指标。IEEE 802.3 描述物理层和数据链路层的 MAC 子层的实现方法，在多种物理介质上以多种速率、采用 CSMA/CD 访问方式，对于快速以太网该标准说明的实现方法有所扩展。

以太网 IEEE 802.3 定义了 CSMA/CD 标准的介质访问控制（MAC）子层和物理层规范。

1.9 计算机对等网络

计算机网络还可以按照在网络中提供的服务以及承担的功能不同，分为：集中模式、客户机/服务器（Client/Server）模式以及对等网模式。

前面两种模式都是以应用为核心，在网络中必须有应用服务器，用户的请求必须通过应用服务器完成，用户之间的通信也要经过服务器；而对等网络则无主从之分。

● 集中模式

集中式网络操作系统是由分时操作系统加上网络功能演变而成的。系统的基本单元是由一台主机和若干台与主机相连的终端构成，信息的处理和控制是集中的。在银行中大规模使用的 UNIX 网络系统就是这类系统的典型。

● 客户机/服务器模式

这是当今最流行的网络工作模式。服务器是网络的控制中心，并向客户提供服务。客户是用于本地处理和访问服务器的站点。

● 对等网模式

采用这种模式的站点都是对等的，既可以作为客户访问其他站点，又可以作为服务器向其他站点提供服务。这种模式具有分布处理和分布控制的功能。

对等网也称工作组，是小型局域网常用的组网方式。在对等网络中，计算机的数量通常不超过 20 台，所以对等网络相对比较简单。在对等网络中，各台计算机都有相同的功能，无主从之分。网络上任一台计算机既可以作为网络服务器，其资源为其他计算机共享；也可以作为工作站，以分享其他服务器的资源。任一台计算机均可同时作服务器和工作站，也可只作其中之一。同时，对等网除了共享文件之外，还可以共享打印机。

1.10 项目实施：组建双机互联网络

【任务描述】

绿丰公司是一家消费品销售公司，为提高信息化，公司组建了互联互通的办公网络，还搭建了网络内部服务器：一来可共享办公用打印机，二来可共享办公网各种信息资源。

为此，绿丰公司招聘了一名网络管理员小明，管理公司网络运营和维护。在日常工作中，需要复制文件到公司的其他计算机上，由于有很多工作资料在小明的计算机上，需要使用 U 盘来回复制，非常麻烦。因此小明每次都把两台计算机连接起来组建一个对等网络环境，通过网络把资料从一台计算机传输到另一台计算机上。

【网络拓扑】

如图1-12所示,网络拓扑为把两台计算机连接起来,组建一个对等网络工作场景,通过网络把资料从一台计算机传输到另一台计算机上。

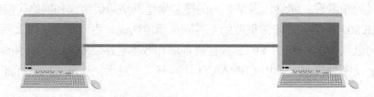

图1-12 组建对等网络场景

【任务目标】

组建对等网络,了解对等网络通信模型和原理。

【设备清单】

测线计算机(两台)、双绞线(若干)。

【工作过程1】组建网络

步骤一: 准备好连接计算机设备的双绞线(交叉线)。

步骤二:把制作好的双绞线,一端插入一台计算机网卡接口,另一端插入到对端计算机网卡接口。插入时按住双绞线上翘环片,听到清脆"叭哒"声音,轻轻回抽不松动即可。

步骤三: 给设备接通电源,当设备处于稳定状态时,线路端口显示绿灯,表示网络处于连通状态。

步骤四: 对等网络安装完成后,还需要对每台计算机进行TCP/IP设置(以Windows XP为例)。为网络中的计算机配置IP地址,使网络具有可管理性。

【工作过程2】配置网络

为网络中的计算机配置IP地址,配置地址过程如下所示。

步骤一:定位到"开始→设置→网络连接"命令,打开"网络连接",如图1-13所示。

图1-13 打开"网络连接"

步骤二:选中"本地连接"图标,单击鼠标右键,在弹出的快捷菜单中选择"属性"选项,如图1-14所示。

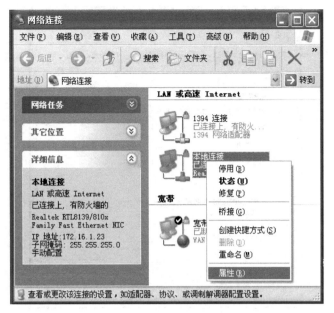

图 1-14　配置本地连接"属性"

步骤三：在"本地连接 属性"对话框中选择"Internet 协议（TCP/IP）"选项，然后单击"属性"按钮，设置 TCP/IP 协议属性，如图 1-15 所示。

图 1-15　选择通信协议

步骤四：为计算机配置 IP 地址，如图 1-16 所示。

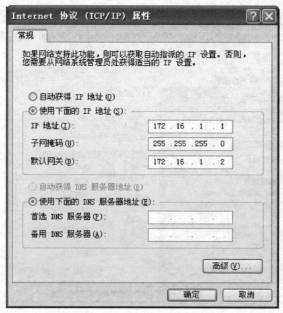

图 1-16 配置计算机 IP 地址

步骤五：为所有计算机设置管理 IP 地址，地址规划如表 1-2 所示。

表 1-2 对等网络 IP 地址规划表

设备	网络地址	子网掩码
PC1	172.16.1.1	255.255.255.0
PC2	172.16.1.2	255.255.255.0

步骤六：使用 ping 测试命令，测试对等网连通。

配置管理地址后，可用 ping 命令来检查组建的家庭对等网络的连通情况。打开任意一台计算机，执行"开始→运行"命令，在"打开"文本框中输入 cmd 命令，转到命令行操作状态，如图 1-17 所示。

图 1-17 进入命令行操作状态

在命令行操作状态，使用 ping 测试命令：ping 172.16.1.1。结果如图 1-18 所示，表示组建的对等网络实现连通。

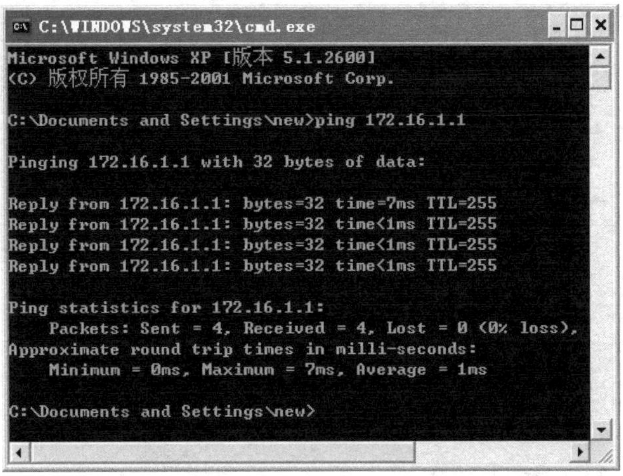

图 1-18 测试两台计算机的连通性

如果出现如图 1-19 所示的提示，表示网络没有连通，需要检查网卡、网线和 IP 地址，查看问题出在哪里，及时排除网络故障。

图 1-19 网络没有连通

备注：在测试过程中，需要关闭防火墙，因为防火墙提供的安全性能会屏蔽测试命令。在"本地连接 属性"对话框中，切换到"高级"选项卡，单击"设置"按钮。在"Windows 防火墙"对话框中单击"关闭"单选按钮，然后单击"确定"按钮，完成设置。

【工作过程 3】共享网络资源

步骤一：选择其中一台计算机，打开 "我的计算机"，选中需要共享的盘符或文件夹，单击鼠标右键，在弹出的快捷菜单中选择"属性"选项，如图 1-20 所示。

图 1-20　选择共享的文件目录

步骤二：在共享文件的属性对话框中，切换到"共享"选项卡，如图 1-21 所示。

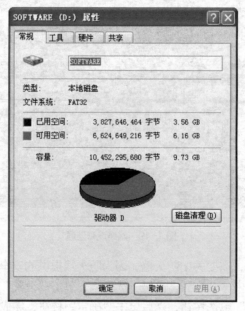

图 1-21　共享文件的属性对话框

步骤三：在"共享"选项卡中，选择"网络共享和安全"选项组，选择"在网络上共享这个文件夹"复选框，如图 1-22 所示。

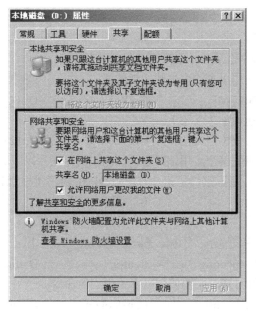

图 1-22　共享文件参数配置

步骤四：　在对方计算机上，双击"网上邻居"图标，在打开的窗口中就能看到共享资源，双击打开就可以"享用"共享资源，如图 1-23 所示。

也可以通过执行"网上邻居→查看工作组计算机"命令，打开目标计算机查看共享资源。

图 1-23　共享的网络资源

甚至在本地计算机中打开"网上邻居"窗口，在地址栏中直接输入"\\对方 IP"或者"\\对方计算机名"，在可以打开的窗口中就能看到共享资源。

1.11 认证试题

下列每道试题都有多个选项，请选择一个最优的答案。

1. ping 命令主要是使用下列哪个协议实现的（　　）。

A. ARP   B. ICMP   C. IP   D. TCP   E. UDP

2. 下面哪一个是回送地址（　　）。

A. 1.1.1.1   B. 255.255.255.0   C. 0.0.0.0   D. 127.0.0.1

3. 为了测试目标主机的某个应用端口是否开启。可以使用以下哪种方法（　　）。
方法 1 ping 目标主机 目标端口号；　　　方法 2 telnet 目标主机 目标端口号；

A. 两种方法都不可以   B. 方法 1 可以

C. 方法 2 可以   D. 两种方法都可以

4. _____命令可以用来显示、添加、删除、修改路由表项目（　　）。

A. route   B. ipconfig   C. arp   D. tracert

5. 测试 DNS 服务器的 IP，主要使用以下（　　）命令。

A. ping   B. ipconfig   C. nslookup   D. winipcfg

6. 网络管理员为了安全，想把局域网 IP 地址和 MAC 地址绑定，使用命令（　　）。

A. arp   B. route   C. telnet   D. ping

7. 用户可以使用（　　）命令检测网络连接是否正常？

A. ping   B. ftp   C. telnet   D. ipconfig

8. 已知同网段一台主机 IP 地址，通过哪种方式获取其 MAC 地址（　　）。

A. 发送 ARP 请求   B. 发送 RARP 请求

C. 通过 ARP 代理   D. 通过路由表

9. 在路由器发出的 ping 命令中，"U"代表什么（　　）。

A. 数据包已经丢失   B. 遇到网络拥塞现象

C. 目的地不能到达   D. 成功地接收到一个回送应答

10. ping 命令使用了哪种 ICMP（　　）。

A. Redirect   B. Source quench

C. Echo reply   D. Destination unreachable

PART 2
项目 2
使用集线器连接办公网

核心技术

◆ 局域网广播传输机制
◆ 以太网传输规则 CSMA/CD

能力目标

◆ 使用集线器连接办公网中计算机
◆ 共享办公网资源

知识目标

◆ 了解局域网基础知识
◆ 了解局域网组成设备
◆ 掌握星状网络拓扑结构
◆ 了解以太网传输规则 CSMA/CD
◆ 了解集线器设备
◆ 使用集线器连接办公网设备

【项目背景】

绿丰公司是一家消费品销售公司，为提高产品服务水平，公司新成立客户服务部。

客户服务部在日常工作过程中，需要处理大量的客户信息数据资料。为提高客户服务部的信息化水平，需要为新成立的客户服务部组建办公网。

使用网络互联设备，把客户服务部的计算机连接到公司的办公网中：一来可共享办公用打印机；二来可共享办公网中各种信息资源。

【项目分析】

办公网是局域网的组网形式之一，广泛出现在日常工作中。使用网络互联设备（如集线器）把分散在办公室内的计算机连接在一起，就形成了互联互通的办公网络，从而实现资源共享。

集线器是最常见的组建办公网互联互通的设备，因为价格便宜、组网简单、使用方便，而被广泛应用在日常各种类型的小型局域网组网中。

【项目目标】

本项目从网络管理员日常管理和应用角度出发，讲解连接办公网的组网设备。了解集线器产品知识，熟悉集线器的使用方法，懂一点集线器广播传输的工作机制，增加对局域网基础知识的理解，是作为网络管理员必备的职业技能。

【知识准备】

2.1 局域网基础

计算机网络可以分为多种不同类型。按照传输距离，通常把计算机网络分为局域网和广域网两种形式。在日常生活中，局域网可以表现为多种形式，如校园网、企业网、办公网、图书馆网等。本单元涉及的办公网络，实际上也是局域网的一种应用类型。

1．什么是局域网

局域网（Local Area Network，LAN）也叫局部网络，是指在有限的地理范围内，将大量计算机及各种网络设备互联，实现数据传输和资源共享的计算机网络。局域网联网的范围一般是方圆几米到几千米，经常应用于一栋大楼，或一间办公室甚至一间房间内部。

局域网可以由办公室内的两台计算机组成，也可以由一家公司内的上千台计算机组成。组建完成的局域网可以实现网络内部的文件管理、应用软件共享、打印机共享等服务功能。

2．局域网的特点

如图 2-1 所示，为常见的局域网工作场景。局域网一般为一个部门或一家单位所有，建网、维护以及扩展等较容易，系统灵活性高。其主要特点如下所示。

（1）覆盖的地理范围较小，只在一个相对独立的局部范围内互联。

（2）使用专门铺设的传输介质进行联网，数据传输速率高（10Mbit/s ~ 10Gbit/s）。

（3）通信延迟时间短，可靠性较高。

（4）可以支持多种传输介质。

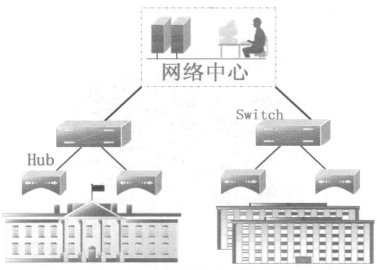

图 2-1　局域网工作场景

3．局域网的组成硬件

局域网由网络硬件（包括网络服务器、网络工作站、网络打印机、网卡、网络互联设备等）和网络传输介质以及网络软件所组成。

- 服务器

服务器在局域网中向用户提供各种网络服务，如图 2-2 所示。在服务器中安装相应应用软件，就可以提供相应的服务，如文件服务、Web 服务、FTP 服务、E-mail 服务、数据库服务、打印服务等。服务器的硬件配置通常都非常好，拥有多个高速 CPU、多块大容量硬盘、数以 GB 计的内存等。

图 2-2　网络中的服务器设备

- 网络工作站

除服务器外，网络上的其余计算机主要通过执行应用程序来完成工作任务，把这种计算机称为网络工作站或网络客户机。它是网络数据主要的发生场所和使用场所，用户主要是通过使用工作站利用网络资源并完成自己的业务。

网络工作站是在网络中享有服务，并用于完成工作和任务的普通计算机。通过客户端软件建立与服务器的连接，并将用户请求传送到服务器，共享服务器提供的各种资源和服务。

- 网卡

网卡也称网络适配器（NTC），插在计算机主板扩展槽中，是计算机与局域网连接的端口，用于实现资源共享和通信功能，网卡的常见形态如图2-3所示。

图2-3　计算机网卡构件

　　网卡上有连接网线的 RJ-45 插口，与双绞线 RJ-45 插头相连，可以实现数据转换和电信号匹配。网卡是工作在数据链路层的网络组件，是局域网中连接计算机和传输介质的端口。不仅能实现与局域网传输介质间的物理连接和电信号匹配，还涉及帧的发送与接收、帧的封装与拆封、介质访问控制、数据的编码与解码以及数据缓存的功能等内容。

　　目前，计算机主板上都集成有网卡，不独立设插卡。常见网卡主要按照速率分类，通常是速率为 100Mbit/s 和 1000Mbit/s 的网卡类型。

● 集线器

　　集线器也称 Hub，是网络中心的意思，如图 2-4 所示。集线器把所有节点计算机集中在以它为中心的节点上，采用广播的访问方式，对接收到的信号再生、整形、放大，以扩大网络传输距离。集线器工作在 OSI 开放系统互联参考模型第一层，即物理层。

图2-4　集线器

● 交换机

　　交换机也称交换式集线器，如图 2-5 所示。它是可以使局域网中的计算机实现高速通信，并独享带宽的网络设备。目前，交换机已经逐步取代集线器设备。

图2-5　交换机

4．局域网的组成要素

近些年来，以太网逐渐发展成为局域网主流网络模型，因此星状拓扑结构也发展成为星状网络的主流网络拓扑结构。星状拓扑结构的连接方式是把网络中的计算机，以星状的方式连接起来。网络中的每一台节点设备，都以核心设备为中心，通过连线与中心节点设备相连。

如果一台工作站需要传输数据，它首先把信息传输到核心设备上，通过中心节点转发，如图2-6所示。由于星状拓扑结构的中心节点是网络的控制中心，所以任意两台节点间的设备通信最多只需要两步。因而，网络的传输速度快，并且网络构建较为简单、建网容易、便于控制和管理。但这种网络系统可靠性低，一旦中心节点出现故障，则导致全网瘫痪。

图2-6　星状拓扑结构

2.2　局域网传输介质

传输介质大致可分为有线介质（双绞线、同轴电缆、光纤等）和无线介质（微波、红外线、激光等）两种类型。

1．双绞线

双绞线是最常用的传输介质。将两根互相绝缘的铜导线绞合起来就构成了双绞线，可以减少相邻导线的电磁干扰，每一根导线在传输中辐射电磁波会被另一根导线上发出的电磁波抵消。如果把一对或多对双绞线放在一个绝缘套管中，便构成了双绞线电缆。

目前，双绞线可以分为非屏蔽双绞线(Unshielded Twisted Pair, UTP)和屏蔽双绞线(Shielded Twisted Pair，STP)。屏蔽双绞线电缆的外层由铝铂包裹，可以减少辐射，但并不能完全消除。屏蔽双绞线的价格相对较高，安装时也比安装非屏蔽双绞线电缆困难。

与其他传输介质相比，双绞线在传输距离、信道宽度和数据传输速度等方面均受到一定的限制，但价格较为低廉，安装与维护比较容易，因此得到了广泛的应用，如图2-7所示。

图2-7　非屏蔽双绞线和屏蔽双绞线

2．同轴电缆

同轴电缆由内导体铜质芯线（单股实心线或多股绞合线）、绝缘层、网状编织的外导体屏蔽层（也可是单股）以及保护塑料外层所组成。同轴电缆的这种结构，使它具有高带宽和极好的噪声抑制特性，如图2-8所示。

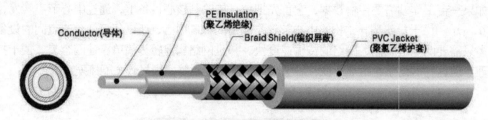

图2-8　同轴电缆内导体铜质芯线

同轴电缆的带宽取决于电缆的长度，1 km的电缆可以达到1Gbit/s~2Gbit/s的数据传输速率。若使用更长的电缆，传输速率会降低，中间可以使用放大器来防止传输速率的降低。

有两种广泛使用的同轴电缆。一种是50Ω同轴电缆，可以用于数字传输，多用于基带传输。另一种是75Ω同轴电缆，用于模拟传输系统，它是有线电视系统CATV中的标准传输电缆。在这种电缆上传送的信号采用了频分复用的宽带信号，因此，75Ω同轴电缆又称为宽带同轴电缆。宽带同轴电缆用于传送模拟信号时，其频率可高达300 ~ 450 MHz或更高，而传输距离可达100 km。但在传送数字信号时，必须将其转换成模拟信号；而在接收时，则要把模拟信号转换成数字信号。

目前，虽然同轴电缆大量被光纤取代，但仍广泛应用于有线电视和某些局域网。

3．光纤

光纤通信就是利用光导纤维传递光脉冲来进行通信。有光脉冲相当于 1，没有光脉冲相当于 0。光纤通常由非常透明的石英玻璃拉成细丝制成，由纤芯和包层构成双层通信圆柱体，如图2-9所示。

纤芯用来传导光波，包层较纤芯有较低的折射率。光是光纤通信的传输媒体。在发送端有光源，可以采用发光二极管或半导体激光器，它们在电脉冲的作用下能产生出光脉冲。在接收端利用光电二极管做成光检测器，在检测到光脉冲时可还原出电脉冲。

图2-9　光纤芯线

当光线从高折射率的媒体射向低折射率的媒体时，其折射角将大于入射角。因此当入射角足够大时，就会出现全反射，即光线碰到包层时就会折射回纤芯。这个过程不断重复，光也就沿着光纤传输下去。

根据传输点模数的不同，光纤可分为单模光纤和多模光纤，如图2-10所示。所谓"模"，是指以一定角速度进入光纤的一束光。单模光纤采用固体激光器做光源，多模光纤则采用发光二极管做光源。多模光纤允许多束光在光纤中同时传播，从而形成模分散（因为每一个"模"

进入光纤的角度不同，它们到达另一端点的时间也不同，这种特征称为模分散）。

模分散技术限制了多模光纤的带宽和距离，因此多模光纤的芯线粗、传输速度低、距离短，因而整体的传输性能差；但由于其成本比较低，一般用于建筑物内部或地理位置相邻的建筑物之间的布线环境。

单模光纤只允许一束光传播，所以单模光纤没有模分散特性，因而单模光纤的纤芯相对较细，传输频带宽、容量大，传输距离长；但因其需要激光源，成本较高，通常在建筑物之间或地域分散时使用。单模光纤是当前计算机网络中研究和应用的重点，也是光纤通信与光波技术发展的必然趋势。

图 2-10　单模光纤和多模光纤

4．无线

无线通信（Wireless Communication）是利用电磁波信号可以在自由空间中传播的特性，进行信息交换的一种通信方式。近年在信息通信领域中，发展最快、应用最广的就是无线通信技术，这一应用已经深入到人们生活的各个方面。其中，WLAN（Wireless Local Area Network，无线局域网）、3G、UWB（Ultra Wideband，超宽带无线技术）、蓝牙、宽带卫星系统都是最热门的无线通信技术应用，如图 2-11 所示。

无线传输使用的频段很广，人们目前已经利用了无线电、微波、红外线以及可见光这几个波段进行通信。国际电信联合会（International Telecommunication Union, ITU）规定了波段的正式名称，如低频（LF，长波，波长为 1～10 km，对应于 30～300 kHz）、中频（MF，中波，波长为 100～1000 m，对应于 300～3000 kHz）、高频（HF，短波，波长为 10～100 m，对应于 3～30 MHz），更高的频段还有甚高频、特高频、超高频、极高频等。

微波通信在数据通信中占有重要地位。微波是一种无线电波,微波的频率范围为 300 MHz～300 GHz，它传送的距离一般只有几十千米，主要使用 2～40GHz 的频率范围。

远距离传输时，由于微波的频带很宽，通信容量很大，通信每隔几十千米就要建一个微波中继站，两个终端之间需要建若干个中继站。微波通信可传输电话、电报、图像、数据等信息。

2.3　以太网传输机制

局域网组织委员会 IEEE 规划了 IEEE 802.3 协议，该协议使用一种叫

图 2-11　WiFi 技术的应用

做"载波监听多路访问及冲突检测（CSMA/CD）"传输的方法。CSMA/CD 媒体访问控制方法是一种分布式介质访问控制协议，网络中的各台计算机（节点）都能独立地决定数据帧的发送与接收。每个节点在发送数据帧之前，首先要进行载波监听传输介质，只有等待传输介质空闲时，才允许发送数据帧，如图 2-12 所示。

图 2-12　CSMA/CD 广播传输及冲突检测机制

如果网络中连接在一起的两台以上的计算机站点，同时监听到介质空闲，并发送数据帧，则会产生冲突现象，这时发送的数据帧都成为无效帧，发送随即宣告失败。

每台计算机节点都必须有能力随时检测冲突是否发生，一旦发生冲突，则应停止发送，以免介质带宽因传送无效帧而被白白浪费；然后，随机延时一段时间后，再重新争用介质，重新发送帧。CSMA/CD 协议因为简单、可靠，在以太网网络系统中被广泛使用，成为最广泛的局域网内信息传输规则。

以太网中的通信协议 CSMA/CD 可以形象地描述为一个秩序井然的晚宴。

在晚宴上，要说话的客人（计算机）并不会打断别人，而是在开口说话之前，等待谈话安静下来（在网络电缆上没有通信流量）。

如果两位客人同时开始说话（冲突），那么他们都会停下来，互相道歉，等上一会儿，然后他们其中的某一位再开始说话，这个方案的技术术语就是 CSMA/CD。

● 载波监听（Carrier Sense）：您能够分辨出是否有人正在讲话。
● 多路访问（Multiple Access）：每个人都能够讲话。
● 冲突检测（Collision Detection）：您知道您在什么时候打断了别人的讲话。

2.4　局域网组网设备——集线器

使用网络互联设备，把网络中的计算机设备以及终端设备互相连接起来，形成更大范围的网络的过程，称为网络互联。常见的网络互联设备有集线器、网桥、交换机以及路由器等。本节主要介绍集线器。

集线器是以太网络中重要的连接设备，它是星状以太网中重要的组网设备。通过集线器将网络中的计算机连接在一起，实现网络的互联互通，如图 2-13 所示。

集线器是一个多端口的转发器，当以集线器为中心设备时，网络中某条线路产生了故障，并不影响其他线路的工作，所以集线器在早期的局域网组网过程中得到了广泛的应用。大多数的时候，集线器都应用在星状与树状网络拓扑结构中，以 RJ45 端口方式，实现与网络中的各种主机相连。

图 2-13　集线器

1．集线器的工作特点

集线器主要用于共享网络的组建，是解决从服务器直接到桌面最经济的方案。在交换式网络中，集线器直接与交换机相连，将交换机端口的数据送到桌面。

集线器的主要功能是对接收到的网络中的信号，进行同步、整形、放大，以扩大网络的传输距离，所以它属于中继器的一种。

集线器的主要工作特点如下所示。

● 集线器是一种广播工作模式，也就是说，集线器某个端口工作的时候，其他所有端口都能够收听到信息，容易产生广播风暴（广播风暴是指当网卡或网络设备损坏后，会不停地发送广播包，使网络通信陷于瘫痪）。

● 集线器所有端口都是共享带宽，同一时刻只能有一个端口传送数据，其他端口只能等待。它工作在半双工模式下，传输效率低。

● 集线器属于物理层设备，从 OSI 模型可以看出，它只对数据的传输起到同步、整形和放大的作用，对数据传输中的短帧、碎片等无法进行有效的处理。

集线器多用于小型局域网组网，随着交换机的整体价格下调，集线器性价比明显偏低，处于淘汰的边缘。目前主流集线器主要有 8 口、16 口和 24 口等类别。

2．集线器的工作原理

集线器属于纯硬件网络底层设备，基本上不具备交换机的"智能记忆"能力和"学习"能力，也不具备交换机所具有的 MAC 地址表，所以它发送数据时没有针对性，而是采用广播方式发送。也就是说，当它要向某节点发送数据时，不是直接把数据发送到目的节点，而是把数据包发送到与集线器相连的所有节点，如图 2-14 所示。

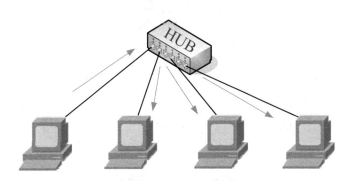

图 2-14　集线器广播工作机制

这种广播发送数据方式有三方面不足。

（1）用户数据包向所有节点发送，很可能导致数据通信的不安全，一些别有用心的人很容易就能非法截获他人的数据包。

（2）由于所有数据包都是向所有节点同时发送，加上其共享带宽方式（如果两个设备共享 10Mbit/s 的集线器，那么每个设备就只有 5Mbit/s 的带宽），就更加容易造成网络拥塞现象，更加降低了网络的执行效率。

（3）非双工传输，网络通信效率低。集线器在同一时刻每一个端口只能进行一个方向的数据通信，而不能像交换机那样进行双向双工传输，因而网络执行效率低，不能满足较大型网络的通信需求。

连接在集线器上的任何一台设备发送数据时，其他所有设备必须等待，此设备享有全部带宽。通信完毕后,再由其他设备使用带宽。因此,集线器连接的设备形成了一个冲突域的网络。所有设备相互交替使用,就好像大家一起过一个独木桥一样。

近些年来,集线器技术也在不断改进,但实质上就是加入了一些交换机(Switch)技术。集线器发展到了今天,有的还具有智能交换机功能。可以说集线器产品已经在技术上向交换机技术进行了过渡,具备了一定的智能性和数据交换能力。

但随着交换机价格的不断下降,集线器仅有的价格优势已不再明显,集线器的市场越来越小,处于淘汰的边缘。尽管如此,集线器对于办公网或者小型企业来说,在经济上还是有一点诱惑力,特别适合办公室中几台计算机的网络或者中小型公司分支网络组网使用。

2.5 项目实施:使用集线器组建办公网

【任务描述】

绿丰公司是一家消费品销售公司,为提高产品服务水平,公司新成立客户服务部。

客户服务部在日常工作过程中,需要处理大量的客户信息数据资料,为提高客户服务部的信息化水平,需要为新成立的客户服务部组建办公网。

使用网络互联设备,把客户服务部的计算机连接到公司办公网中:一来可共享办公用打印机;二来可共享办公网卡等各种信息资源。

【网络拓扑】

如图 2-15 所示的网络拓扑,是绿丰公司办公网组网场景。

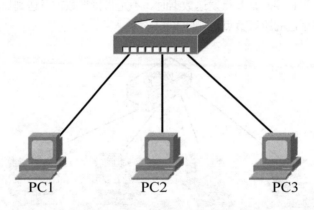

图 2-15　办公网组网场景

【任务目标】

组建办公网网络,共享办公网资源。

【设备清单】

集线器(1 台)、计算机(≥2 台)、双绞线(若干)。

【工作过程】

步骤一: 制作网线。制作连接组网设备双绞线,制作过程见相关资料,此处省略。

步骤二: 组网设备准备。在工作台上,摆放好组建办公网网络设备:计算机和集线器。

注意:集线器设备摆放平稳,端口方向正对,以方便随时拔插线缆。在实际操作环境中,如果没有集线器设备,使用交换机也可以完成任务。

步骤三: 安装连接设备。

在设备断电状态,把双绞线一端插入到计算机网卡端口,另一端插入到集线器端口中。插入时注意按住双绞线的上翘环片，能听到清脆"叭哒"声音，轻轻回抽不松动即可。

步骤四： 接通电源。给所有设备接通电源，集线器在接通电源的过程中，所有端口红灯闪烁，设备自检端口。当连接设备的端口处于绿灯状态时，表示网络连接正常，网络处于稳定状态。

步骤五： 配置。办公网络安装成功后，可以对网络的连通状态进行测试。此时需要对办公网中的每台计算机，进行 IP 配置（以 Windows XP 为例），以使网络具有可管理性。配置地址的过程请参项目中 1.10 的工作过程 2 的步骤一～步骤五。

办公网络内部的 IP 配置如表 2-1 所示。

表 2-1　办公网网络内部 IP 规划

设备	网络地址	子网掩码
PC1	172.16.1.2	255.255.255.0
PC2	172.16.1.3	255.255.255.0
PC3	172.16.1.1	255.255.255.0

【备注】在办公网内部 IP 地址规划中，IP 地址一般是 172.16.×.×，或者 192.168.×.×，×可以是 1～255 任意数字，在局域网中每一台计算机的 IP 地址应是唯一的。

子网掩码：局域网中该项一般设置为 255.255.255.0，只要单击空白处就会自动显示。

默认网关：如果办公网中计算机需要通过其他计算机访问互联网，可以将"默认网关"设置为代理服务器 IP 地址，否则局域网中只设置 IP 地址即可。

再一一测试网络连通情况，具体步骤请参阅项目一 1.10 的工作过程 2 的步骤六。

【备注】在测试过程中，需要关闭防火墙，因为防火墙提供的安全性能会屏蔽测试命令。

2.6　认证试题

下列每道试题都有多个选项，请选择一个最优的答案。

1. 下列选项中属于集线器功能的是（　　）。
   A. 增加局域网络的上传速度　　　　B. 增加局域网络的下载速度
   C. 连接各计算机线路间的媒介　　　D. 以上皆是

2. 下面叙述错误的是（　　）。
   A. 网卡的英文简称是 NIC
   B. TCP/IP 模型的最高层是应用层
   C. 国际标准化组织（ISO）提出的"开放系统互联参考模型（OSI）"有七层
   D. Internet 采用的是 OSI 体系结构

3. 选择网卡的主要依据是组网的拓扑结构、网络段的最大长度、节点之间的距离和（　　）。
   A. 接入网络的计算机种类　　　　　B. 使用的传输介质的类型
   C. 使用的网络操作系统的类型　　　D. 互联网络的规模

4. 连接计算机到集线器的双绞线最大长度为（　　）。
   A. 10m　　　　B. 100m　　　　C. 500m　　　　D. 1000m

5. 利用双绞线联网的网卡采用的端口是（　　）。

A. ST   B. SC   C. BNC   D. RJ-45

6. 下列哪种说法是正确的？（ ）

A. 集线器可以对接收到的信号进行放大

B. 集线器具有信息过滤功能

C. 集线器具有路径检测功能

D. 集线器具有交换功能

7. 在某办公室内铺设一个小型局域网，总共有 4 台计算机需要通过一台集线器连接起来。采用的线缆类型为 5 类双绞线，则理论上任意两台计算机的最大间隔距离是（ ）。

A. 400m   B. 100m   C. 200m   D. 500m

8. 在星型局域网结构中，连接文件服务器与工作站的设备是（ ）。

A. 网卡   B. 集线器   C. 收发器   D. 网关

9. 用集线器连接的一组工作站（ ）。

A. 同属一个冲突域，但不属一个广播域

B. 同属一个冲突域，也同属一个广播域

C. 不属一个冲突域，但同属一个广播域

D. 不属一个冲突域，也不属一个广播域

10. 集线器目前一般应用最多的是在（ ）。

A. 一个办公室内部的互联

B. 一个楼层各个办公室的互联

C. 一个多媒体教室中主机的互联

D. 一个建筑物内部两个地点间距离超过 200m 的时候

PART 3

项目 3
搭建办公网 Web 服务器

核心技术

◆ 网络服务器基础
◆ Web 服务器原理

能力目标

◆ 搭建办公网 Web 服务器，对外发布网页资源
◆ 搭建办公网 FTP 服务器，共享办公网资源

知识目标

◆ 介绍网络服务器基础知识
◆ 认识 Web 服务器工作原理
◆ 了解搭建 Web 服务器 IIS 程序

【项目背景】

　　绿丰公司是一家消费品销售公司，为满足公司信息化需要，公司组建了互联互通的办公网。
　　公司为了及时把产品、服务以及企业文化传递出去，希望在公司内部搭建 Web 服务器，方便公司内外的用户及时了解公司信息。
　　为此在组建完成办公网后，搭建 Web 服务器，制作宣传网页，发布到 Web 服务器上，一方面通过内网信息宣传，加强公司内部员工信息沟通；另一方面通过互联网络，加强对外信息发布。

【项目分析】

　　办公网是局域网的组网形式之一，使用网络互联设备把分散的计算机连接在一起，形成互联互通办公网络，实现资源共享。

Web 服务器是办公网中重要的共享网络服务器系统，主要承载网页的信息服务。在互联互通的办公网中，通过搭建完成的 Web 服务器，实现信息资源发布和传播，方便用户通过网络了解信息。

【项目目标】

本项目从网络管理员日常工作出发，讲解在组建完成办公网后，如何搭建网络 Web 服务器。了解 Web 服务器的工作原理，熟悉 Web 服务器的构建和配置方法，是作为网络管理员必备的基本职业技能。

【知识准备】

3.1 网络服务器

网络服务器是指在网络环境下运行的硬件系统和软件系统，为网络中的用户提供共享信息资源和各种服务的一台高性能计算机。其硬件组成与日常办公计算机有很多相似之处，如 CPU（中央处理器）、内存、硬盘、总线等，但在性能上却大大优于普通计算机。其在应用上提供各种共享服务（网络、Web 应用、数据库、文件、打印等），以及其他方面的高性能计算。

网络服务器的高性能主要体现在高速运算能力、长时间的稳定运行、强大的数据吞吐能力等方面，通常是网络的中枢和信息化的核心。由于服务器是针对具体的网络应用特别制订的，因而其与普通计算机相比，在处理能力、稳定性、可靠性、安全性、可扩展性、可管理性等方面存在很大的差异，而最大的差异体现在多用户、多任务环境下的可靠性上。

● 服务器硬件

大部分的专业服务器都采用部件冗余技术、RAID 技术、内存纠错技术。高端服务器采用多处理器、支持双路以上的对称处理器结构。在选择服务器硬件时，除了考虑档次和具体功能外，还需要重点了解服务器的主要参数和特性，包括处理器构架、可扩展性、服务器结构、I/O 能力和故障恢复能力等，高端服务器外形如图 3-1 所示。

图 3-1　网络服务器

● 服务器软件

服务器软件是运行在服务器硬件平台上的管理程序，由于服务器上安装了不同的系统管理软件，因而出现了多种应用形式的网络服务器，常用的如下所示。

➤ 文件服务器：主要提供文件共享服务；
➤ 数据库服务器：主要提供网络中数据支持和管理服务；
➤ 邮件服务器：主要提供邮件支持服务；

> ➢ 网页服务器：主要提供网页信息支持服务；
> ➢ FTP 服务器：主要提供文件上传和下载服务；
> ➢ 应用服务器：主要提供网络中的应用程序共享服务；
> ➢ 代理服务器：主要提供通信过程中的传输代理服务。

日常有些网络中，为节省费用，也会仅使用一台计算机当做服务器。但在使用普通计算机作为服务器时，用户需要承担一定的风险，如突然的停机、意外的网络中断、意外丢失存储数据等不安全事件。这些都是因为普通计算机的设计，并没有保证多用户、多任务环境下的可靠性。而一旦发生严重故障，其所带来的经济损失将是难以预料的，因此其多用于对共享信息要求不高、用户少的网络环境中。

3.2 Web 服务器

有时会看到不同于网络服务器概念的另外一种形式的服务器——Web 服务器，这两种服务器定义容易引起混淆。前者是指用于网站的计算机硬件设备；后者是指包括 Apache 这样的软件，运行在一台计算机上以管理网页组件和回应网页浏览器请求的程序。

Web 服务器也称为 WWW（World Wide Web）服务器，是网络中众多的网络服务器类型之一，其主要功能是提供网上信息浏览 WWW 网络服务。 WWW 是 Internet 近年才发展起来的服务，也是目前 Internet 上发展最快、应用范围最广的服务。Internet 正是因为有了 WWW 服务，才在近年来迅速发展，用户数量飞速增长。

WWW 的应用是由 Internet 中数以亿台 Web 服务器提供的信息访问服务。虽然每台 Web 服务器有许多不同，但它们也有一些共同特点：高性能的硬件环境；每一台服务器上都配置完成 Web 服务器的程序；都接受网络中的计算机发来的 HTTP 请求，然后提供 HTTP 回复给申请计算机。其中，每一个 HTTP 回复一般都包含一个 HTML 文件，但也可以包含一个纯文本文件、一个图像或其他类型的文件。

Web 服务器程序是指驻留于 Internet 上某种类型计算机的程序。当 Web 浏览器（客户端）连接到服务器上并请求文件时，服务器将处理该请求并将文件发送到该浏览器上，附带的信息会告诉浏览器如何查看该文件（即文件类型）。服务器使用 HTTP（超文本传输协议）进行信息交流，如图 3-2 所示。Web 服务器不仅能够存储信息，还能在用户通过 Web 浏览器提供的信息基础上，运行脚本和程序。

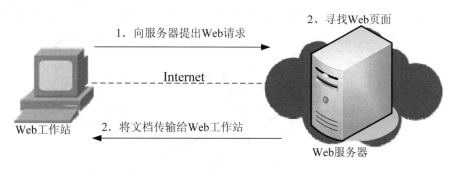

图 3-2　Web 服务器工作原理

3.3 Web 服务器程序

在选择搭建 Web 服务器时，应考虑到服务器本身的特性，包括性能、安全性、日志和统计、虚拟主机、代理服务器、缓冲服务和集成应用程序等。在 Unix 和 Linux 平台下，使用最广泛的免费 HTTP 服务器是 Apache 服务器；而在 Windows 平台 NT/2000/2003 环境下，使用 IIS 的 Web 服务器程序居多。

● Apache

Apache 是世界上应用最多的 Web 服务器，主要应用在 Unix 和 Linux 平台上，市场占有率在 60%左右。它源于 NCSA httpd 服务器，当 NCSA WWW 服务器项目停止后，那些使用 NCSA WWW 服务器人们，开始交换用于此服务器的补丁，这也是 Apache 名称的由来（patch：补丁）。

世界上很多著名的网站都是使用 Apache 服务器程序构建，它的成功之处主要在于源代码开放、有一支开放的开发队伍、支持跨平台的应用（可以运行在几乎所有的 Unix、Windows、Linux 系统平台上）以及它的可移植性等方面。

● Microsoft IIS

Microsoft 的 Web 服务器产品为 Internet Information Server （IIS），IIS 允许在 Internet 上发布 Web 服务器信息。IIS 也是目前非常流行的 Web 服务器产品之一。IIS 提供了一个图形界面的管理工具，称为 Internet 服务管理器，可用于监视配置和控制 Internet 服务。

IIS 网络服务器程序包括一组 Web 服务组件：Web 服务器、FTP 服务器、NNTP 服务器和 SMTP 服务器，分别用于网页浏览、文件传输、新闻服务和邮件发送等方面，它使得用户很容易在网络（包括互联网和局域网）上发布信息。

默认情况下，Windows 内嵌的 IIS 不自动安装，需要用户手动安装和配置后才能生效。

3.4 项目实施（一）: 搭建办公网 Web 服务器

【任务描述】

绿丰公司是一家消费品销售公司，最近公司为提高产品服务水平，新成立了客户服务部。客户服务部办公网组建完成后，为提高信息化水平，需要在组建好的办公网环境中，搭建办公网络内部 Web 服务器，可以发布公司的信息资源。

【网络拓扑】

图 3-3 所示的网络拓扑，是搭建客户服务部办公网络内部 Web 服务器的工作场景。

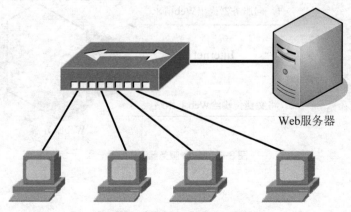

Web服务器

图 3-3　搭建办公网 Web 服务器

【任务目标】

配置办公网 Web 服务器，实现网上发布信息的服务。

【设备清单】

交换机或者集线器（1 台）、计算机（2 台或以上，其中一台安装有 Windows 操作系统的互联网服务、IIS 5.0 程序和 FTP 软件）、双绞线（1 根）。

【工作过程】

步骤一：安装 Web 服务器管理程序 IIS。

在 Windows XP 操作系统中，默认不提供 Web 服务器管理程序 IIS 的安装。如果搭建服务器，需要使用光盘或者从网络上下载"IIS 程序包"，重新安装。

（1）在 Windows XP 操作系统中，单击桌面上的"开始"菜单，执行"设置→控制面板"命令，打开"控制面板"，如图 3-4 所示。

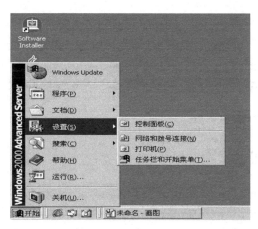

图 3-4　打开"控制面板"

（2）双击"添加/删除程序"图标，打开"添加/删除程序"对话框，单击"添加/删除 Windows 组件"按钮，如图 3-5 所示。

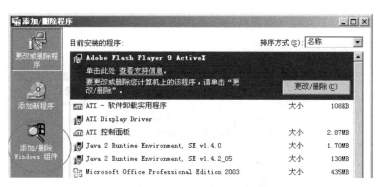

图 3-5　"添加/删除程序"对话框

（3）单击"添加/删除 Windows 组件"按钮，弹出"Windows 组件向导"对话框，从"组件"选项组中选择"Internet 信息服务（IIS）"复选框，如图 3-6 所示。

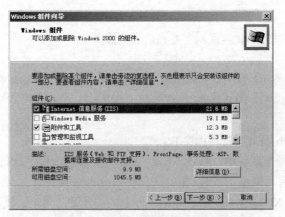

图 3-6 "Windows 组件向导"对话框

（4）单击"详细信息"按钮，从"Internet 信息服务（IIS）的子组件"选项组中选择"文件传输协议（FTP）服务器"复选框，如图 3-7 所示，单击"确定"按钮。

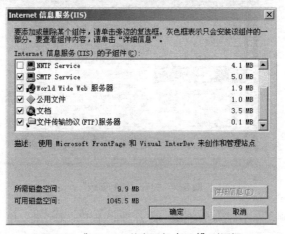

图 3-7 "Internet 信息服务（IIS）"对话框

（5）单击"下一步"按钮，输入 Windows 2000 Server 安装源文件的路径，单击"确定"按钮开始安装 FTP 服务，如图 3-8 所示。

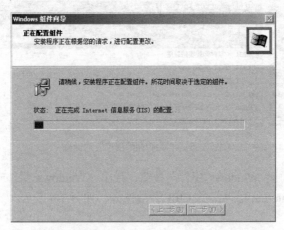

图 3-8 安装文件传输协议（FTP）服务程序

（6）单击"完成"按钮，如图 3-9 所示，返回到"添加/删除程序"对话框。单击"关闭"按钮，关闭"添加/删除程序"对话框。

图 3-9 成功安装 IIS 服务器程序

步骤二：安装 Web 服务器。

（1）打开测试 Web 服务器 Windones XP 操作系统控制面板。定位到"控制面板→管理工具→Internet 信息服务"， 如图 3-10 所示。

图 3-10 打开"Internet 信息服务"窗口

（2）在"Internet 信息服务"窗口左侧的树形列表中，选择"默认网站"子节点，单击鼠标右键，在弹出的快捷菜单中选择"属性"选项，打开"默认网站属性"对话框，如图 3-11 所示。

图 3-11 "默认网站 属性"对话框

（3）切换到"主目录"选项卡，在"本地路径"文本框中输入目录后单击"浏览"按钮，可以更改网站所在文件位置。默认目录为 C:\Inetpub\wwwroot，一般修改为自己本地 Web 网页存放的目录，如 d:\asp\，把浏览器发布的 Web 网页文件，复制到选择的网站目录下，如图 3-12 所示。

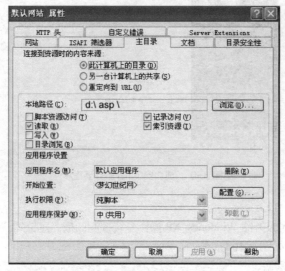

图 3-12　设置"主目录"路径

（4）切换到"文档"选项卡，可以设置网站默认首页，推荐删除 iisstart.asp 文档，添加 index.asp 和 index.htm 文档，如图 3-13 所示。

图 3-13　设置网站默认首页

步骤三：访问成功安装的 Web 服务器。

（1）在测试计算机上，打开 IE 浏览器软件，使用如下方法访问安装好的 Web 服务器中发布的 Web 网页内容。

```
http://localhost/ asp /
        ! http 为访问 WWW 的通信协议
        ! localhost 为本地主机的名称
        ! asp 文件夹用来保存本地 Web 服务器发布的 Web 网页内容
http://127.0.0.1/ asp /              ! 127.0.0.1 为本地主机的测试地址

http://计算机名/ asp /               ! 计算机名为配置在"我的计算机"中的本地机器名称

http://本机 IP 地址/ asp /           ! 本机 IP 地址为配置的 IP 管理地址
```

（2）在网络中的其他计算机上，打开 IE 浏览器软件，使用网络中的地址访问安装好的 Web 服务器中发布的 Web 网页内容。

```
http://计算机名/ asp /
http://本机 IP 地址/ asp /
```

3.5 项目实施（二）：搭建办公网 FTP 服务器

【任务描述】

绿丰公司是一家消费品销售公司，公司为提高产品服务水平，新成立了客户服务部。客户服务部办公网组建完成后，为提高信息化水平，需要在组建好的办公网环境中，搭建办公网络内部 FTP 服务器，实现公司内部的信息资源共享。

【网络拓扑】

图 3-14 所示的网络拓扑，是搭建办公网络内部 FTP 服务器的工作场景。

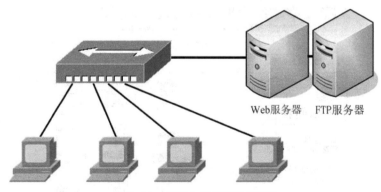

Web服务器   FTP服务器

图 3-14   搭建办公网 FTP 服务器

【任务目标】

学习配置办公网中的 FTP 服务器，实现资料下载，共享网络资源。

【设备清单】

交换机或者集线器（1 台）、 计算机（2 台及以上，其中一台安装有 Windows 2000 Server、IIS 5.0 和 FTP 软件）、双绞线（1 根）。

【知识准备】

FTP（File Transfer Protocol）是文件传输协议的简称。FTP 的主要作用是让用户连接上一台远程计算机（这些计算机上运行着 FTP 服务器程序，并且存储了成千上万个非常有用的文件，包括计算机软件、声音文件、图像文件、重要资料、电影等），查看远程计算机有哪些文件，然后把这些文件从远程计算机复制到本地计算机，或把本地计算机文件传送到远程计算机上。

FTP 服务不仅是互联网上最早出现的服务功能之一，它还是互联网上最常用、也是最重要的服务之一。 FTP 是一个通过互联网传送文件的系统。所谓 FTP 站点或 FTP 服务器，就是允许用户查找在它上面存放的文件，并将所需要的文件复制到自己的计算机上。大多数这样的站点都是匿名 FTP（anonymous FTP）。所谓匿名，就是这些站点允许任何一个用户免费地登录到它们的服务器上，并从其上复制文件。

下面来讲解 FTP 服务的工作原理 ，举一个下载文件的例子。当用户从客户机上启动 FTP 服务，从远程计算机复制文件时，事实上启动了两个程序：一个是本地计算机上的 FTP 客户程序，它向 FTP 服务器提出复制文件的请求；另一个是在远程计算机上的 FTP 服务器程序，它响应客户的请求，把用户指定的文件传送到客户的计算机。

FTP 采用"客户机/服务器"模式，用户端要在本地计算机上安装 FTP 客户程序。FTP 客户程序有字符界面和图形界面两种。字符界面的 FTP 客户程序，命令复杂、繁多。而图形界面的 FTP 客户程序，在操作上要简洁方便得多。

【工作过程】

步骤一：安装 Web 服务器管理程序 IIS。

在 Windows XP 操作系统中，默认不提供 Web 服务器管理程序 IIS 的安装，如果搭建服务器则需要使用光盘或者下载 IIS 包重新安装。安装过程见 3.4 节内容。

步骤二：在 IIS 中配置 FTP 服务器。

（1）单击测试计算机的"开始"菜单，定位到"控制面板→管理工具→Internet 服务管理器"，如图 3-15 和图 3-16 所示。

图 3-15　选择"管理工具"

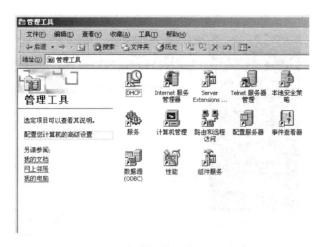

图 3-16 选择"Internet 服务管理器"

（2）在"Internet 信息服务"窗口中单击"Internet 信息服务"项目，如图 3-17 所示。

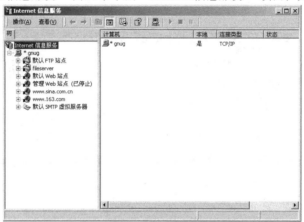

图 3-17 "Internet 信息服务"窗口

（3）使用鼠标右键单击"默认 FTP 站点"选项，从弹出的快捷菜单中执行"新建→站点"命令，如图 3-18 所示。

图 3-18 在 FTP 服务器程序中新建 FTP 站点服务

（4）启动"FTP 站点创建向导"，按照默认 FTP 站点的创建方式进行配置，如图 3-19 所示。

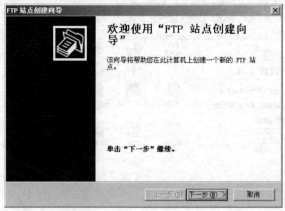

图 3-19　启动"FTP 站点创建向导"

（5）在"FTP 站点说明"对话框中的"说明"文本框中，按照要求输入 FTP 站点的说明，如图 3-20 所示。

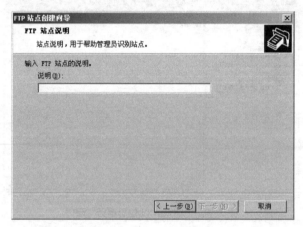

图 3-20　输入 FTP 站点的说明

（6）在"IP 地址和端口设置"对话框中，设置服务器 IP 地址和 TCP 端口，如图 3-21 所示。

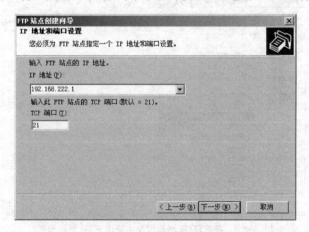

图 3-21　配置 FTP 站点信息

（7）在"FTP 站点主目录"对话框中，输入默认 FTP 站点文件的路径，如图 3-22 所示。

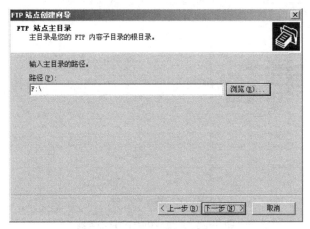

图 3-22　输入 FTP 站点文件的路径

（8）在"FTP 站点访问权限"对话框中设置主目录的权限，如图 3-23 所示。

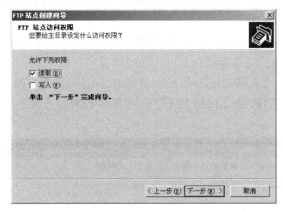

图 3-23　设置主目录的权限

（9）完成站点创建，如图 3-24 所示，单击"完成"按钮。

图 3-24　完成 FTP 站点创建

（10）完成站点创建后，重新打开"Internet 信息服务"窗口，如图 3-25 所示，可以看到配置的 FTP 服务器地址。

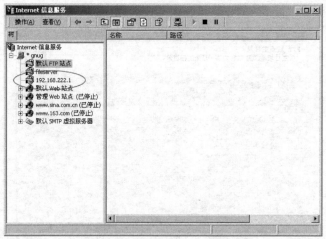

图 3-25 配置成功的 FTP 服务器

步骤三：测试配置成功的 FTP 服务器。

（1）安装结束后，定位到"控制面板→管理工具→Internet 信息服务"，可以查看搭建成功的 FTP 服务器，如图 3-25 所示。

（2）连接 FTP 服务器的测试方法（一）:打开 IE 浏览器,在 URL 地址栏中输入"FTP://localhost"后按回车键，验证 IIS 是否正常运行。

（3）连接 FTP 服务器的测试方法（二）：打开 IE 浏览器，在 URL 地址栏中输入配置服务器的计算机的 IP 地址"FTP://192.168.222.1"，即可看到 FTP 服务器上共享和下载的内容，如图 3-26 所示。

图 3-26 测试 FTP 服务器

【备注】如果在测试时，无法看见 FTP 服务器的内容，可以打开"IIS 信息服务"窗口，如图 3-27 所示，"禁用"默认的 FTP 服务器，"启用"配置的 FTP 服务器。

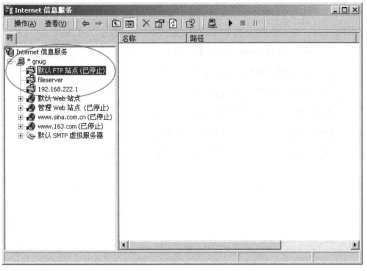

图 3-27 "禁用"默认的 FTP 服务器

3.6 认证试题

下列每道试题都有多个选项，请选择一个最优的答案。

1. HTML 是（　　）的意思？

A. 高级文本语言

B. 超文本标记语言

C. 扩展标记语言

D. 图形化标记语言

2. 搭建邮件服务器的方法有：IIS、（　　）、Winmail 等。

A. DNS　　　　　　B. URL　　　　　　C. SMTP　　　　　　D. Exchange Server

3. 在 Web 服务器上通过建立（　　），向用户提供网页资源。

A. DHCP 中继代理　　　　　　B. 作用域

C. Web 站点　　　　　　D. 主要区域

4. 目前建立 Web 服务器的主要方法有：IIS 和（　　）。

A. URL　　　　　B. Apache　　　　　C. SMTP　　　　　D. DNS

5. 网络服务的主要模式是（　　）。

A. C/S 模式

B. B/S 模式

C. P2P 模式

D. B2B 模式

6. 在网络中提供 IP 地址分配工作的服务器是（　　）。

A. WWW 服务器　　　　　　B. FTP 服务器

C. DNS 服务器　　　　　　D. DHCP 服务器

7. 使用 IE 浏览器浏览 Web 站点时，默认的端口号为（　　）。

A. 20　　　　　B. 21　　　　　C. 60　　　　　D. 80

8. 登录网络服务器时，默认的系统管理员账号为（　　）。

A. user   B. Admin   C. Administrator   D. Master

9. 安装 IIS 时,(　　) 服务不在默认安装之列,需要选择才能安装。

A. Web   B. SMTP service   C. Ftp   D. Mail

10. 浏览器在 Web 服务器的网页中,起到了什么作用(　　)。

A. 浏览器用于创建 Web 服务器的 HTML 文档

B. 浏览器用于查看 Web 服务器的 HTML 文档

C. 浏览器用于修改 Web 服务器的 HTML 文档

D. 浏览器用于删除 Web 服务器的 HTML 文档

PART 4

项目 4
认识交换机设备

核心技术

◆ 交换机设备知识

能力目标

◆ 使用交换机组建办公网，优化网络效率

知识目标

◆ 了解交换机的基础知识
◆ 了解交换机和集线器的区别
◆ 了解交换机的工作方式
◆ 认识交换机硬件设备
◆ 认识交换机配置线缆
◆ 认识交换机软件系统

【项目背景】

绿丰公司是一家消费品销售公司，为增加网络销售渠道，公司新成立了网络销售部，希望通过互联网来提高产品的销售量。为提高网络销售部的信息化水平，需要组建网络销售部网络，把网络销售部办公设备接入到公司的办公网络中。

随着公司网络规模不断扩大，设备越来越多，公司网络原来的接入设备集线器，已不能满足公司目前的网络需求。故公司决定使用交换机来更换集线器设备，优化网络的工作效率。

【项目分析】

集线器采用广播工作模式，也就是说，在集线器某个端口工作的时候，其他所有端口都能够收听到信息，不仅容易产生广播风暴，而且网络的安全性很差。除此之外，由于集线器的所有端口采用共享带宽传输，在同一时刻只能有一个端口传送数据，其他端口只能等待，因此造成网络传输的效率极低。

在网络规模扩大的情况下，为优化网络环境，需要使用更智能化的设备替代集线器，交换机是不错的选择。

【项目目标】

本项目从网络管理员日常工作出发，讲解网络接入交换机的产品知识，了解交换机和集线器设备之间的区别，熟悉交换机的硬件形态、端口知识、硬件模块等。掌握交换机产品的专业知识，是作为网络管理员必须具备的职业技能。

【知识准备】

4.1　交换技术

局域网交换技术是为共享式局域网提供有效的网段划分解决方案而出现的，它可以使每个用户尽可能地分享到最大的带宽。交换技术具有简化、低价、高性能和高端口密集的特点，交换技术主要涉及 OSI 参考模型的第二层。

传统的交换技术允许在共享型的局域网段进行网络带宽的优化，以解决局域网段之间信息传输出现的瓶颈问题。与早期的桥接器一样，交换机也能按接收到的每一个数据帧中的 MAC 地址决策信息转发，而这种转发决策一般不考虑包中隐藏更深的其他信息。

在交换网络组网过程中，交换机不仅能提供许多网络互联功能，还能经济地将网络划分成小的冲突域，为网络中的每台计算机提供更宽的带宽。

交换技术发生在 OSI 七层模型中的数据链路层，因此交换机对数据帧的转发建立在 MAC 物理地址基础之上。对于 IP 网络传输来说，它是透明的，即交换机在转发数据帧时，不知道也无须知道信源机和信宿机的 IP 地址，只需要知道其物理地址（MAC 地址）即可。

交换机在操作过程中会不断地收集 MAC 地址资料，建立一个地址表。这个表相当简单，它说明了某个 MAC 地址是在哪个端口上被发现。当交换机接收到一个 TCP/IP 封包时，它便会看一下该数据包外封的目的 MAC 地址，核对一下自己的 MAC 地址表，以确认应该从哪个端口把数据帧发送出去。由于这个过程比较简单，加上这个功能由一个崭新的硬件运行（ASIC），因此速度相当快，一般只需要几十微秒，交换机便可决定一个 IP 封包的数据帧该发送到哪里。

4.2　交换机的基础知识

传统交换机是从网桥发展而来，目前的交换机设备是简化、低价、高性能和高端口密集的网络互联产品，它能基于目标 MAC 地址转发信息，而不是基于广播方式传输。

交换机工作在数据链路层（第二层），稍微高端一点的交换机都有一个智能化的网络操作系统来支持。交换机比集线器更加先进，允许连接在交换机上的设备并行通信，好比高速公路上的汽车并行行驶一般，设备间通信不会再发生冲突，因此交换机改变了冲突域的范围。

交换机的每个端口都是一个冲突域，不会与其他端口发生通信冲突。并且，智能化交换机可以记录 MAC 地址表，发送的数据不会再以广播方式发送到每个端口，而是直接到达目的端口，从而节省了端口带宽。

交换机维护一张计算机网卡地址和交换机端口的对应表。它对接收到的所有帧进行检查，读取帧的源 MAC 地址字段后，根据所传递信息包的目的地址，按照表格进行转发。每一信息包能独立地从源端口送至目的端口，避免了和其他端口发生碰撞。如果地址表中没有该地址帧，就转发给所有端口。

可以将交换机分为两大类：二层交换机和三层交换机，如图 4-1 所示。

图 4-1 交换机

近年来，人们越来越多地利用二层交换机来取代集线器，特别是在高速局域网环境下。因此，二层交换机有时也被称为交换式集线器。

4.3 交换机和集线器

交换机和集线器都是用来连接计算机，并接入到网络中的网络互联设备。比较在组网过程中发挥的功能，交换机和集线器设备两者有很大差别。

集线器采用星型布局将站点与集线器相连。在这种布局中，来自任何站点的传输都会由集线器接收，然后在集线器的所有外出线路上重传。为了避免冲突，一次只允许一个站点发送。

从 OSI 体系结构来看，集线器属于 OSI 物理层设备，而交换机属于 OSI 数据链路层设备。集线器只能起到信号放大和传输的作用，不能对信号进行处理，在传输过程中有很多广播和干扰存在，会影响网络中其他计算机，如图 4-2 所示。

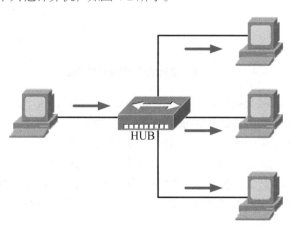

图 4-2 集线器的冲突域和广播域

基于集线器的网络是一个共享介质局域网，这里的"共享"指的是集线器内部总线。集线器不能判断数据包的目的地和类型，所以如果是广播数据包也依然转发，而且所有设备发出的数据以广播方式发送到每个端口。这样集线器也连接了一个广播域的网络，当多台设备同时发送数据时会存在信号碰撞现象。当集线器在其内部端口检测到碰撞时，产生碰撞强化信号向集线器所连接的目标端口进行传送。这样所有数据都将不能成功发送，形成网络"大塞车"。出现这种网络现象可以用一个现实的情形来说明，那就是单行车道上同时有两个方向的车辆，如图 4-3 所示。

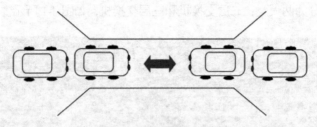

图 4-3　集线器的工作方式

而交换机则是一种智能型设备，它除了拥有集线器的所有特性外，还具有自动寻址、交换、处理的功能。在数据传递过程中，发送端与接收端独立工作，不与其他端口发生关系，如图 4-4 所示。从而达到防止数据丢失和提高吞吐量的目的，形成不同范围的冲突域和广播域，在传输过程中按照地址表交换式传输，尽量减少网络广播干扰，避免影响网络中的其他计算机。

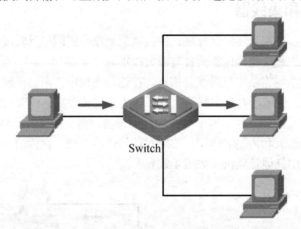

图 4-4　交换机的冲突域和广播域

在局域网中，使用二层交换机可以取得更高性能。在这种情况下，二层交换机首先将某台站点的发送来的数据帧，按照 MAC 地址表交换到适当的端口线路上，然后交换到预期目的端口。与此同时，其他未使用的内部总线可用于交换其他通信量。

在局域网中，引入二层交换机具有以下一些引人注目的优势。

（1）从总线型局域网或集线器局域网转变为交换式局域网，连接设备在软件或硬件上不需要做任何修改。如果原来是以太局域网，那么原有连接的设备可以继续使用，组网架构不需要做任何改变。

（2）二层交换机有足够容量，为所有连接设备提供服务，可以改变以前独自占有传输通道的局面。

（3）在二层交换机上扩容非常简单，只要相应地增加二层交换机的数量，就能将更多的设备连接到局域网中。

4.4　交换机的基本功能

交换机的主要功能包括针对网络结构进行物理编址、按照网络拓扑结构组网、对收到的帧进行错误校验、按帧排序列以及通信流控。

目前交换机还具备了一些新的功能，如对 VLAN（虚拟局域网）的支持、对通信链路汇聚的支持，甚至有的还具有防火墙的功能。通常交换机设备的主要功能如下所示。

（1）地址学习：交换机了解每一个端口相联设备的 MAC 地址，并将地址同相应的端口映射起来，存放在交换机缓存中的 MAC 地址表中。

（2）过滤式转发数据：当一个数据帧的目的地址在 MAC 地址表中有映射时，它被转发到连接目的设备的端口而不是所有端口（如该数据帧为广播/组播帧则转发至所有端口）。

（3）消除网络回路：当交换网络包括一个冗余回路时，以太网交换机通过生成树协议避免回路的产生，同时允许存在备份路径。

此外，交换机除了能够连接同种类型的网络之外，还可以在不同类型的网络（如以太网和快速以太网）之间起到互联作用。如今许多交换机都能够提供支持快速以太网或 FDDI 等高速连接的端口，用于连接网络中的其他交换机，或者为带宽占用量大的关键设备提供附加带宽。

4.5　交换机的工作方式

交换机能改善传统办公网网络传输效率，实现地址学习、帧的转发及过滤、环路避免等功能。交换机通过学习所有连接到其端口上的设备的 MAC 地址，形成一张 MAC 地址表，存放着所有连接到端口上的设备的 MAC 地址，及其相应端口号的映射关系。

当交换机被初始化时，其 MAC 地址表是空的，此时如果有数据帧到来，交换机就向除了源端口之外的所有端口转发，并把源端口和相连接网络的地址记录在地址表中。以后每收到一条信息都查看地址表，有记录的信息就按照地址表中对应的信息转发；没有记录，就把信息转发给除自己之外的所有端口，并记录下端口和网卡地址的对应信息。直到连接到交换机的所有计算机都发送过数据之后，交换机 MAC 地址表最终建立完整，如表 4-1 所示。

表 4-1　交换机的 MAC 地址表

设备	端口	MAC地址
PC1	Fa3	01-11-5A-00-43-7E
PC2	Fa15	01-11-51-00-78-AD
PC3	Fa21	01-11-51-00-ED-4F
…	…	…

当一个数据帧到达交换机后，交换机通过查找 MAC 地址表来决定如何转发数据帧。如果目的 MAC 地址存在，则将数据帧向其对应的端口转发。如果在表中找不到目的地址的相应项，则将数据帧向所有端口（除了源端口）转发，如图 4-5 所示。

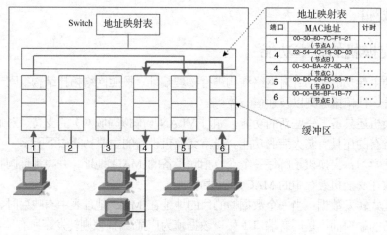

图 4-5 交换机地址学习和转发

4.6 认识交换机设备

交换机系统和计算机一样，也是由硬件系统和软件系统组成。组成交换机的基本硬件包括 CPU（处理器）、RAM（随机存储器）、ROM（只读存储器）、Flash（可读写存储器）、Interface（端口）等。

1．交换机的端口组成

● RJ-45 端口

属于以太网端口，不仅在最基本的 10Base-T 以太网中使用，在 100Base-TX 快速以太网和 1000Base-TX 吉比特（千兆）以太网中都广泛使用，传输介质都是双绞线，如图 4-6 所示。

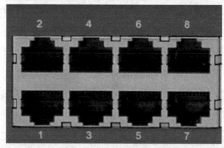

图 4-6 RJ-45 端口

● 光纤端口

光纤传输介质虽然早在 100Base 以太网就开始采用，但由于百兆速率价格比双绞线高许多，所以在 100Base 时代并没有得到广泛应用。从 1000Base 技术标准实施以来，光纤技术得以全面应用，各种光纤端口也层出不穷，都通过模块形式呈现，如图 4-7 所示。

图 4-7 光纤端口

- Console 端口

可管理交换机都有一个 Console 端口，通过 Console 端口和计算机连接配置管理交换机。Console 端口类型如图 4-8（a）所示，但也有串行 Console 端口，如图 4-8（b）所示。它们都需要专门的 Console 线连接至配置计算机串行通信端口（COM），还需要配置计算机成为其仿真终端。

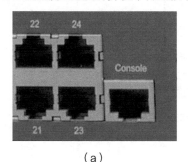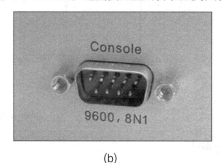

（a）　　　　　　　　　　（b）

图 4-8　Console 端口

2．配置交换机线缆

交换机 Console 端口与计算机串行通信端口间使用一根 9 芯串口线连接，配置计算机超级终端程序，对交换机进行配置和管理，如图 4-9 所示。

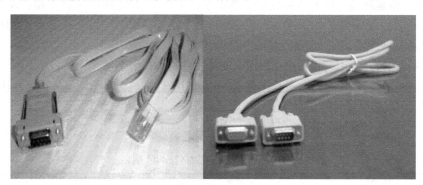

图 4-9　配置连接线缆

4.7　项目实施：使用交换机组建办公网

【任务描述】

绿丰公司是一家消费品销售公司，为增加网络销售渠道，公司新成立了网络销售部，希望通过互联网来提高产品的销量。为提高网络销售部的信息化水平，公司准备把网络销售部设备接入到公司办公网络中。

随着公司网络规模的不断扩大，设备越来越多，公司网络原来的接入设备集线器，已不能满足当前的网络需求。公司决定使用交换机更换集线器设备，以提供网络的工作效率。

【网络拓扑】

图 4-10 所示的网络拓扑，是新成立的网络销售部办公网组建拓扑。

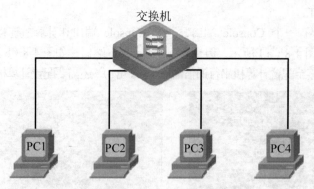

交换机

PC1　　PC2　　PC3　　PC4

图 4-10　　网络销售部办公网拓扑

【任务目标】

使用交换机组建办公网，优化网络环境。

【设备清单】

交换机（1 台）、计算机（≥2 台）、双绞线（若干）。

【工作过程】

步骤一：制作线缆。根据办公网组网设备，制作组网所用的网线。

步骤二：搭建环境。如图 4-10 所示，准备连接交换机和计算机，摆放平稳，以方便连接。把双绞线一端插入到计算机网卡端口；另一端插入到交换机端口，按住双绞线上翘环片，插入能听到清脆的"叭哒"声，轻轻回抽不松动即可。

步骤三：运行。给所有设备接通电源。交换机在接通电源后，端口将自检，所有端口处于红灯闪烁状态。当设备稳定后，只有连有设备的端口绿灯闪烁，表示网络处于连通状态。

步骤四：测试。

（1）规划网络销售部办公网管理地址，规划地址如表 4-2 所示。

表 4-2　　网络销售部办公网 IP 规划

设备	网络地址	子网掩码
PC1	172.16.1.1	255.255.255.0
PC2	172.16.1.2	255.255.255.0
PC3	172.16.1.3	255.255.255.0
…	…	…

（2）打开 PC1 计算机的"本地连接"，切换到"常规"选项卡，选择"Internet 协议（TCP/IP）"复选框，如图 4-11 所示，单击"属性"按钮，设置 TCP/IP 属性，如图 4-12 所示。

图 4-11　选择通信协议

图 4-12　配置计算机 IP 地址

（3）测试办公网是否连通。配置计算机管理 IP 地址，使用 ping 命令测试组建办公网是否连通。

打开计算机，执行"开始→运行"命令，在"打开"文本框中输入 cmd 命令，转到命令行操作状态，如图 4-13 所示。

图 4-13　进入命令行操作状态

在 DOS 操作系统命令行状态，输入 ping IP 命令，测试连接网络中的另一台计算机 IP 地址。

连接在同一交换网络中的计算机，不需要做任何配置，就能直接实现连通，如图 4-14 所示。

C:\WINDOWS\system32\cmd.exe
Microsoft Windows XP [版本 5.1.2600]
(C) 版权所有 1985-2001 Microsoft Corp.
C:\Documents and Settings\new>ping 172.16.1.1
Pinging 172.16.1.1 with 32 bytes of data:
Reply from 172.16.1.1: bytes=32 time=7ms TTL=255
Reply from 172.16.1.1: bytes=32 time<1ms TTL=255
Reply from 172.16.1.1: bytes=32 time<1ms TTL=255
Reply from 172.16.1.1: bytes=32 time<1ms TTL=255
Ping statistics for 172.16.1.1:
Packets: Sent = 4, Received = 4, Lost = 0 (0% loss),
Approximate round trip times in milli-seconds:
Minimum = 0ms, Maximum = 7ms, Average = 1ms

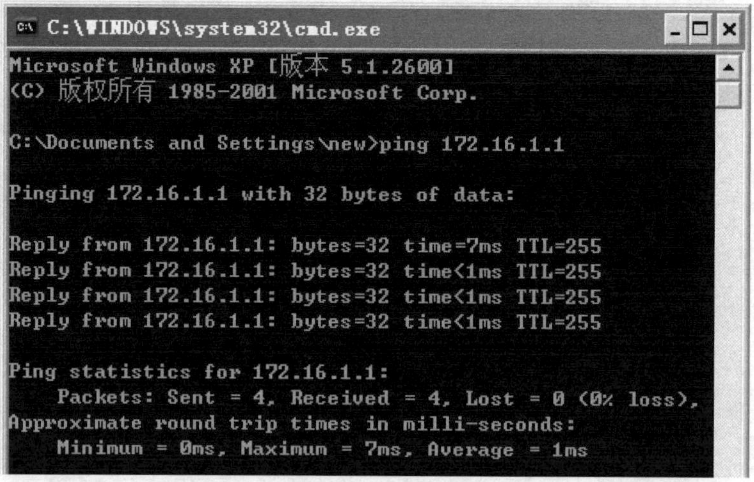

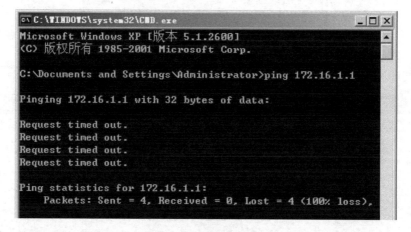

图 4-14　测试两台计算机的连通性

如果测试结果出现如图 4-15 所示的提示信息，则表示组建的网络出现故障，需要检查网卡、网线和 IP 地址等，以及时排除网络故障。

C:\WINDOWS\system32\CMD.exe
Microsoft Windows XP [版本 5.1.2600]
(C) 版权所有 1985-2001 Microsoft Corp.
C:\Documents and Settings\Administrator>ping 172.16.1.1
Pinging 172.16.1.1 with 32 bytes of data:
Request timed out.
Request timed out.
Request timed out.
Request timed out.
Ping statistics for 172.16.1.1:
Packets: Sent = 4, Received = 0, Lost = 4 (100% loss),

图 4-15　网络未连通

4.8　认证试题

1. 通常以太网采用（　　）协议以支持总线型的结构。

A. 总线型

B. 环型

C. 令牌环

D. 载波监听与冲突检测 CSMA/CD

2. 下列可用的 MAC 地址是（　　）。

A. 00-00-F8-00-EC-G7

B. 00-0C-1E-23-00-2A-01

C. 00-00-0C-05-1C

D. 00-D0-F8-00-11-0A

3. 下列说法正确的是（　　　）。

A. 按服务方式可将计算机网络分为客户机/服务器网络、广播式网络

B. 按地理位置可将计算机网络分为局域网、城域网、省域网、广域网

A. 按传输介质可将计算机网络分为双绞线网、光纤网、无线网

D. 按地理位置可将计算机网络分为局域网、城域网、广域网、互联网

4. 下列属于物理层设备的是（　　　）。

A. 集线器　　　　B. 交换机　　　　C. 网桥　　　D. 网卡

5. （　　　）设备可以看作一种多端口的网桥设备。

A. 中继器　　　　B. 交换机　　　　C. 路由器　　D. 集线器

6. 以太网交换机的每一个端口可以看作一个（　　　）。

A. 冲突域　　　　B. 广播域　　　　C. 管理域　　D. 阻塞域

7. 下面对使用交换技术的二层交换机的描述，哪项是错误的（　　　）。

A. 通过辨别 MAC 地址进行数据转发

B. 通过辨别 IP 地址进行转发

C. 交换机能够通过硬件进行数据的转发

D. 交换机能够建立 MAC 地址与端口的映射表

8. 局域网的标准化工作主要由（　　　）制订。

A. OSI

B. CCITT

C. IEEE

D. EIA

9. 交换机工作在 OSI 七层的（　　　）。

A. 一层

B. 二层

C. 三层

D. 三层以上

10. 以下对局域网的性能影响最为重要的是（　　　）。

A. 拓扑结构

B. 传输介质

C. 介质访问控制方式

D. 网络操作系统

PART 5

项目 5
配置交换机设备

核心技术

◆ 交换机设备配置技术

能力目标

◆ 会配置交换机设备
◆ 掌握配置交换机的命令

知识目标

◆ 介绍配置交换机线缆
◆ 配置交换机超级终端程序
◆ 介绍配置交换机模式
◆ 介绍交换机配置命令
◆ 介绍交换机工作模式
◆ 介绍交换机操作系统

【项目背景】

　　绿丰公司成立了网络销售部，组建了网络销售部的网络，并把网络销售部的网络接入到公司的办公网络中。随着公司网络规模的不断扩大，设备越来越多，公司原有网络接入设备集线器，已不能满足当前公司的网络需求。

　　由于部门的扩大，有更多的计算机接入到办公网中，影响了办公网的传输性能，因此公司决定使用交换机替代集线器改造公司的网络，并配置办公网交换机，优化交换机的端口速度，提高办公网络传输效率。

【项目分析】

为了优化办公网的传输速度，通过更换性能更高的网络设备，或者配置办公网的接入交换机都能达到目的。但更换设备成本太高，因此，网络管理员需要熟悉交换机的各种配置技术，掌握交换机配置模式切换，使用命令配置交换机设备。

【项目目标】

本项目从网络管理员日常工作出发，讲解配置交换机的基本方法，了解配置交换机的线缆，学会连接交换机和仿真终端设备，使用超级终端程序配置交换机。掌握配置交换机的基本命令，会独立配置交换机设备，优化网络传输环境。

【知识准备】

5.1　配置交换机概述

交换机是局域网最重要的连接设备，和集线器连接的网络不一样，交换机所连接的网络更具智能性，网络也更具管理性。通常情况下，安装在局域网中的二层交换机都具有网络管理系统，通过该管理系统，可以管理配置局域网中的交换机设备。实际上，局域网的管理大多涉及的是交换机的管理。

交换机又分为可网管交换机和不可网管交换机。其中，不可网管交换机不能被管理，就像集线器一样直接转发数据，如图 5-1 所示。

图 5-1　不带 Console 端口的不可网管交换机

而可网管交换机则可以被管理，也更具有智能性、安全性，如图 5-2 所示。一台交换机是否可网管可以从外观上分辨：可网管交换机正面或背面有一个 Console 端口，如图 5-3 所示。

图 5-2　带 Console 端口的可网管交换机

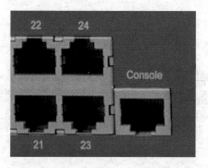

图 5-3　Console 端口

使用串口电缆把交换机 Console 端口和计算机网卡端口连接起来，通过计算机来配置和管理交换机。

5.2　交换机的配置管理方式

通常交换机的配置和管理通过仿真终端设备进行，可以把一台计算机配置成交换机仿真终端。常见配置管理交换机的方式有以下 4 种，如图 5-4 所示。

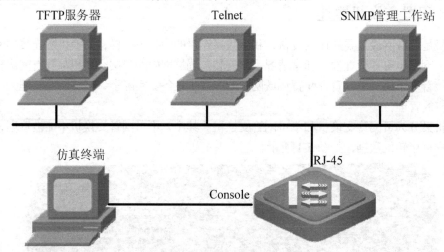

图 5-4　交换机的配置访问方式

- 通过计算机与交换机直接相连。
- 通过 Telnet 对交换机进行远程管理。
- 通过 Web 对交换机进行远程管理。
- 通过 SNMP 管理工作站对交换机进行管理。

交换机使用第一种方式配置管理时，必须采用专用配置线缆，通过 Console 端口对交换机进行配置，这种方式不占用交换机带宽，又称为"带外管理"（Out of band）。后面 3 种方式均要使用以太口，借助交换机的管理 IP 地址，通过网线远程登录配置管理，还必须具备配置权限。

5.3　配置仿真终端程序

使用交换机附带串口配置线缆，一端连接在交换机的 Console 端口，另一端连接在配置计算机的 9 针串口里，通过 Console 端口方式配置管理交换机，如图 5-5 所示。

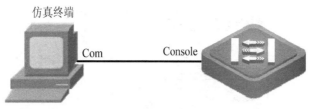

图 5-5 仿真终端连接

开启设备,配置计算机"超级终端"程序,定位到"开始→程序→附件→通信→超级终端",建立超级终端和交换机连接,如图 5-6 所示。

图 5-6 "带外管理"配置过程

- 首先,在"连接描述"对话框的"名称"文本框中填写设备连接的名称,如图 5-7 所示。
- 然后,弹出"连接到"对话框,在"连接时使用"下拉列表框中选择连接仿真终端(计算机)串口名称 COM1,如图 5-8 所示。
- 配置连接端口后,设置设备之间的通信信号参数,"每秒位数"为波特率 9600、"数据位"为 8、"停止位"为 1、无奇偶校验、无数据流控制,如图 5-9 所示。

图 5-7 仿真终端的连接端口

图 5-8　连接名称

图 5-9　设备连接参数

设置好交换机和管理设备连接参数以后，如图 5-10 所示，显示设备之间连接成功的界面。

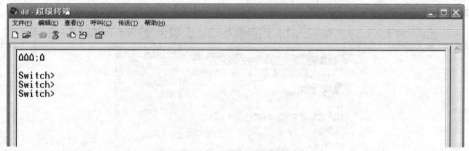

图 5-10　连接成功界面

5.4　使用帮助配置交换机

1. 使用 "？" 获得帮助

交换机操作系统是命令行操作系统，在命令模式提示符下，输入问号"？"，会列出该模式可以使用的命令列表。此外，使用"？"还可获得多种帮助，为操作节省时间。

用户可以采用不同方式使用"？"命令。如果用户不知道命令的下一个参数是什么，就可以使用"？"进行查询。用户还可以使用"？"来查看以某个特定字母开头的所有命令，如"show b?"命令就会返回以字母 b 开头的命令列表，常见查询方式如下所示。

```
命令单词查询：con?
命令参数查询：configure ?
```

- 使用 Tab 键实现命令自动补齐。

也可只输入命令行前几个字母，使用 Tab 键自动补齐当前命令提示符下对应命令。

```
Switch>en（按 Tab 键）
```

- 使用命令简写。

交换机操作命令和 DOS 命令格式一样，也可以使用该命令对应前几个字母，按回车键自动执行对应操作。

```
Switch#conf（按回车键）
```

- 使用历史缓冲区加快操作。

交换机使用历史缓冲区技术，记录最近使用的当前提示符下的所有命令，使用"↑"方向键和"↓"方向键，将已经操作过的命令恢复，重新使用。

```
Switch#（按"↓"方向键）
```

2．识别操作错误提示

- % Ambiguous command: "show c"

用户没有输入足够多的字符，交换机无法识别唯一命令。

- % Incomplete command.

用户没有输入该命令必需的关键字或变量参数，交换机显示输入命令不足。

- % Invalid input detected at '^' marker.

用户输入命令错误，符号"^"指明产生错误的位置。

5.5 识别交换机命令提示符

根据配置管理功能不同，交换机可分为 3 种不同的命令模式：用户模式、特权模式、配置模式（全局模式、端口模式、VLAN 模式、线程模式）。

- 用户模式：Switch>

和交换机建立连接后，用户首先处于用户模式。在用户模式下，用户只拥有很少的配置管理交换机权限，只可以使用少量命令，用户模式命令操作结果不会被保存。

- 特权模式：Switch #

要想在网管交换机上使用更多的命令，必须进入特权模式。由用户模式进入特权模式时的命令是 enable 。在特权模式下，用户命令会丰富很多。

```
Switch>enable
Switch #
```

- 全局配置模式：Switch(config) #

通过 configure terminal 命令进入配置模式。使用配置模式（全局配置模式、端口配置模式等）命令，可以对当前运行产生影响。用户保存配置，这些命令将在系统重启后执行。

```
Switch# configure terminal
```

```
Switch(config)#
```

从全局配置模式出发，可以进入端口配置模式等各种配置子模式。

在全局配置模式下，使用 interface 命令进入端口配置子模式，操作过程如下所示。

```
Switch# configure terminal
Switch(config)#
Switch(config)#interface fa0/1
Switch(config-if)#
```

在所有模式下，输入 exit 命令或 end 命令，或者使用 Ctrl+Z 组合键，均可离开该模式。

show 命令是配置交换机的入门命令。通过该命令可以了解交换机配置信息，了解交换机工作状态。网络管理员通过了解交换机的各种状态，从而及时排除故障。

```
Switch>enable
Switch #show ?               ! 提供可利用的 show 命令列表
...
```

● show running-configuration

show running-configuration 命令可以显示交换机设备的当前配置。可以改变交换机当前配置，也可以查看配置是否有效。注意，除非用户执行了保存配置操作，否则所做修改不会保存。可以将正在修改的配置保存起来，命令如下。

```
copy running-configuration startup-configuration
```

● show interface

此命令用于显示交换机端口状态：端口协议状态、利用情况、错误、MTU 等，对于诊断交换机故障极为有用。如果想显示特定端口状态，只需要跟上特定网络端口号即可，命令如下。

```
Switch#show interfaces fa0/1
```

● show ip interface

此命令用于提供系统配置信息，可以提供所有端口的 IP 协议及其服务状态信息。而 show ip interface brief 提供交换机端口状态信息，包括其 IP 地址、第二层和第三层状态。

● show ip route

显示三层交换机或路由器设备路由表。

● show version

显示交换机操作系统版本记录：用于引导的固件设置、交换机上次的启动时间、操作系统的版本、操作系统文件的名称、交换机的内存和闪存数量等。

● show mac-address-table

显示所有交换机学习到所连接计算机 MAC 地址表信息。

● show VLAN

显示所有交换机已配置的虚拟局域网中的 VLAN 信息。

● show clock

显示交换机的时间设置。

5.6 项目实施：配置交换机并优化办公网络

【任务描述】

小明从学校毕业，分配到绿丰公司网络中心，负责公司网络管理员工作，维护和管理公司中的所有网络设备。

新成立的客户服务部办公网组建完成后，需要对组网的交换机设备进行优化，以提高网络传输速率。

【网络拓扑】

小明配置办公网络交换机设备的连接拓扑，如图 5-11 所示。

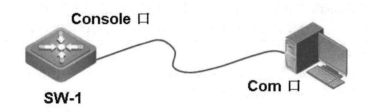

图 5-11　配置交换机连接拓扑

【任务目标】

掌握交换机命令行各种操作模式的区别，使用命令配置管理交换机。

【设备清单】

交换机（1 台）、计算机（≥2 台）、配置线缆（1 根）、网线（1 根）。

【工作过程】

步骤一：搭建环境。

如图 5-11 所示，连接配置交换机仿真终端环境。注意：本项目使用两台计算机，一台通过 COM1 的 9 芯串口和交换机 Console 端口相连，成为配置交换机仿真终端；另一台通过 RJ-45 端口和交换机以太口相连，模拟办公网络普通计算机，成为交换机测试计算机。

步骤二：接通电源。

交换机启动和计算机一样，接通电源后首先自检，此时设备所有端口指示灯处于闪烁状态，直到自检结束，连接设备端口的指示灯变为绿色，设备连接完好，其他指示灯熄灭。

步骤三：配置交换机。

首先配置仿真终端程序，连接成功后，进入交换机的命令配置状态。

（1）配置交换机名称。

```
Switch>enable                          ! 进入交换机特权模式
Switch#
Switch#configure terminal              ! 进入交换机配置模式
Switch(config)#hostname S2126G         ! 修改交换机标识名为 S2126G
S2126G (config)#exit                   ! 结束返回到特权模式
```

（2）查看交换机版本信息。

```
S2126G #show version                   ! 查看交换机版本信息
System description: Red-Giant Gigabit Intelligent Switch(S2126G)
```

```
By Ruijie Network
System uptime          : 0d:0h:43m:28s
System hardware version : 3.0              ! 设备的硬件版本信息
System software version : 1.61(4) Build Sep 9 2005 Release
System BOOT version    : RG-S2126G-BOOT  01-02-02
System CTRL version    : RG-S2126G-CTRL  03-09-03
Running Switching Image : Layer2                    ! 表示是二层交换机
```

（3）配置交换机端口参数。

交换机 Fastethernet 端口默认情况下是 10M/100M bit/s 自适应端口，双工模式也为自适应（端口速率、双工模式可配置）。默认情况下，所有交换机端口均开启。如果网络中一些型号比较旧的主机还在使用 10Mbit/s 半双工的网卡，为了实现主机之间正常访问，应当在交换机上进行相应配置，把连接这些主机交换机端口的速率设为 10Mbit/s，传输模式设为半双工。

```
Switch# configure terminal
Switch(config)#interface fastethernet 0/3          ! 进入 F0/3 的端口模式
Switch (config-if)#description "This is a Accessport."
                                           ! 配置端口的描述信息，可作为提示
Switch(config-if)#speed 100                 ! 配置端口速率为 100Mbit/s
Switch(config-if)#duplex full               ! 配置端口的双工模式为全双工
Switch(config-if)#no shutdown               ! 开启该端口转发数据
Switch(config-if)#exit
```

其中，配置端口速率参数有 100（100Mbit/s）、10（10Mbit/s）、auto(自适应)，默认是 auto。配置双工模式有 full (全双工)、half(半双工)、默认是 auto。

（4）查看交换机端口的配置信息。

```
Switch#show interface fastethernet 0/3
FastEthernet 0/1 is UP , line protocol is UP              ! 端口状态为 UP
Hardware is marvell FastEthernet
Description: "This is a Accessport."                 ! 端口的描述信息
Interface address is: no ip address
MTU 1500 bytes, BW 10000 Kbit                         ! 端口的带宽为 10Mbit/s
                                                   （默认为 100Mbit/s）
```

（5）还原交换机端口的默认配置信息。

如果需要将交换机端口配置恢复默认值，可以使用 default 命令。

```
Switch (config)#interface fastEthernet 0/1
Switch (config-if)#default bandwidth           ! 恢复端口默认的带宽设置
Switch (config-if)#default description           ! 取消端口的描述信息
Switch (config-if)#default duplex               ! 恢复端口默认的双工设置
Switch (config-if)#end
```

（6）为交换机配置管理地址。

```
Switch(config)#
Switch(config)# interface VLAN 1                  ! 打开交换机管理 vlan1
```

```
Switch(config-if)# ip address 192.168.1.1  255.255.255.0! 为交换机配置
管理地址
Switch(config-if)# no shutdown                    ! vlan1 设置为启动状态
Switch(config-if)# exit
```

交换机端口默认开启，AdminStatus 是 UP，如果端口没有连接设备，OperStatus 是 down。

（7）保存交换机配置。

```
Switch#copy running-config startup-config
Switch#write memory
Switch#write    ! 上面的 3 条命令都可以保存配置，选择 1 条
```

（8）配置交换机的名称和每日提示信息。

```
Switch# (config)#banner motd $
! 使用 banner 命令设置交换机每日提示信息，参数 motd 指定以哪个字符为信息结束符
    Enter TEXT message. End with the character '$'.
    Welcome to SW-1, if you are admin, you can config it.
    If you are not admin, please EXIT!
    $
```

（9）查看交换机的配置信息。

```
Switch#show ip interfaces          ! 查看交换机端口信息
...
Switch#show interfaces VLAN1        ! 查看管理 Vlan1 信息
...
Switch#show running-config          ! 查看配置信息
...
```

5.7　认证试题

下列每道试题都有多个选项，请选择一个最优的答案。

1. 配置交换机设备，需要使用专用配置线缆，连接计算机的 COM1 和路由器的 Console 端口，并启用仿真终端程序实现连接。交换机上的 Console 端口，默认的波特率为（　　）。

　　A. 1200　　　　　　　B. 4800　　　　　　　C. 6400　　　　　　　D. 9600

2. 在日常配置网络设备时，根据配置方式不同，可分为带外方式和带内方式，下列哪些管理方式属于带外管理方式（　　）。

　　A. Console 线管理　　B. Telnet 管理　　　C. Web 管理　　　　　D. SNMP 管理

3. 办公室的网络未连通，小明使用自己的计算机，通过 Console 端口方式登录到连接办公网的交换机，在配置超级终端程序时，连接的参数应该设置为（　　）。

　　A. 波特率：9600、数据位：8、停止位：1、奇偶校验：无

　　B. 波特率：57600、数据位：8、停止位：1、奇偶校验：有

　　C. 波特率：9600、数据位：6、停止位：2、奇偶校验：有

　　D. 波特率：57600、数据位：6、停止位：1、奇偶校验：无

4. 可管理交换机设备具有几种工作模式，分别是用户模式、特权用户模式、全局用户模式

等，可以提示不同的工作状态。下列模式提示符中，二层交换机不具备（　　　）。

A. ruijie(config-if)#

B. ruijie(config-VLAN)#

C. ruijie(config-router)#

D. ruijie#

5. 交换机 Flash 组件充当交换机存储功能，保持交换机操作系统以及配置文件信息，查看交换机保存在 Flash 中的配置信息，使用命令（　　　）。

A. show running-config

B. show startup-config

C. show saved-config

D. show flash-config

6. 下列各项操作中，不能将交换机当前运行的配置参数保存的是（　　　）。

A. write

B. copy run star

C. write memory

D. copy VLAN flash

7. 下列不属于交换机配置模式的有（　　　）。

A. 特权模式

B. 用户模式

C. 端口模式

D. 全局模式

E. VLAN 配置模式

F. 线路配置模式

8. 下列哪一条命令用来显示交换机的 RAM 中的配置文件（　　　）。

A. show running-config

B. show startup-config

C. show backup-config

D. show version

9. 下列哪一条配置命令提示符，是在交换机端口配置模式下（　　　）？

A. Switch >

B. Switch #

C. Switch (config)#

D. Switch (config-if)#

10. 交换机如何知道将帧转发到哪个端口（　　　）。

A. 使用 MAC 地址表

B. 使用 ARP 地址表

C. 读取源 ARP 地址

D. 读取源 MAC 地址

项目 6
构建健壮的办公网

核心技术

◆ 生成树协议（STP，RSTP）

能力目标

◆ 构建健壮的办公网
◆ 配置交换机的生成树

知识目标

◆ 了解单链路网络缺点
◆ 冗余网络的特征
◆ 了解生成树协议
◆ 了解 STP 生成树协议
◆ 了解 RSTP 生成树协议
◆ 配置生成树协议

【项目场景】

随着绿丰公司网络规模的不断扩大，设备越来越多，公司使用交换机设备重新改造了网络，不仅优化了网络环境，而且提高了办公网的工作效率。

但随着更多的计算机设备接入，公司的网络管理人员小明为减少网络管理的工作量，针对办公网中的骨干链路，都采用双链路连接，形成网络冗余，以增强网络的健壮性。但构建冗余网络易形成广播风暴，故网络中心决定配置办公网交换机，希望实施生成树协议以优化网络环境和网络传输速率。

【项目分析】

由于更多的计算机设备接入，为保证办公网的稳定性，针对网络的骨干链路，使用双链路进行连接。但双链路形成的冗余网络，易形成广播风暴，生成树协议能够很好地解决网络风暴难题。

【项目目标】

本项目从网络管理员日常工作角度出发，讲解网络内部多台交换机互联并形成冗余网络，构建冗余网络以保证网络的健壮性等基础知识。但冗余网络易形成网络广播风暴，本单元通过学习生成树协议的工作原理。会配置生成树协议，掌握消除网络广播风暴的方法，这是网络管理员进行的日常工作之一，也是其必备的职业技能。

【知识准备】

6.1 网络冗余基础知识

要使网络更加可靠，减少故障影响的一个重要方法就是增加冗余。网络中的冗余的作用在于当网络中出现单点故障时，网络中的备份的组件使整个网络基本不受影响。

单条链路或单台网络设备都有可能发生故障，从而影响整个网络的正常运行。此时，如果有备份链路或备份设备就可以解决这些问题，保障网络不间断地运行。使用冗余备份能够为网络带来健壮性、稳定性和可靠性等好处，更能提高网络的容错性能。

图 6-1 显示了一个具有冗余链路的办公网络，交换机 SW1 与 SW3 之间的链路形成冗余备份。当主链路（SW1 的 F0/2 与 SW2 的 F0/2 端口之间链路或 SW2 的 F0/1 与 SW3 的 F0/2 之间链路）出现故障时，访问服务器流量会通过这条备份链路进行传输。冗余减少了网络因单点故障引起的停机损耗，从而提高了网络整体的可靠性。

但由于网络中存在冗余，基于冗余的拓扑也会使网络形成环路，物理层的环路结构很容易引起广播风暴、多帧复制和 MAC 地址表抖动等问题。

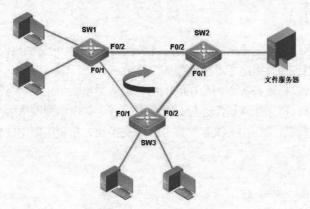

图 6-1 交换网络中的冗余链路

图 6-2 显示了一个广播风暴。从这个拓扑图中可以看到，广播风暴是由于冗余网络形成网络环路造成的。

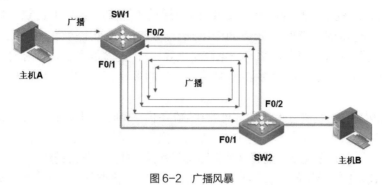

图 6-2　广播风暴

多帧复制也叫重复帧传送，单播数据帧被多次复制传送到目的站点，造成目的站点接收到某个数据帧的多个副本，因而浪费了目的主机资源。图 6-3 显示了多帧复制是如何发生的。

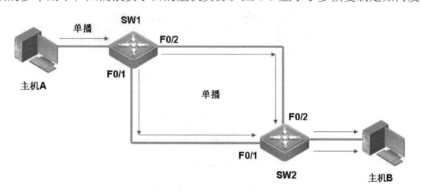

图 6-3　多帧复制

由于相同帧的复制在交换机的不同端口被接收，造成了 MAC 地址表抖动。交换机将资源都消耗在复制不稳定的 MAC 地址表上，那么数据转发的功能就可能被削弱，如图 6-4 所示。

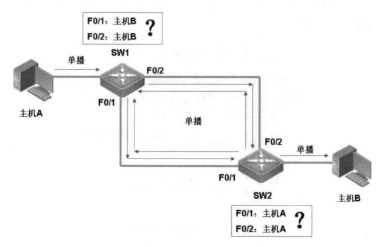

图 6-4　MAC 地址表抖动

6.2 生成树协议概述

为了解决冗余链路引起的问题，IEEE 组织通过了 IEEE 802.1d 协议，即生成树协议（Spanning-Tree Protocol，STP）。IEEE 802.1d 协议通过在交换机上运行一套算法，使冗余端口处于"阻塞状态"，网络在通信时只有一条链路生效。而当这条链路出现故障时，IEEE 802.1d 协议将重新计算网络最优链路，将处于"阻塞状态"的端口重新打开，从而确保网络连接稳定可靠。

STP 生成树协议的主要思想就是当网络中存在备份链路时，只允许主链路激活。如果主链路因故障而被断开，备用链路才会被打开。即当交换机之间存在多条链路时，交换机的生成树算法只启动最主要的一条链路，而将其他链路都阻塞掉，并变为备用链路。当主链路出现问题时，生成树协议将自动启用备用链路接替主链路的工作，不需要任何人工干预。如图 6-5 所示，冗余备份的链路被逻辑断开，从而消除了环路。

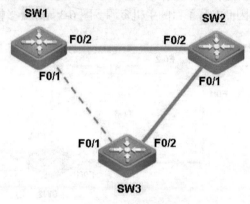

图 6-5 STP 避免环路

6.3 快速生成树协议概述

在 STP 生成树协议中，端口具有 4 种状态：阻塞（Blocking）、监听（Listening）、学习（Learning）和转发（Forwarding），如图 6-6 所示。

图 6-6 端口具有 4 种状态

当交换机接通电源后，所有端口从初始化进入阻塞状态。如果在一个最大老化时间（20s）内没有接收到新信息，端口会从阻塞状态转换为监听状态。在监听状态，经过一个转发延迟（15s）后，端口进入学习状态。端口在学习状态结束后（再经过一个转发延迟 15s）还是一个根端口或者指定端口，这个端口就进入了转发状态，否则就被阻塞。

可以看到，STP 生成树协议在工作过程中，需要经过长达 50s 左右的时间，网络才能稳定，这影响了网络的收敛状态。由于 STP 生成树协议在网络变动过程中的收敛时间过长，当主要链路出现故障时，切换到备份链路需要 50s 的时间。

为了解决 STP 协议的这个缺陷，IEEE 推出了快速生成树 802.1w 标准，作为对 802.1d 标准的补充。在 IEEE 802.1w 标准里定义了快速生成树协议 RSTP（Rapid Spanning Tree Protocol）的 3 种端口状态：丢弃（Discarding）、学习（Learning）和转发（Forwarding）。

快速生成树协议（RSTP）在 STP 基础生成树协议的基础上增加了两种端口角色：替换端口（alternate Port）和备份端口（backup Port），分别作为根端口（root Port）和指定端口（designated Port）的冗余端口。当根端口或指定端口出现故障时，冗余端口不需要经过 50s 的收敛时间，可以直接切换到替换端口或备份端口。通过以上三点重要改进，从而实现了 RSTP 协议小于 1s 的快速收敛。

6.4 配置生成树协议

1. 打开、关闭 Spanning Tree 协议

交换机在默认状态下启动第三代生产树协议 MSTP（Multiple Spanning Tree Protocol，多生成树协议），下面的命令用于打开 Spanning Tree 协议。

```
Switch(config)#spanning-tree
```

如果要关闭 Spanning Tree 协议，可使用 no spanning-tree 全局配置命令进行设置。

2. 修改生成树协议类型

在配置 STP 或 RSTP 时，可以使用下面的命令对生成树协议类型进行修改。

```
Switch(config)#spanning-tree mode { mstp | stp | rstp }
```

3. 配置交换机生成树的优先级

通常情况下，可以把核心交换机的优先级设置得高些（数值小），使核心交换机成为根网桥，这样有利于整个网络的稳定。

生成树的优先级设置值有 16 个，都为 4096 的倍数，分别是 0、4096、8192、12 288、16 384、20 480、24 576、28 672、32 768、36 864、40 960、45 056、49 152、53 248、57 344 和 61 440。默认值为 32 768。配置交换机优先级需要运行下面的命令。

```
Switch(config)#spanning-tree priority <0-61440>
```

如果要恢复到默认值，可使用 no spanning-tree priority 全局配置命令进行设置。

4. 查看生成树的配置

查看交换机上运行的生成树实例状态，以检查配置是否正确，命令如下。

```
Switch#show spanning-tree
...
```

也可以使用下面的命令，显示交换机某个具体端口的生成树信息。

```
Switch#show spanning-tree interface interface-id
...
```

6.5 项目实施：配置交换机并优化办公网络

【任务描述】

由于公司的办公网有更多的计算机设备接入，网络中心管理人员小明为减少网络管理的工作量，针对办公网中的骨干链路，都使用双链路连接，形成网络冗余，从而增强办公网连接的健壮性。

但构建完成的冗余网络易形成广播风暴，需要在交换机上做适当配置以避免环路。可以通过实施生成树协议来优化网络环境和传输速度，从而提高办公网络的传输效率。

【网络拓扑】

图 6-7 所示为新成立的网络销售部和客户服务部组建完成的骨干网络的拓扑示意图，使用双链路连接，形成网络冗余，以保证网络的稳定性和健壮性。

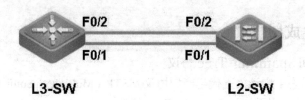

图 6-7　配置生成树拓扑图

【任务目标】

配置交换机的生成树协议，避免网络在有冗余链路的情况下产生环路，从而避免广播风暴。

【设备清单】

交换机（两台）、主机（两台）、网线（若干）。

【工作过程】

步骤一：按照图 6-7 所示的网络拓扑，组建办公网中骨干交换机之间的冗余链路连接场景。

步骤二：配置两台交换机的主机名，并管理 IP 地址，命令如下。

```
Switch#configure terminal
Switch(config)#hostname L2-SW
L2-SW(config)#interface VLAN 1
L2-SW(config-if)#ip address 192.168.1.2  255.255.255.0
L2-SW(config-if)#no shutdown
L2-SW(config-if)#exit
```

```
Switch #configure terminal
Switch (config)#hostname L3-SW
L3-SW(config)#interface VLAN 1
L3-SW(config-if)#ip address 192.168.1.1  255.255.255.0
L3-SW(config-if)#no shutdown
L3-SW(config-if)#exit
```

步骤三：在两台交换机上启用快速生成树 RSTP。

```
L2-SW(config)#spanning-tree                    ! 启用生成树协议
L2-SW(config)#spanning-tree mode rstp          ! 修改生成树协议的类型为 RSTP
L2-SW(config)#
```

```
L3-SW(config)#spanning-tree                    ! 启用生成树协议
L3-SW(config)#spanning-tree mode rstp          ! 修改生成树协议的类型为 RSTP
L3-SW(config)#
```

步骤四：查看两台交换机上配置的快速生成树。

使用默认参数启用 RSTP 之后，可以使用如下命令观察两台交换机上生成树的工作状态。

```
L3-SW#show spanning-tree
 ...
```

```
L2-SW#show spanning-tree
 ...
```

通过观察两台交换机上生成树的工作状态，可以看到两台交换机已经正常启用了 RSTP 协议。由于 MAC 地址较小，L3-SW 被选为根桥，优先级是 32 768。

为了保证未来网络中新加入其他的交换机后，L3-SW 还是能够被选为根桥，需要提高 L3-SW 的网桥优先级。

步骤五：配置根交换机生成树的优先级。

```
L3-SW(config)#spanning-tree priority ?
  <0-61440>  Bridge priority in increments of 4096
          ! 查看网桥优先级可配置范围，在 0~61 440 之内，且必须是 4096 的倍数
L3-SW(config)#spanning-tree priority 4096
                                               ! 配置网桥优先级为 4096
```

步骤六：配置根交换机链接骨干端口生成树的优先级。

```
L3-SW(config)#
L3-SW(config)#interface fastEthernet 0/2
L3-SW(config-if)#spanning-tree port-priority ?
  <0-240>  Port priority in increments of 16
              ! 查看端口优先级的可配置范围，在 0~240 之内，且必须是 16 的倍数
L3-SW(config-if)#spanning-tree port-priority 96
                                      ! 修改 F0/2 端口的优先级为 96
L3-SW(config-if)#exit
```

步骤七：查看根交换机上配置的快速生成树。

配置完 RSTP 生成树的优先级之后，可以使用如下命令观察根交换机上生成树的工作状态。

```
L3-SW#show spanning-tree
 ...
```

```
L3-SW#show spanning-tree interface fastEthernet 0/1
...
```

```
L3-SW#show spanning-tree interface fastEthernet 0/2
...
```

在配置完生成树的优先级后，再次使用查看命令，可以观察到 L3-SW 交换机的 RSTP 生成树其优先级已被修改为 4096（根网桥），F0/2 端口优先级被修改成 96，两个端口路径成本都是 19，处于转发状态。

步骤八：查看非根交换机上配置的快速生成树。

配置完 RSTP 生成树的优先级之后，可以使用如下命令观察非根交换机上生成树的工作状态。

```
L2-SW#show spanning-tree
 ...
```

```
L2-SW#show spanning-tree interface fastEthernet 0/1
...
```

```
L2-SW#show spanning-tree interface fastEthernet 0/2
...
```

在 L2-SW 交换机中，网桥优先级默认是 32 768，端口优先级默认是 128，路径成本是 19。端口 F0/2 被选举为根端口，处于转发状态；而 F0/1 则是替换端口，处于丢弃状态。

步骤九：快速生成树的验证和测试。

配置完 RSTP 生成树的优先级之后，在三层交换机 L3-SW 上，长时间 ping 二层交换机 L2-SW。其间，断开 L2-SW 上的转发端口 F0/2（down，如拔掉网线），验证两台交换机之间仍能互相 ping 通，观察 ping 的丢包情况，查看替换端口能在多长时间内变为转发端口。

```
L3-SW#ping 192.168.1.2  -t
                                    ! 使用 ping 命令连续 ping 对端设备
...
```

可以看到，在替换端口变为转发端口的过程中，丢失了 1~2 个 ping 包，中断时间小于 20ms，如图 6-8 所示。

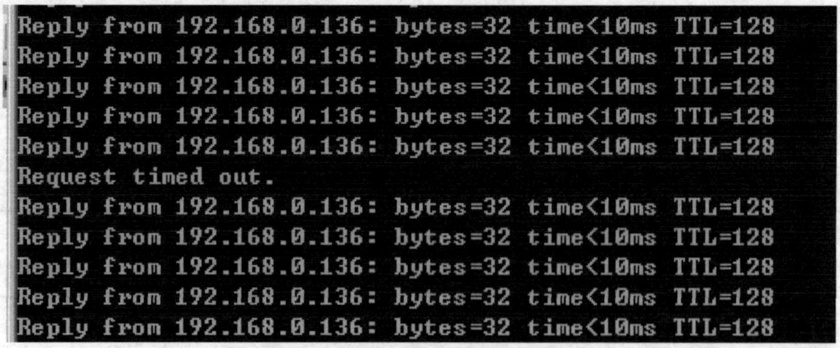

图 6-8　RSTP 生成树的收敛状态

6.6 认证试题

下列每道试题都有多个选项，请选择一个最优的答案。

1. IEEE 的哪个标准定义了 RSTP（　　　）。

A. IEEE 802.3　　　　　　　　B. IEEE 802.1

C. IEEE 802.1d　　　　　　　　D. IEEE 802.1w

2. 请按顺序说出 802.1d 中的端口，由阻塞到转发状态变化的顺序（　　　）。

①listening　②learning　③ blocking　④forwarding

A. ③-①-②-④　　　　　　　　B. ③-②-④-①

C. ④-②-①-③　　　　　　　　D. ④-①-②-③

3. 生成树协议 STP 的主要目的是（　　　）。

A. 保护单一环路　　　　　　　　B. 消除网络的环路

C. 保持多个环路　　　　　　　　D. 减少环路

4. 以下各协议中，不属于生成树协议的是（　　　）。

A. IEEE 802.1w　　　　　　　　B. IEEE 802.1s

C. IEEE 802.1p　　　　　　　　D. IEEE 802.1d

5. 在大型的局域网中，为了提高网络的健壮性和稳定性，除了提供正常的网络设备之间的连接外，往往还提供一些备份连接。这种技术称为（　　　）。

A. SET 生成树协议　　　　　　　B. RSET 生成树协议

C. 冗余链路　　　　　　　　　　D. 链路聚合

6. 请问 STP 的作用是什么（　　　）。

A. 防止网络中的路由环路　　　　B. 跨交换机实现 VLAN 通信

C. 防止网络中的交换环路　　　　D. 发送 BPDU 信息以确定网络中的最优转发路由器

7. IEEE 802.1 定义了生成树协议 STP，将整个网络路由定义为（　　　）。

A. 二叉树结构　　　　　　　　　B. 无回路的树型结构

C. 有回路的树型结构　　　　　　D. 环型结构

8. RSTP 的最根本目的是（　　　）。

A. 防止广播风暴

B. 防止信息丢失

C. 防止网络中出现信息回路造成网络瘫痪

D. 使网桥具备网络层功能

9. STP 表示哪一种含义（　　　）。

A. Spanning Tree Process　　　　B. Stop processing

C. Standard Tree Protocol　　　　D. Spanning Tree Protocol

10. 下列哪些值可作为 RSTP 交换机的优先级（　　　）。

A. 1　　　　　B. 2　　　　　C. 500　　　　　D. 8192

项目 7
实现办公网高带宽

核心技术

◆ 链路聚合技术（IEEE 802.3ad）

能力目标

◆ 使用链路聚合技术实现高带宽
◆ 熟悉 IEEE 802.3 ad 协议的工作原理

知识目标

◆ 介绍网络带宽的基础知识
◆ 了解 IEEE 802.3 ad 协议的基础知识
◆ 配置链路聚合
◆ 实现链路聚合的均衡负载

【项目背景】

随着绿丰公司网络规模的不断扩大，越来越多的计算机设备接入到办公网中，加重了办公网中的骨干链路的负担。公司的网络管理人员小明，针对办公网中的骨干链路，都使用双链路连接，形成网络冗余，以增强网络的稳定性。

但由于冗余网络内部设备增多，网络传输的速度一直在下降，公司希望网络中心解决骨干链路带宽的问题。为了保证网络中的计算机都能实现高带宽访问互联网，网络管理员针对办公网中的骨干链接，在不改造现有网络的基础上，通过实施链路聚合技术，提高办公网内部传输带宽。

【项目分析】

本项目从网络管理员的角度出发，讲解企业内部网络中有关网络带宽管理的内容。

针对办公内网的带宽，可以通过更换核心设备，如使用高带宽互联设备替代；也可以通过更换传输链路，使用高带宽的光纤或者千兆铜线缆传输来实现高带宽的传输需求。但是，这些都涉及全网的改造，硬件投资很大。

针对骨干链接上交换机的链路聚合计划，却可以在保证公司不购买硬件设备、不改造网络、尽量降低网络成本的前提下，通过协议方式实现网络带宽的优化，是日常生活中应用较为广泛的带宽优化技术之一。

【项目目标】

本项目从网络管理员日常工作出发，通过独立配置骨干交换机的链路聚合技术，熟悉 IEEE 802.3ad 协议的工作原理，能及时排除链路聚合故障。

【知识准备】

7.1 办公网络的链路带宽

带宽（Band Width）又叫频宽，是指在固定的时间内，网络上可传输的资料数量，即在传输过程中传递数据的能力。对于局域网内有很多视频需求的网络服务连接来说，100 Mbit/s 甚至 1Gbit/s 的带宽，都已经无法满足实时网络的应用需求。除了互联网服务提供商（ISP）、应用服务提供商、流媒体提供商等企业之外，普通企业网络管理员也会时常感到企业服务器连接上的带宽压力。

网络管理员一般多在办公网的骨干链路上，使用双链路连接，形成网络冗余备份，但这种备份链路不能用于增加带宽和提高传输速率。以太网端口聚合技术（也称链路聚合）则有效地解决了聚合链路带宽合并的难题。

IEEE 在 1999 年制订的 802.3ad 标准中，定义了如何将两条以上的以太网链路，聚合为高带宽网络连接，实现负载共享、负载平衡，提供更优化的网络传输。

7.2 端口聚合概述

以太网端口聚合（Aggregate—Port）又称链路聚合，是指在两台交换机之间，物理上将多个端口连接起来形成一个简单的逻辑端口，将多条链路聚合成一条逻辑链路。其中，这个逻辑端口被称为聚合端口（简称 AP），可以增大链路带宽，解决交换网络中因带宽引起的网络瓶颈问题。多条物理链路之间能够相互冗余备份，其中任意一条链路断开，不会影响其他链路正常转发数据。端口聚合遵循协议 IEEE 802.3ad 的标准。

AP 由多个物理成员端口聚合而成，可以把多个端口的带宽叠加起来使用，是链路带宽扩展的一个重要途径。如以太网端口形成 AP 最大可达到 800 Mbit/s，或者吉比特（千兆）以太网端口形成 AP 最大可以达到 8 Gbit/s，以太网端口聚合场景如图 7-1 所示。

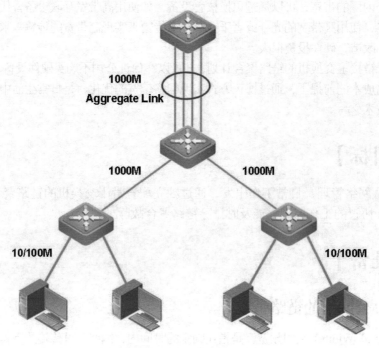

1000M
Aggregate Link

图 7-1 以太网端口聚合场景

7.3 端口聚合技术优点

1．带宽增加

当两台交换机之间有多条冗余链路的时候，生成树协议会将其中的几条链路关闭，只保留一条，这样可以避免二层的环路产生。但是这样就失去了冗余路径高带宽传输的优点。使用端口聚合技术，会把一组物理端口联合起来，作为一条逻辑通道，这样交换机会认为这个逻辑通道为一个端口。

这项标准适用于 10/100/1000 Mbit/s 以太网。对于二层交换机来说，聚合端口就像一个高带宽的交换端口，它可以把多个端口的带宽叠加起来使用，扩展了链路带宽，带宽相当于组成组的端口的带宽总和。

2．增加冗余

通过聚合端口发送的帧，还将在所有成员端口上进行流量平衡；如果 AP 中的一条成员链路失效，聚合端口会自动将这个链路上的流量，转移到其他有效的成员链路上，从而提高连接的可靠性。这就是 802.3ad 所具有的自动链路冗余备份功能。

只要组内不是所有的端口都不能正常工作，两台交换机之间仍然可以继续通信。

3．负载均衡

当交换机得知MAC地址已经被自动地从一个AP端口重新分配到同一链路中的另一个端口时，流量转移就被触发，数据将被发送到新端口位置，并且在几乎不中断服务的情况下，网络继续运行。可以在组内的端口上配置，流量可以在这些端口上自动进行负载均衡。聚合端口中任意一条成员链路，接收到的广播或者多播报文，都不会被转发到其他成员链路上。

需要注意的是，聚合端口的成员端口类型可以为 Access port 或 Trunk Port，但同一个 AP 的成员端口必须为同一类型。

4．实现聚合端口流量平衡

聚合端口会根据传输报文的 MAC 地址或 IP 地址进行流量平衡，即把流量平均地分配到 AP 的成员链路中去。流量平衡可以根据源 MAC 地址、目的 MAC 地址或源 IP 地址、目的 IP 地址进行设置。

7.4 配置交换机端口聚合

1．配置交换机的聚合端口

```
Switch#configure terminal                    ! 进入全局配置模式。
Switch(config)#interface range {port-range}
                  ! 选择端口，进入端口配置模式，指定要加入 AP 的物理端口范围
Switch(config-if-range)# port-group port-group-number
                                            ! 将该端口加入一个 AP
```

使用 port-group 命令，将以太网端口配置成 AP 的成员端口；如果这个 AP 不存在，则同时创建这个 AP。

也可以在全局配置模式下，直接创建一个 AP（假设聚合端口不存在）。

```
Swtich(config)#interface aggregateport n          ! n 为 AP 号，如 1
```

2．删除交换机的聚合端口

```
Switch#configure terminal                    ! 进入全局配置模式。
Switch(config)#interface range {port-range}
                  ! 选择端口，进入端口配置模式，指定要加入 AP 的物理端口范围
Switch(config-if-range)# no port-group port-group-number
                        ! no port-group 命令可以删除一个 AP 成员端口
```

3．配置端口聚合流量平衡

端口聚合形成的逻辑端口，会根据报文的 MAC 地址或 IP 地址进行流量平衡，把流量平均地分配到 AP 的成员链路中去，以充分利用网络的带宽。

配置端口聚合流量平衡的命令如下。

```
Switch(config)#aggregateport load-balance { dst-mac | src-mac | ip }
```

其中，各参数的含义如下所示。

- dst-mac：根据输入报文的目的 MAC 地址进行流量分配。在 AP 各链路中，目的 MAC 地址相同的报文被送到相同的端口，目的 MAC 地址不同的报文被送到不同的端口。
- src-mac：根据输入报文的源 MAC 地址进行流量分配。在 AP 各链路中，来自不同地址的报文分配到不同的端口，来自相同地址的报文使用相同的端口。
- ip: 根据源 IP 与目的 IP 进行流量分配。不同的源 IP 和目的 IP 对的流量，通过不同的链路转发；同一源 IP 和目的 IP 对通过相同的链路转发；其他源 IP 和目的 IP 对通过其他的链路转发。

4．查看端口聚合配置

```
Switch#show aggregateport [port-number]{load-balance |summary}
```

除此之外，聚合端口作为一类逻辑端口，可以像普通物理端口一样使用 show interface 命令查看详细信息。

5. 配置端口聚合注意事项

- AP 成员端口的端口速率必须一致。
- AP 成员端口必须属于同一个 VLAN。
- AP 成员端口使用的传输介质应相同。
- 默认情况下创建的聚合端口是二层 AP。
- 二层端口只能加入二层 AP，三层端口只能加入三层 AP。
- AP 不能设置端口安全功能。
- 当把端口加入一个不存在的 AP 时，会自动创建 AP。
- 当把一个端口加入 AP 后，该端口的属性将被 AP 的属性所取代。
- 将一个端口从 AP 中删除后，该端口将恢复为其加入 AP 前的属性。
- 当一个端口加入 AP 后，不能在该端口上进行任何配置，直到该端口退出 AP。

7.5 项目实施：配置办公网高带宽

【任务描述】

绿丰公司为新成立的网络销售部和客户服务部组建办公网，把公司更多的计算机设备接入公司网络。为提高网络的健壮性和稳定性，针对办公网中的骨干链路，都使用双链路连接，形成网络冗余。两个部门之间，由于很多数据流量通过交换机转发，因此需要提高交换机之间的传输带宽，为此网络管理员将交换机备份端口聚合为一个逻辑端口，从而实现办公网的高带宽。

【网络拓扑】

图 7-2 所示的网络拓扑，是新成立的网络销售部和客户服务部组建完成的骨干网络，使用双链路连接，并实现链路冗余备份。

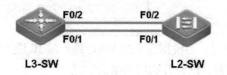

图 7-2　配置交换机链路聚合场景

【任务目标】

学习配置交换机的链路的聚合技术，理解链路聚合实现高带宽的工作原理。

【设备清单】

交换机（两台）、主机（两台）、网线（若干）。

【工作过程】

步骤一：按照图 7-2 所示的网络拓扑，构建办公网的工作场景。

步骤二：配置交换机 L2-SW 上的 AP。

```
Switch#configure terminal
Switch(config)#hostname L2-SW
L2-SW (config)#interface aggregateport 1              ! 创建聚合端口 AG1
L2-SW (config-if)#exit
L2-SW (config)#interface range fastethernet 0/1-2    ! 同时打开端口 F0/1 和 F0/2
L2-SW (config-if-range)#port-group 1                 ! 聚合端口 F0/1 和 F0/2 属于 AG1
```

```
L2-SW(config-if)#exit
```

步骤三：配置交换机 L3-SW 上的 AP。

```
Switch(config)#hostname L3-SW
L2-SW (config)#interface aggregateport 1          ! 创建聚合端口 AG1
L2-SW (config-if)#exit
L2-SW (config)#interface  range fastethernet 0/1-2    ! 同时打开端口
F0/1 和 F0/2
L2-SW (config-if-range)#port-group 1            ! 聚合端口 F0/1 和 F0/2 属于 AG1
L2-SW(config-if)#exit
```

步骤四：配置 AP 的流量平衡，并检查配置信息。

```
L2-SW (config)#aggregatePort load-balance ip  ! 配置 L2-SW 交换机上 AP1
流量平衡
…
L3-SW (config)#aggregatePort load-balance ip  ! 配置 L3-SW 交换机上 AP1
流量平衡
…
```

步骤五：分别查看配置完成的 AP。

```
L2-SW #show aggregatePort 1 summary       ! 查看端口聚合组 1 的信息
…
L2-SW #show aggregatePort load-balance    ! 查看端口聚合组 1 的流量平衡信息
```

```
L3-SW #show aggregatePort 1 summary       ! 查看端口聚合组 1 的信息
…
L3-SW #show aggregatePort load-balance    ! 查看端口聚合组 1 的流量平衡信息
…
```

步骤六：删除交换机上配置完成的 AG1。

```
L2-SW (config)# no interface aggregatePort 1

L3-SW (config)# no interface aggregatePort 1
```

【备注】
（1）将多个不连续的端口聚合为聚合端口，使用","分隔，如下所示。

```
Switch(config)# interface range fastEthernet 0/2-6, 0/8,0/10
Switch(config-if-range)# port-group 1
```

（2）如果需要把聚合的端口删除，可以先打开端口再删除，命令如下所示。

```
Switch(config)# interface range fastEthernet 0/2-6, 0/8,0/10
Switch(config-if-range)#no port-group 1
```

（3）需要注意的是，不同的交换机版本，对聚合端口的显示方式不同。

在老版本交换机的操作系统中，生成聚合端口 AG1 后，原有的端口还显示在 show VLAN 信息中，此时进行干道端口配置时，必须对原有的端口和聚合后的 AG1 端口都进行干道处理。而在新版本交换机的操作系统中，生成聚合端口 AG1 后，原有的端口消失，包含在聚合端口中，干道技术处理只针对 AG1 端口即可。

7.6　认证试题

下列每道试题都有多个选项，请选择一个最优的答案。

1. 如何把一个物理端口加入到聚合端口组 1（　　）。

A. Switch(config-if)#port-group　　　　B. Switch(config)#port-group 1

C. Switch (config-if)#port-group 1　　　D. Switch#port-group 1

2. 以下对 802.3ad 说法正确的是（　　）。

A. 支持不等价链路聚合

B. 在交换机上可以建立 8 个聚合端口

C. 聚合端口既有二层聚合端口，又有三层聚合端口

D. 聚合端口只适合百兆以上的网络

3. 在交换式以太网中，交换机上可以增加的功能是（　　）。

A. CSMA/CD　　　　　　　　　　　B. 网络管理

C. 端口自动增减　　　　　　　　　　D. 协议转换

4. 交换机硬件组成部分不包括（　　）。

A. flash　　　　　　　　　　　　　　B. nvram

C. ram　　　　　　　　　　　　　　　D. rom

E. interface

5. 链路聚合使用的协议标准是（　　）。

A. 802.1Q　　　　　　　　　　　　　B. 802.3ad

C. 802.3　　　　　　　　　　　　　　D. 802.3z

6. 以下对 802.3ad 说法正确的是（　　）。

A. 支持不等价链路聚合

B. 在 RG21 系列交换机上可以建立 8 个聚合端口

C. 聚合端口既有二层聚合端口，又有三层聚合端口

D. 聚合端口只适合百兆以上网络

7. 二层交换机的端口处于以下（　　）模式下允许聚合。

A. 自动协商　　　　　　　　　　　　B. 全双工

C. 半双工　　　　　　　　　　　　　D. 负载均衡

8. 下列列举的都是链路聚合的优点，其中哪一项不是（　　）。

A. 提高链路安全　　　　　　　　　　B. 增加链路容量

C. 端口捆绑灵活　　　　　　　　　　D. 负载均衡

9. 802.3ad 最多可以聚合（　　）条物理链路。

A. 4　　　　　　　　B. 8　　　　　　　C. 10　　　　　　　D. 12

10. 采用以太网链路聚合技术将（　　）。

A. 多个逻辑链路组成一个物理链路

B. 多个逻辑链路组成一个逻辑链路

C. 多个物理链路组成一个物理链路

D. 多个物理链路组成一个逻辑链路

PART 8

项目 8
隔离办公网广播风暴

核心技术

◆ 虚拟局域网技术（VLAN）

能力目标

◆ 配置交换机 VLAN 技术
◆ 排除交换机 VLAN 故障

知识目标

◆ 介绍局域网广播危害
◆ 了解 VLAN 原理
◆ 按照端口分配 VLAN
◆ 排除 VLAN 故障
◆ 查看 VLAN 配置信息

【项目背景】

随着绿丰公司业务规模的不断扩大，又新建了多个部门子网，以满足公司的业务扩张需要。公司网络中心为新成立的网络销售部、客户服务部组建了办公网，以共享办公网信息资源，提高公司的信息化水平。

随着公司业务的不断扩张，接入公司办公网络中的设备也越来越多。公司楼上是新成立的网络销售部，由于楼上机位不够，网络销售部中有部分员工的计算机，不得不连接在客户服务部办公网的交换机端口上。

由于两个部门共享一台交换机办公，为避免办公网中两个部门之间的工作干扰，也为保护客户服务部客户信息资源的安全，公司要求把两个部门的计算机分隔开，形成两个互不连通、互不干扰的网络。

【项目分析】

　　由于局域网的工作机制，连接在同一台交换机上的设备可以实现互联互通，在默认情况下，可以接受到广播。但局域网中接入网络中的设备越多，干扰也会越来越多，此外不同部门的设备连接在一起，部门之间的网络安全也得不到保障。

　　虚拟局域网 VLAN 技术对连接到第二层交换机的端口进行逻辑分段，该技术不受网络用户物理位置的限制，根据用户需求进行网络分段，可以解决交换式以太网中冲突、广播造成的带宽浪费问题。

【项目目标】

　　本项目从网络管理员日常管理工作出发，讲解了交换机虚拟局域网 VLAN 技术，要求了解 VLAN 的基础知识，会配置交换机端口虚拟局域网，隔离办公网内部的广播流程，优化办公网的传输效率。在此基础上，懂得虚拟局域网 VLAN 的技术原理，积累 VLAN 故障排除的经验，是作为网络管理员最重要的职业技能。

【知识准备】

8.1　虚拟局域网概述

　　随着局域网内的主机数量日益增多，越来越多的设备接入带来大量干扰和广播报文。由大量的广播报文导致的带宽浪费、网络安全等问题变得越来越突出。

　　为了解决这个问题，可以使用的一种方法是子网技术，即将网络改造成使用三层交换机或者路由器连接的多个子网，但这样会增加网络设备的投入，造成网络费用增加，而且路由器会降低网络的传输速度，如图 8-1 所示。另一种成本较低、在办公网中却又行之有效的方法就是采用 VLAN 技术。

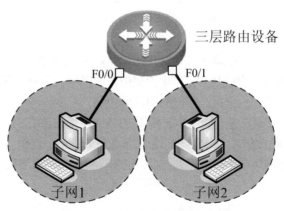

图 8-1　使用三层设备改造的子网络

　　VLAN（Virtual Local Area Network）是虚拟局域网的简称，指位于一个或多个局域网的设备经过配置后，能够像连接到同一个网络中那样通信，而实际上分布在不同的局域网段中。VLAN 技术是可以把局域网内的接入设备，逻辑地而非物理地划分成一个个网段的技术，也就是从物理网络上划分出来的逻辑网络。

VLAN 有着和普通物理网络同样的属性，除了没有物理位置的限制，其他和普通局域网都相同。第二层的单播、广播和多播帧在一个 VLAN 内转发，而不会直接进入其他 VLAN 网络范围中。在一个 VLAN 内的用户就像在一个真实的局域网内一样，可以互相访问。由于 VLAN 基于逻辑连接而不是物理连接，所以它提供灵活的主机管理、带宽分配以及资源优化等服务，大大地提高了网络管理的效率。VLAN 分割广播域如图 8-2 所示。

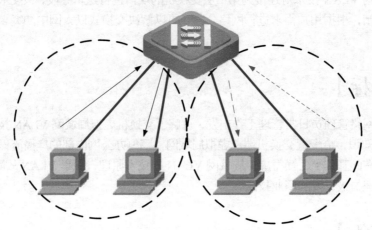

图 8-2　VLAN 分割办公网的广播域

不过，如果一个 VLAN 内的主机，想同另一个 VLAN 内的主机通信，就必须通过一台三层设备（如三层交换机或路由器）才能实现，其工作原理与路由器连接不同的子网是一样的。

8.2　VLAN 的用途

通过将企业网络划分为虚拟网段，隔离开网络中的设备，可以强化网络管理和网络安全。在企业或者校园网络中，由于地理位置和部门的不同，对网络中相应数据和资源就有不同的权限要求，如财务部和人事部的数据就不允许其他部门人员监听、截取，以提高数据的安全性。

在普通的二层设备上无法实现广播帧隔离，那么在同一个基于二层的网络内，数据、资源就有可能不安全。利用 VLAN 技术来限制不同工作组的用户在二层之间的互访，这个问题就可以得到很好的解决。

此外，VLAN 的划分可以依据网络用户的组织结构来进行，从而形成一个个虚拟的工作组。这样，网络中的工作组就可以突破共享网络中地理位置的限制，完全根据管理功能来划分了。这种基于工作流的分组模式，大大提高了网络的管理功能。

图 8-3 所示的场景，就是在企业网络中，使用 VLAN 技术构造的、与物理位置无关的逻辑网络的例子。网络在规划过程中，按照企业的组织结构划分虚拟工作组。不同的 VLAN 之间不能相互通信，增强了企业网络中不同部门之间通信的安全性。网络管理员通过配置 VLAN 之间的路由器，可以全面管理企业内部不同部门之间的信息互访。

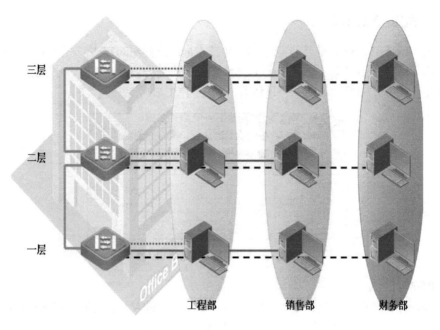

图 8-3　与物理位置无关的 VLAN

8.3　基于端口划分 VLAN

在交换机上配置 VLAN 的方法很多：如基于端口的 VLAN 划分、基于 MAC 地址的 VLAN 划分、按照三层网络地址的 VLAN 划分，以及按照协议的 VLAN 划分技术。其中，基于端口划分虚拟局域网，是最简单的 VLAN 划分方法。

根据交换机的端口来划分 VLAN，网络管理员只需要配置交换机上的端口，而不用管这些端口连接什么设备。

如图 8-4 所示，是按照端口划分交换机的场景。交换机的 3、5、7、9 端口划入 VLAN 10，而交换机的 19、21、22、23、24 端口划入 VLAN 20。属于同一 VLAN 的端口可以不连续，也可以跨越数台交换机。

划分到两个不同 VLAN 中的设备，相互之间，不再能实现通信。

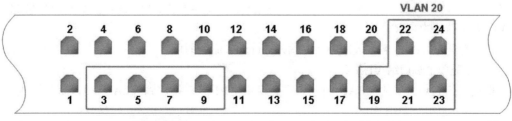

图 8-4　基于端口的 VLAN 划分

8.4 配置 VLAN

根据端口划分 VLAN，是目前实施 VLAN 技术最广泛使用的方法，只要将端口划分到一个 VLAN 中即可。它的缺点是：如果某个 VLAN 中的用户需要离开原端口，并连接到一个新端口时，必须重新定义，如图 8-5 所示，是按端口划分的 VLAN 示意图。

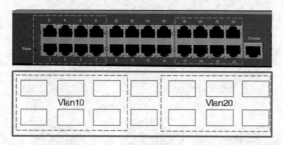

图 8-5　交换机按端口划分 VLAN

1．创建 VLAN

如图 8-5 所示的网络场景，在全局配置模式下，使用 VLAN 命令进入 VLAN 配置模式，启动按端口划分 VLAN 的配置模式。首先，需要创建一个空 VLAN，命令格式如下所示。

```
Switch#configure terminal
Switch(config)#VLAN 10                    ! 启用 VLAN 10
Switch(config-VLAN)#name test1           ! 把 VLAN 10 命名为 test1
Switch(config-VLAN)#exit
Switch(config)#VLAN 20                    ! 启用 VLAN 20
Switch(config-VLAN)#name test2           ! 把 VLAN 20 命名为 test2
Switch(config-VLAN)# exit
Switch #show VLAN                         ! 查看 VLAN 配置信息
...
```

配置的 VLAN ID 的范围是 1~4094。其中，VLAN 1 默认存在，用于管理 VLAN，且不能被删除。

name 为 VLAN 取的一个名字。如果没有进行这一步，则交换机自动为该 VLAN 起一个默认名字：VLAN ××××。其中，××××是用 0 开头的 4 位 VLAN ID 号。如 VLAN 0004 就是 VLAN 4 默认的名字。

如果想把 VLAN 的名字改回默认，输入 no name 命令即可。

2．分配单个端口给 VLAN

指定端口到划分好的 VLAN 中，如将交换机 F0/1 端口指定到 VLAN 10，命令格式如下所示。

```
Switch#configure terminal
Switch(config)# interface fastEthernet 0/1      ! 打开交换机的端口 1
Switch(config-if)# switchport access VLAN 10     ! 把该端口分配到 VLAN
10 中
Switch(config-if)#no shutdown
Switch(config-if)#end
```

3．分配多个端口给 VLAN

如果有大量端口要加入同一个 VLAN，可以使用这个命令来批量设置端口。

```
Switch(config)#interface range fastEthernet 0/2-8, 0/10
                                    ! 打开交换机的端口 2 到 8，以及 10
Switch(config-if)# switchport access VLAN 10    ! 把这些端口分配到
VLAN 10 中
Switch(config-if)#no shutdown
```

使用该命令可以同时配置多个端口。其中，range 参数表示一定范围的端口；范围内的连续端口段，使用 "-" 连接起止编号；单个或不连续的端口范围段，使用逗号 "," 隔开，其配置方法与配置单个端口完全相同。

注意：在同一条命令中，所有端口范围段中的端口必须属于相同类型。

4．查看 VLAN 信息

使用 show VLAN 命令查看交换机 VLAN 1 的信息内容。

```
Switch #show VLAN                    ! 查看 VLAN 配置信息
...
```

也可以使用下面的命令直接查看端口的完整信息，用来检查配置是否正确。

```
Switch#show interfaces fastEthernet 0/1  switchport
...
```

5．删除 VLAN 信息

使用 no VLAN 10 命令，删除配置好的 VLAN 10。

```
Switch#configure terminal
Switch(config)#no  VLAN 10           ! 删除 VLAN 10
```

【备注】

（1）默认 VLAN 1 不允许被删除。所有交换机都有一个 VLAN 1，VLAN 1 是交换机的管理中心。在默认情况下，交换机所有的端口都归 VLAN 1 管理，所以 VLAN 1 不可以被删除。

（2）创建的 VLAN 被删除后，其下的端口自动还原到交换机的管理中心 VLAN 1 中。

在一些旧版本的交换机系统下，VLAN 被删除后，其下的端口不能自动还原到交换机的管理中心 VLAN 1 中，这时可以使用如下命令恢复。

```
Switch(config)# interface fastethernet0/5
Switch(config-if)# Switchport access VLAN 1
```

（3）如果创建的 VLAN 被配置了管理 IP 地址，使用 "no VLAN ID" 命令将无法删除它，可先清除其管理地址，释放其子端口，过程如下。

```
Switch(config)# interface VLAN 10
Switch(config-VLAN)# no ip address    ! 清除该 VLAN 上的地址
Switch(config-VLAN)# exit
Switch(config)# no interface VLAN 10    ! 释放该 VLAN 子端口
Switch(config)# no VLAN 10    ! 再删除 VLAN
```

8.5　项目实施：隔离办公网络广播风暴

【项目场景】

绿丰公司为新成立的客户服务部组建办公网，搭建网络内部服务器，以共享办公网信息资源。

公司楼上是销售部，由于楼上销售部机位不足，销售部中有部分员工的计算机，不得不连接在客户服务部办公网的交换机端口上。

由于两个部门共享一台交换机，为避免办公网中两个部门之间相互干扰，以及保护客户服务部客户信息资源的安全，需要把两个部门的计算机分隔开，形成两个互不连通、互不干扰的安全网络。

【网络拓扑】

如图 8-6 所示的网络拓扑，是客户服务部和销售部共享办公网交换机的网络场景，需要实施 VLAN 技术隔离办公网广播。

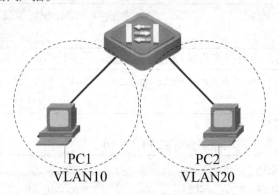

图 8-6　VLAN 隔离不同部门计算机的场景

【项目目标】

在办公网交换机上基于端口划分 VLAN，实现交换机端口之间的安全隔离。

【设备清单】

交换机（1 台）、计算机（2 台及以上）、网线（若干）、配置线缆（1 根）。

【工作过程】

步骤一：组网。

如图 8-6 所示的网络规划拓扑，使用 PC1 计算机模拟客户服务部，PC2 计算机模拟销售部，都连接在同一台交换机上。注意交换机连接端口标识，开机检查连接线缆指示灯的工作状态。

步骤二：环境测试。

（1）规划客户服务部和销售部计算机的管理 IP，办公网中规划地址如表 8-1 所示。

表 8-1　客户服务部和销售部计算机 IP 地址规划

名称	IP 地址	子网掩码	备注
PC1	192.168.1.1	255.255.255.0	模拟客户服务部计算机
PC2	192.168.1.2	255.255.255.0	模拟销售部计算机

（2）分别为客户服务部和销售部计算机配置如表 8-1 所示的 IP 地址。

（3）分别使用 ping 命令，测试 PC1 和 PC2 机器的连通情况，以保证网络连通。

由于是连接在同一台交换机上，PC1 和 PC2 计算机能实现连通。如果出现未连通的情况，请及时排除网络故障。

步骤三：查看交换机配置。

通过仿真终端计算机，连接交换机配置端口，登录交换机。

在特权模式下，查看交换机配置的方法如下。

```
Switch>enable
Switch #show running-config    ! 查看交换机的配置是否处于初始状态
...
```

```
Switch #show VLAN

VLAN Name                        Status   Ports
------------------------------------------------------------------
   1 VLAN0001                    STATIC   Fa0/1, Fa0/2, Fa0/3, Fa0/4
                                          Fa0/5, Fa0/6, Fa0/7, Fa0/8
                                          Fa0/9, Fa0/10, Fa0/11, Fa0/12
                                          Fa0/13, Fa0/14, Fa0/15, Fa0/16
                                          Fa0/17, Fa0/18, Fa0/19, Fa0/20
                                          Fa0/21, Fa0/22, Fa0/23, Fa0/24
```

【备注】交换机中 VLAN 信息处于初始状态，PC1 和 PC2 计算机测试互相连通。如果出现测试未连通的情况，应该及时排除网络故障。

步骤四：配置交换机 VLAN 信息。

（1）在交换机上创建 VLAN。

```
Switch#configure terminal
Switch(config)#VLAN 10
Switch(config-VLAN)# VLAN 20
Switch(config-VLAN)#end
```

```
Switch#show VLAN
...
```

（2）配置交换机，将端口分配到 VLAN。

```
Switch(config-if)# interface fastethernet 0/5     ! Fa0/5 端口上连接 PC1
Switch(config-if)# switchport access VLAN 10      ! 将 Fa0/5 端口加入 VLAN 10
Switch(config-if)#interface fastethernet 0/15     ! Fa001/15 端口上连接 PC2
Switch(config-if)# switchport access VLAN 20      ! 将 Fa0/15 端口加入 VLAN 20
Switch(config-if)#end
```

```
Switch#show VLAN                                  ! 查看配置好的 VLAN 信息
...
```

步骤五：VLAN 技术测试。

如表 8-1 所示地址，使用 ping 命令测试办公网中计算机 PC1 和 PC2 的连通情况。

由于在交换机上实施 VLAN 技术，原来互相连通的网络实现隔离，从而满足了办公网管理中提出的"连接在同一台交换机上的客户服务部和网络销售部计算机，隔离广播以及实现安全"的需求。

如果删除某个 VLAN，划分到不同 VLAN 中的端口又恢复到一起，即可恢复办公网的连通。

8.6 认证试题

下列每道试题都有多个选项，请选择一个最优的答案。

1. 分配到 VLAN 中的交换机端口，根据连接终端设备的不同，承担不同的通信功能，其端口的类型主要分为（　　）。

A. access 模式　　　　B. multi 模式　　　　C. trunk 模式　　　D. port 模式

2. 在连接办公网设备的交换机上配置 VLAN 技术，可以有效地隔离各个部门的办公网络，以下哪一项不是增加 VLAN 带来的好处（　　）。

A. 交换机不需要再配置　　　　　　　　　B. 机密数据可以得到保护

C. 广播可以得到控制　　　　　　　　　　D. 减少了网络冲突

3. 查看设备以前的配置时，发现在二层交换机配置了 VLAN 10 的 IP 地址，请问该地址的作用是（　　）。

A. 为了使 VLAN 10 能够和其他内网的主机互相通信

B. 管理 IP 地址

C. 交换机上创建的每个 VLAN 必须配置 IP 地址

D. 实际上此地址没有用，可以将其删掉

4. 在交换机上如何显示全部的 VLAN（　　）。

A. show VLAN　　　　　　　　　　　　　B. show VLAN.dat

C. show mem VLAN　　　　　　　　　　　D. show flash:VLAN

5. 交换机的管理 VLAN 号是（　　）。

A. 0　　　　　　　　B. 1　　　　　　　　C. 256　　　　　　　　D. 1024

6. 在虚拟局域网（VLAN）编组方法中，根据网络层地址（IP 地址）编组称为基于（　　）。

A. 端口的 VLAN　　　　　　　　　　　　B. 路由的 VLAN

C. MAC 地址的 VLAN　　　　　　　　　　D. 策略的 VLAN

7. 关于 VLAN，下面说法描述不正确的是（　　）。

A. 隔离广播域

B. 相互间通信要通过三层设备

C. 可以限制网上的计算机互相访问的权限

D. 只能在同一交换机上的主机进行逻辑分组

8. 下列描述不是 VLAN 优点的是（　　）。

A. 限制广播包　　　　　　　　　　　　　B. 安全性

C. 减少移动和改变的代价　　　　　　　　D. 以上都不是

9. 交换机如何将端口设置为 TAG VLAN 模式（　　）。

A. 　switchport mode tag　　　　　　　　B. 　switchport mode trunk

C.　trunk on

D.　set port trunk on

10.　划分 VLAN 的方法有多种，这些方法中不包括（　　　）。

A.　根据端口划分

B.　根据路由设备划分

C.　根据 MAC 地址划分

D.　根据 IP 地址划分

项目 9
实现同一部门不同区域网络通信

核心技术

◆ Trunk 干道技术（IEEE 802.1q）

能力目标

◆ 配置交换机干道
◆ 实现同一 VLAN 跨交换机通信
◆ 实现位于不同区域同一部门网络通信

知识目标

◆ 介绍交换机端口类型
◆ 认识交换机 access 端口
◆ 认识交换机 trunk 端口
◆ 配置交换机 access 端口命令
◆ 配置交换机 trunk 端口命令
◆ IEEE 802.1q 协议工作原理

【项目背景】

　　绿丰公司新组建网络销售部办公场地，有楼上和楼下两个办公区。其中楼上为网络销售部独立的办公区，楼下是销售部和客户服务部在一起的混合办公区。

　　为避免楼下混合办公区中客户服务部和销售部两个部门计算机之间互相干扰，故在交换机上进行配置，实现了混合办公区两个部门计算机相隔离，但同时需要实现位于楼上和楼下整个销售部所有计算机互相连通。

【项目分析】

通常要实现不同区域的网络连通，多使用子网络和路由技术，这是目前常见的施工方式，但这需要采购三层设备，如三层交换机，网络改造的成本会增加。

在二层接入网络场景中，如果也采用三层设备来实现连通，一来会增加网络施工的成本，二来复杂的技术更带来网络施工的难度。在以上描述的项目场景中，客户提出的任务需求其实很简单：实现位于楼上和楼下整个销售部门所有计算机互相连通。通过 VLAN 和 Trunk 干道技术即可实现，技术简单，网络施工成本低。

【项目目标】

VLAN 和 Trunk 干道技术都是办公网（交换网）项目实施中，应用最广泛的技术之一。

本项目从网络管理员日常工作角度出发，讲解有关不同办公网接入交换机，实现网络连通的复杂技术。通过本项目的学习，了解交换机的端口类型，识别交换机的 Access 和 Trunk 端口类型区别，了解其各自不同的应用功能；会在交换机上配置 Access 和 Trunk 端口；熟悉 Trunk 端口对应的 IEEE 802.1q 协议的工作原理；会排除配置 Access 和 Trunk 端口类型转换过程中形成的网络故障，这些都是作为网络管理员必备的职业技能。

【知识准备】

9.1　交换机端口类型

交换机上的二层端口称为 Switch Port，由设备上的单个物理端口构成，只有二层交换功能。该端口可以是一个 Access 端口，即接入端口，用来连接网络中的计算机设备。

但交换机不是所有的端口都能用来连接计算机，根据端口应用功能的不同，交换机支持的以太网端口链路类型有如下 3 种。

- Access 端口类型：端口只属于 1 个 VLAN，一般用于交换机与终端计算机之间的连接。
- Trunk 端口类型：端口属于多个 VLAN，可以接收和发送来自多个 VLAN 中的报文，一般用于交换机与交换机之间的连接，如图 9-1 所示。
- Hybrid 端口类型：端口属于多个 VLAN，可以接收和发送来自多个 VLAN 的报文。可以用于交换机与交换机之间的连接，也可以直接连接用户的计算机。Hybrid 端口允许来自多个 VLAN 的报文，在发送时不携带标签，而 Trunk 端口只允许默认 VLAN 的报文发送时不携带标签。

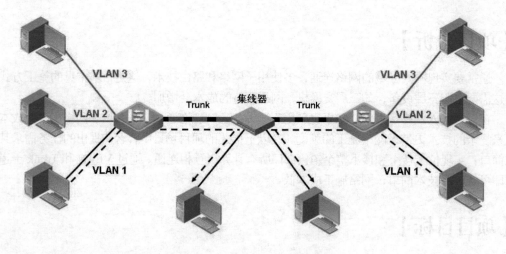

图 9-1　交换机的 Trunk 端口类型

9.2　Access 接入端口

默认情况下，Access 端口主要用来接入终端设备，如计算机、服务器、打印服务器等。交换机所有端口都是 Access 端口类型，这就是交换机默认的工作模式。Access 端口只属于一个 VLAN，所以它的默认 VLAN 就是它所在的 VLAN，不用设置。

Access 端口在接收报文时，每收到一个报文，就判断是否有 VLAN 信息。如果没有，则标识端口的 VLAN ID 号，并进行交换转发；如果有，则直接丢弃（默认）。

Access 端口在发送报文时，先将报文的 VLAN 信息剥离，再直接发送出去。这就是交换机普通的工作模式。

如图 9-2 所示，交换机 F0/1 端口属于 VLAN 10，那么所有带有 VLAN 10 标签（Tag）的数据帧，会被交换机的 ASIC 芯片转发到交换机 F0/1 端口上。交换机的 F0/1 端口属于 Access 端口，当发往 VLAN 10 的数据帧通过这个端口时，数据帧中的 VLAN 10 标签将会被剥离掉，当其到达用户计算机上时，就被还原为一个普通的以太网帧。

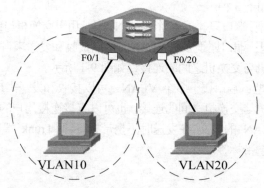

图 9-2　Access 接入端口连接的计算机设备

9.3 Trunk 干道端口

交换机的 Trunk 端口一般用于交换机与交换机之间的连接端口,因此也称为主干道的端口。"干道"这个词来源于收音机和电话技术,干道链路虽然是单一的通信线路,但可以承载多路通信的信号。这里网络干道的含义是:应用到网络中的交换技术,能承载多路符合数据的链路。一个干道是网络中两台交换机之间的物理和逻辑的连接。

Access 端口只属于一个 VLAN,所以它的默认 VLAN 就是它所在的 VLAN,不用设置。

Trunk 端口属于多个 VLAN,所以默认能传输来自不同 VLAN ID 的数据信息。默认情况下,Trunk 端口将传输所有 VLAN 的帧。为了减轻设备的负载,减少对带宽的浪费,可以通过设置 VLAN 许可列表,限制 Trunk 端口允许传输哪些 VLAN 的帧,拒绝传输哪些 VLAN 的帧,如图 9-3 所示。

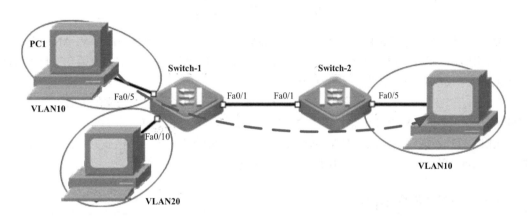

图 9-3 多个 VLAN 中的 Trunk 技术

当同一个 VLAN 中所有计算机都位于同一台交换机时,计算机之间的通信就十分简单。与未划分 VLAN 一样,从一个端口发出的数据帧,直接转发到同一 VLAN 内相应的成员端口。由于 VLAN 的划分通常按逻辑功能而非物理位置进行,同一 VLAN 中的成员设备经常跨越任意物理位置的多台交换机进行逻辑组网。在没有技术处理的情况下,一台交换机上某一个 VLAN 中发出的信号,到达其他 VLAN,更无法直接跨越交换机传递到另一台交换机的同一 VLAN 成员中。那么,怎样才能完成跨交换机 VLAN 的识别,并进行 VLAN 内部成员之间的通信呢?

为了能让 VLAN 中信息能跨越多台交换机,实现相同 VLAN 中的成员通信。可以采用主干链路 Trunk 技术将两台交换机连接起来,如图 9-4 所示。这里的 Trunk 主干链路指连接不同交换机之间的一条骨干链路,可同时识别和承载来自多个 VLAN 中的数据帧信息。

由于同一个 VLAN 成员跨越多台交换机,而多个不同 VLAN 中的数据帧需要通过连接交换机的同一条链路进行传输,这样就要求跨越交换机的数据帧必须封装为一个特殊标签,以声明它属于哪一个 VLAN,方便转发传输。

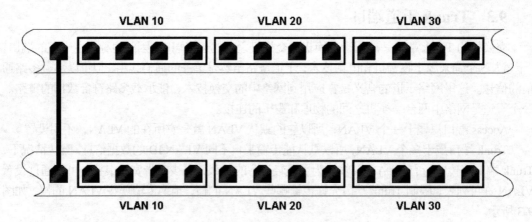

图 9-4 VLAN 干道端口连接

交换机配置为干道 Trunk 端口接收报文，每收到一个报文，先判断是否有 VLAN 信息：如果没有，则标识端口的 VLAN ID 号，并进行交换转发；再判断该 Trunk 端口是否允许该 VLAN 的数据进入：如果可以则转发，否则丢弃。

Trunk 端口在发送报文时，需要比较端口的 VLAN ID 号和将要发送报文的 VLAN 信息。如果两者相等，则剥离 VLAN 信息，再发送；如果不相等，则直接发送。

IEEE 802.1q 规范为标识带有 VLAN 成员信息的以太帧建立了一种标准方法，定义了基于 Trunk 端口的 VLAN 模型，这是使用得最多的一种方式。

9.4 IEEE 802.1q 协议

IEEE 802.1q 通过定义不同的标签，作为区别不同的 VLAN 的标识，支持 802.1q 的端口可被配置来传输标签帧或无标签帧。一个包含 VLAN 信息的标签字段可以插入到以太帧中。如果端口连接的是支持 802.1q 的设备（如另一台交换机），那么这些标签帧可以在交换机之间传送 VLAN 成员信息，这样 VLAN 就可以跨越多台交换机。

如图 9-4 所示，VLAN10、VLAN20、VLAN30 内主机所发出的帧会打上不同的标签，然后在同一条链路里传输，这就解决了不同交换机上相同 VLAN 内主机之间互相通信的问题。

IEEE 802.1q 规定了根据以太网交换机的端口来划分 VLAN 的国际标准。它在每个数据帧中的特定字段内建立一个标识，从而进行 VLAN 的识别，使不同厂商的设备可以同时在一个网络中实现互通。

为了让交换机能够处理分布在不同交换机上的 VLAN 信息，当数据帧在不同交换机间通过汇聚端口进行传送时，会对每个数据帧打上一个 VLAN ID 的标签，当其他交换机接收到这个帧时，才可以正确将帧传送到对应的 VLAN 端口上。

每一台支持 802.1q 协议的交换机，在发送数据帧时，都在原来的以太网帧头中的源地址后，增加一个 4 字节的 802.1q 帧头，之后接原来以太网的长度或类型域。如图 9-5 所示的数据帧结构中，IEEE 802.1q 使用 4 字节标记头定义 Tag（标签），包括 2 字节的 TPID（Tag Protocol Identifier）和 2 字节 TCI（Tag Control Information）。

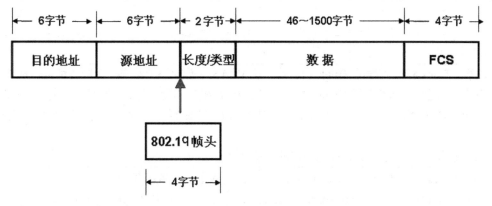

图 9-5　带有 802.1q 标签头的以太网帧

802.1q 协议帧头中的信息解释如下。

● TPID：标签协议标识字段，值为固定 0x8100，标识该帧承载 802.1q 的标签信息。

● TCI：标签控制信息字段，包括用户优先级（User Priority）、规范格式指示器（Canonical Format Indicator）和 VLAN ID。其中：

Priority：指明帧优先级。用于当交换机发生拥塞时，优先发送哪个数据包。

Canonical Format Indicator（CFI）：标识网络类型，以太网中默认值为 0。

VLAN Identified(VLAN ID)：用 12 位标明 VLAN 的 ID，指明主机属于哪一个 VLAN。最多支持 4094 个 VLAN（VALAN ID 1~4094），其中，4095（0xFFF）作为预留值，VLAN 1 是默认 VLAN，不可删除。图 9-6 显示 802.1q 标签头的详细内容。

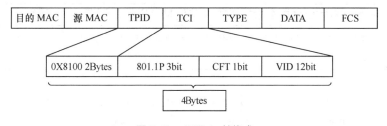

图 9-6　　802.1q 帧格式

9.5　配置交换机干道端口

交换机的端口默认工作在第二层，一个二层端口默认模式是 Access 端口。在特权模式下，可以将一个端口配置成一个 Trunk 端口。如图 9-7 所示，两台交换机通过各自 F0/1 端口，互相连接实现连通。

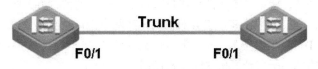

图 9-7　交换机 Trunk 端口配置环境拓扑图

以下命令将其中一台交换机的 F0/1 端口，配置成 Trunk 端口。

```
Switch#configure terminal          ! 进入全局配置模式
```

```
Switch(config)# interface fa0/1        ! 打开想要配成 Trunk 的干道端口
Switch(config-if)#switchport mode trunk    ! 定义该端口的类型为二层
Trunk 端口
```

注意：Trunk 链路两端的 Trunk 端口其默认 VLAN 一定要保持一致，否则可能会造成 Trunk 链路不能正常通信。即在配置 Trunk 端口时，二端交换机都需要配置，必须将本端设备 Trunk 端口默认 VLAN 和相连对端设备 Trunk 端口默认 VLAN 配置为一致，否则端口无法正确转发报文。

把干道端口还原成 Access 接入端口的方法如下。

```
Switch#configure terminal        ! 进入全局配置模式
Switch(config)# interface fa0/1          ! 打开 Trunk 干道端口
Switch(config-if)#switchport mode access    ! 定义该端口的类型为二层
access 端口
```

或者想把一个 Trunk 端口所有 Trunk 属性都复位成默认值，可以使用以下命令。

```
Switch#configure terminal        ! 进入全局配置模式
Switch(config)# interface fa0/1          ! 打开 Trunk 干道端口
Switch(config-if)# no switchport trunk    ! 还原成 Access 接入端口，清
除该端口属性
```

使用下面的命令显示这个端口的 Trunk 设置。

```
Switch#show interfaces interface-id trunk
...
```

也可以使用下面的命令直接查看端口的完整信息，以检查配置是否正确。

```
Switch#show interfaces interface-id switchport
...
```

【备注】

（1）交换机所有端口默认情况下属于 Access 端口，可直接将端口加入某一 VLAN。

（2）利用 switchport mode access/trunk 命令，更改端口 VLAN 模式。

（3）两台交换机之间相连的端口，一般都应该设置为 tag VLAN 模式。

（4）Trunk 端口在默认情况下支持所有 VLAN 的传输。

9.6　项目实施：实现同一部门不同区域网络间通信

【任务描述】

绿丰公司的销售部人员众多，销售人员办公场地分为楼上和楼下两个办公区。其中，楼上为销售部独立的办公区，楼下是销售部和客户服务部在一起的混合办公区。

为避免楼下混合办公区中，客户服务部和销售部两个部门计算机之间互相干扰，可以在连接的交换机上配置 Trunk 干道技术，实现混合办公区两个部门计算机的隔离，但同时需要实现楼上和楼下整个销售部门所有计算机之间互相连通。

【网络拓扑】

如图 9-8 所示的网络拓扑，是绿丰公司销售部计算机分别位于楼上、楼下两台交换机的网络场景。需要在两台交换机上配置 IEEE 802.1q 干道技术，让位于楼上和楼下整个销售部门所

有计算机之间互相连通，从而实现部门资源共享。

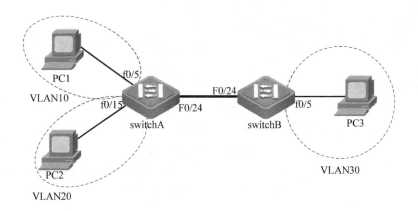

图 9-8　配置 IEEE 802.1q 干道技术场景

【任务目标】

配置 IEEE 802.1q 干道技术，实现同一 VLAN 中的计算机能跨交换机通信，而在不同 VLAN 中的计算机之间不能相互通信。

【设备清单】

交换机（2 台）、计算机（>=3 台）、网线（若干）。

【工作过程】

步骤一：组网。

如图 9-8 所示，组建公司楼上和楼下整个销售部办公网络环境，使用 PC2 计算机模拟客户服务部，PC1、PC3 计算机模拟销售部计算机，连接在两台互相连接的交换机上。

需要注意交换机设备连接的端口标识，连接完成并开机后，检查连接线缆指示灯的工作状态。

步骤二：环境测试。

（1）规划客户服务部和销售部计算机管理 IP，办公网中的规划地址如表 9-1 所示。

表 9-1　客户服务部和销售部计算机 IP 地址规划

名称	IP 地址	子网掩码	备注
PC1	192.168.1.1	255.255.255.0	模拟销售部计算机
PC2	192.168.1.2	255.255.255.0	模拟客户服务部计算机
PC3	192.168.1.3	255.255.255.0	模拟销售部计算机

（2）分别为客户服务部和销售部计算机配置如表 9-1 所示的 IP 地址。

（3）分别使用 ping 命令测试 PC1、PC2 和 PC3 计算机之间的连通情况。

虽然是连接在两台交换机上，由于组建的是简单的办公网络，PC1、PC2 和 PC3 计算机之间能够实现连通。如果出现未连通的情况，请及时排除网络故障。

步骤三：查看交换机配置。

通过仿真终端计算机，连接交换机配置端口，登录交换机。

在特权模式下，查看交换机配置方法的命令如下。

```
Switch #show running-config        ！查看交换机中的配置是否处于初始状态
...
Switch #show VLAN
VLAN Name                         Status   Ports
--------------------------------------------------------------------
  1 VLAN0001                      STATIC   Fa0/1, Fa0/2, Fa0/3, Fa0/4
                                           Fa0/5, Fa0/6, Fa0/7, Fa0/8
                                           Fa0/9, Fa0/10, Fa0/11, Fa0/12
                                           Fa0/13, Fa0/14, Fa0/15, Fa0/16
                                           Fa0/17, Fa0/18, Fa0/19, Fa0/20
                                           Fa0/21, Fa0/22, Fa0/23, Fa0/24
```

【备注】交换机中的 config 配置文件和 VLAN 信息处于初始状态，PC1、PC2 和 PC3 计算机的测试互相连通。如果出现测试未连通的情况，应该及时排除网络故障。

步骤四：配置交换机 VLAN 信息。

（1）在交换机 SwitchA 上创建 VLAN 10，并将 Fa0/5 端口划分到 VLAN 10 中，命令如下。

```
SwitchA # configure terminal                    ！进入全局配置模式
SwitchA(config)# VLAN 10                         ！创建 VLAN 10
SwitchA(config-VLAN)# name sales                 ！将 VLAN 10 命名为 sales
SwitchA(config-VLAN)#exit
SwitchA(config)#interface fastethernet 0/5       ！进入端口配置模式
SwitchA(config-if)#switchport access VLAN 10     ！将 Fa0/5 端口划分到 VLAN 10
SwitchA(config-if)#no shutdown
SwitchA(config-if)#exit
```

（2）验证测试，验证已创建 VLAN 10，并将 Fa0/5 端口划分到 VLAN 10 中。

```
SwitchA#show VLAN 10                              ！查看某一个 VLAN 的信息
  VLAN Name                       Status   Ports
  ---- ---------------------      --------- -------------------------
  10   sales                      active    Fa0/5
```

（3）在交换机 SwitchA 上创建 VLAN 20，并将 Fa0/15 端口划分到 VLAN 20 中。

```
SwitchA # configure terminal
SwitchA(config)# VLAN 20
SwitchA(config-VLAN)# name server          ！命名客户服务部
SwitchA(config-VLAN)#exit

SwitchA(config)#interface fastethernet 0/15
SwitchA(config-if)#switchport access VLAN 20
SwitchA(config-if)#no shutdown
```

```
SwitchA(config-if)#exit
```

（4）验证测试：验证在 SwitchA 上已创建了 VLAN 20，并将 Fa0/15 端口划分到 VLAN 20 中。

```
SwitchA#show VLAN 20
  VLAN Name                         Status    Ports
  ---- ------------------------     --------- ------------------
  20   technical                    active    Fa0/15
```

（5）在交换机 SwitchB 上创建 VLAN 10，并将 Fa0/5 端口划分到 VLAN 10 中。

```
SwitchB # configure terminal
SwitchB(config)# VLAN 10
SwitchB(config-VLAN)# name sales
SwitchB(config-VLAN)#exit


SwitchB(config)#interface fastethernet 0/5
SwitchB(config-if)#switchport access VLAN 10
SwitchB (config-if)#no shutdown
SwitchB (config-if)#exit
```

（6）验证测试：验证在 SwitchB 上已创建了 VLAN 10，并将 Fa0/5 端口划分到 VLAN 10 中。

```
  SwitchB#show VLAN 10
  VLAN Name                         Status    Ports
  ---- ------------------------     --------- ----------------------
  10   sales                        active    Fa0/5
```

步骤五：交换机 VLAN 验证测试。

配置完交换机设备的 VLAN 技术之后，使用 ping 测试命令测试网络中的任意一台计算机，由于 VLAN 技术隔离，网络中的所有设备都处于未连通状态。

其中，PC1 和 PC2 之间未连通，是由于在同一台交换机上实施了 VLAN 技术的缘故。

而 PC1 和 PC3 之间未连通，是由于跨交换机上实施了 VLAN 技术造成的。

步骤六：配置交换机干道技术。

（1）将 SwitchA 与 SwitchB 相连的端口（假设为 Fa0/24）定义为干道模式，命令如下。

```
SwitchA # configure termina
SwitchA(config)#interface fastethernet 0/24
SwitchA(config-if)#switchport mode trunk      ! 将 Fa0/24 端口设为干道模式
SwitchA(config-if)#no shutdown
SwitchA(config-if)#exit
```

（2）验证测试：验证 Fa 0/24 端口已被设置为干道模式。

```
SwitchA#show interfaces fastEthernet 0/24
  Interface Switchport Mode      Access Native  Protected VLAN lists
  ---------- --------- -----------------------------------
  Fa0/24    Enabled    Trunk     1      1        Disabled   All
```

【备注】交换机的 Trunk 端口默认情况下支持所有 VLAN。

（3）将 SwitchB 与 SwitchA 相连的端口（假设为 Fa0/24）定义为干道模式。

```
SwitchB # configure termina
SwitchB(config)#interface fastethernet 0/24
SwitchB(config-if)#switchport mode trunk
SwitchB(config-if)#no shutdown
SwitchB(config-if)#exit
```

（4）验证测试：验证 Fa0/24 端口已被设置为干道模式。

```
SwitchB#show interfaces fastEthernet 0/24 switchport
  Interface Switchport Mode    Access Native  Protected VLAN lists
  ---------- -------- --------- ------------------------------
  Fa0/24   Enabled  Trunk    1      1      Disabled  All
```

步骤七：交换机干道技术验证测试。

使用如表 9-1 所示的 IP 地址，分别使用 ping 命令，测试 PC1、PC2 和 PC3 计算机之间的连通情况。

（1）由于在交换机上实施了 VLAN 技术，原来互相连通的网络实现了隔离，满足了连接在同一台交换机上的客户服务部和部分销售部计算机互相隔离的需求。

验证 PC1 与 PC2 之间不能互相通信，命令如下。

```
C:>ping 192.168.1.2    ! 在 PC1 的命令行方式下验证不能 ping 通 PC2
…DOWN !…
```

（2）由于在跨交换机上实施了 VLAN 中干道技术，使原来由于跨交换机互相不连通的销售部计算机实现了连通。

验证 PC1 与 PC2、PC3 之间能互相通信，命令如下。

```
C:>ping 192.168.1.3    ! 在 PC1 的命令行方式下验证能 ping 通 PC3
…OK!…

C:>ping 192.168.1.2    ! 在 PC1 的命令行方式下验证不能 ping 通 PC2
…DOWN !…
```

9.7 认证试题

下列每道试题都有多个选项，请选择一个最优的答案。

1. TAG VLAN 是由下面的（　　）标准规定的。

A. 802.1d   B. 802.1p
C. 802.1q   D. 802.1z

2. 下列哪种协议采用 Trunk 报头来封装以太帧（　　）。

A. VTP   B. ISL
C. 802.1q   D. ISL 与 802.1q

3. 交换机的哪一项技术可以减少广播域（　　）。

A. ISL   B. 802.1q
C. VLAN   D. STP

4. Trunk 链路上传输的帧一定会被打上（　　　）标签。

A. ISL　　　　　B. IEEE 802.1q

C. VLAN　　　　　D. 以上都不对

5. 在交换机上能设置的 IEEE 802.1q VLAN 最大 ID 号为（　　　）。

A. 256　　　　　B. 1026

C. 2048　　　　　D. 4094

6. 当需要一个 VLAN 跨越两台交换机时，需要哪个特性支持（　　　）。

A. 用三层交换机连接两层交换机

B. 用 Trunk 端口连接两台交换机

C. 用路由器连接两台交换机

D. 两台交换机上 VLAN 的配置必须相同

7. IEEE 802.1q 协议是如何给以太网帧打上 VLAN 标签的（　　　）。

A. 在以太网帧的前面插入 4 字节的标签

B. 在以太网帧的尾部插入 4 字节的标签

C. 在以太网帧的源地址和长度/类型字段之间插入 4 字节的标签

D. 在以太网帧的外部加上 802.1q 封装

8. 关于 802.1q，下面说法中正确的是（　　　）。

A. 802.1q 给以太网帧插入了 4 字节标签

B. 由于以太网帧的长度增加，所以 fcs 值需要重新计算

C. 标签的内容包括 2 字节的 VLAN ID 字段

D. 对于不支持 802.1q 的设备，可以忽略这 4 字节的内容

9. 交换机 Access 端口和 Trunk 端口有什么区别（　　　）。

A. Access 端口只能属于 1 个 VLAN，而一个 Trunk 端口可以属于多个 VLAN

B. Access 端口只能发送不带标签的帧，而 Trunk 端口只能发送带有标签的帧

C. Access 端口只能接收不带标签的帧，而 Trunk 端口只能接收带有标签的帧

D. Access 端口的默认 VLAN 就是它所属的 VLAN，而 Trunk 端口可以指定默认 VLAN

10. 一个 Access 端口可以属于多少个 VLAN（　　　）。

A. 仅一个 VLAN　　　　　B. 最多 64 个 VLAN

C. 最多 4094 个 VLAN　　　　　D. 依据管理员设置的结果而定

PART 10

项目 10
实现不同虚拟局域网通信

核心技术

◆ 虚拟局域网网关技术（SVI）

能力目标

◆ 配置虚拟局域网，实现不同 VLAN 通信

知识目标

◆ 了解不同 VLAN 通信
◆ 介绍 SVI 技术原理
◆ 会配置 SVI 虚拟网关
◆ 会排除不同 VLAN 通信故障

【项目背景】

绿丰公司是一家消费品销售公司，公司为适应当前网购需要，新成立了网络销售部和客户服务部，并组建了网络销售部、客户服务部办公网。

为避免部门之间工作干扰，保护信息资源的安全，公司网络中心通过 VLAN 技术把两个部门分隔开，形成两个互不连通、互不干扰的部门网络。

互相隔离部门网络，虽然保证了信息安全，但却造成公司的信息不能共享。因此公司希望在保留现有部门 VLAN 的情况下，通过技术实现部门网络之间的安全通信。

【项目分析】

VLAN 技术是隔离办公网设备最常见的二层交换技术，但隔离之后办公网会出现互联互通的障碍。VLAN 技术的目的是隔离广播，但 VLAN 之间的通信必须使用第三层设备才能实现。VLAN 之间的通信一般使用 VLAN 之间的路由技术，而路由技术则需要在一台路由器或者其他三层设备（例如三层交换机）上配置完成。

首先，把划分有二层 VLAN 的交换机设备上联到三层交换机上，在三层交换机上配置虚拟网关 SVI。然后，通过给虚拟网关 SVI 配置网关地址，分别作为二层 VLAN 上不同 VLAN（子网）的网关端口，最后，通过三层交换机上形成的路由表，实现不同 VLAN 之间的三层安全通信。

【项目目标】

本项目从网络管理员日常工作角度出发，讲解二层交换机的 VLAN 技术，以及不同 VLAN 之间通信的技术原理。通过对 SVI 技术的学习，了解三层交换机设备，熟悉三层交换机的工作原理，会配置三层交换机设备的虚拟网关 SVI，能实现不同 VLAN 之间的安全通信，及时排除网络故障等，这些都是作为网络管理员必备的职业技能。

【知识准备】

10.1 三层交换机知识

三层交换（也称多层交换，或 IP 交换）是相对于传统交换概念而提出的。众所周知，传统的交换技术是在 OSI 网络标准模型中的第二层，即数据链路层进行操作，而三层交换技术是在网络模型的第三层实现数据包的高速转发。

简单地说，三层交换技术就是：二层交换技术 + 三层转发技术，如图 10-1 所示。

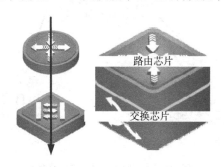

路由芯片

交换芯片

图 10-1　三层交换技术原理

三层交换机在性能上侧重于交换功能（二层和三层），实质就是一种具有很强交换能力而价格低廉的路由器，如图 10-2 所示。它通过硬件 ASIC 芯片形态实现 IP 包的三层交换，其交换能力都在百万包/秒以上，而传统的路由器一般不超过 10 万包/秒。

三层交换技术的出现，打破了局域网中划分网段之后，子网必须依赖路由器进行管理的局面，解决了传统路由器由于低速、复杂所造成的网络瓶颈问题。

图 10-2　三层交换机设备

10.2　三层交换技术

三层交换技术的出现,打破了局域网中划分网段之后,子网必须依赖路由器进行管理的局面;解决了传统路由器低速,以及子网与子网之间或向外访问时的网络瓶颈问题。

一台具有三层交换功能的设备,就是一台带有第三层路由功能的第二层交换机。它是两者的有机结合,而不是简单地把路由器硬件及软件叠加在局域网交换机上。三层交换技术的出现,既弥补了二层交换技术不能处理不同 IP 子网之间数据交换的缺点,又解决了传统路由器低速、复杂所造成的网络瓶颈问题,特别适合局域网骨干网的组建。

10.3　三层交换机的工作原理

三层交换机的工作原理是:假设两台使用 IP 协议的计算机 A、B 设备,通过第三层交换机进行通信,如图 10-3 所示,观察三层交换机的工作过程。

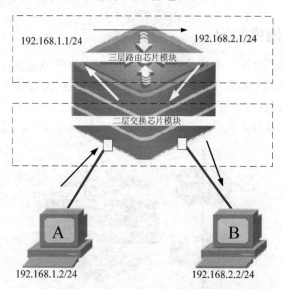

图 10-3　三层交换机的工作原理

首先,发送站点计算机 A 在开始发送前,先把自己的 IP 地址与 B 站点计算机的 IP 地址进行比较,判断 B 站点计算机是否与自己在同一子网内。若目的站点计算机 B 与发送站点计算机 A 在同一子网内,则进行二层的转发,若两个站点不在同一子网内,而发送站点计算机 A 要与目的站点计算机 B 通信,则过程如下。

发送站点计算机 A 要向"(默认)网关"发出 ARP(地址解析)封包,而"(默认)网关"

IP 地址其实是三层交换机的三层交换模块。

当发送站点 A 对"默认网关"的 IP 地址发出一个 ARP 请求时，如果三层交换机的交换模块在以前的通信过程中已经知道目的站点 B 的 MAC 地址，则向发送站点 A 回复 B 的 MAC 地址。

否则，三层交换模块根据路由信息向 B 站广播一个 ARP 请求，B 站得到此 ARP 请求后向三层交换模块回复其 MAC 地址，三层交换模块保存此地址并回复给发送站点 A，同时将 B 站的 MAC 地址发送到二层交换引擎的 MAC 地址表中。

在这以后，当 A 向 B 发送数据包便全部交给二层交换处理，信息得以高速转发。由于仅仅在路由过程中才需要三层处理，绝大部分数据都通过二层交换转发，因此三层交换机的速度很快接近二层交换机的速度，同时却比相同路由器的价格低很多。

10.4 三层交换机类型

在早期，人们想把二层交换技术和三层路由功能结合在一台设备上，以减少设备数量。但由于那时第三层交换基于软件工作机制，转发速度很慢，到后来才发展为以硬件来实现三层交换。

三层交换机可以根据其处理数据的不同，分为纯硬件和纯软件两大类。

（1）纯硬件的三层技术相对来说技术复杂、成本高，但是速度快、性能好、负载能力强。其原理是采用 ASIC 芯片，利用硬件的方式进行路由表的查找和刷新。

当数据由端口芯片接收进来以后，首先在二层交换芯片中查找相应的目的 MAC 地址。如果查到，就进行二层转发，否则将数据送至三层引擎。在三层引擎中，ASIC 芯片查找相应的路由表信息，与数据的目的 IP 地址相比对，然后发送 ARP 数据包到目的主机，得到该主机的 MAC 地址，将 MAC 地址发送到二层芯片，由二层芯片转发该数据包。

（2）基于软件的三层交换机技术简单，但速度较慢，不适合作为主干。其原理是采用 CPU，利用软件的方式查找路由表。

软件三层交换机的原理是：当数据由端口芯片接收进来以后，首先在二层交换芯片中查找相应的目的 MAC 地址。如果查到，就进行二层转发，否则将数据送至 CPU。CPU 查找相应的路由表信息，与数据的目的 IP 地址相比对，然后发送 ARP 数据包到目的主机得到该主机的 MAC 地址，将 MAC 地址发到二层芯片，由二层芯片转发该数据包。因为低价 CPU 处理速度较慢，因此这种三层交换机处理速度也较慢。

10.5 三层交换机实现 VLAN 间通信

采用路由器设备实现 VLAN 间的通信具有速度慢（受到端口带宽限制）、转发速率低（路由器采用软件转发，转发速率比采用硬件转发方式的交换机慢）的缺点，容易产生瓶颈，所以目前的网络中，一般都采用三层交换机，以三层交换的方式来实现 VLAN 间的通信。

三层交换机本质上就是带有路由功能的二层交换机，将二层交换机和路由器两者的优势智能化地结合起来，可以在各个层次提供线速转发性能。在一台三层交换机内，分别设置了交换机模块和路由器模块；而内置的路由模块与交换模块类似，也使用 ASIC 硬件处理路由。因此，与传统的路由器相比，三层交换机可以实现高速路由，并且路由与交换模块是汇聚链接的，由于是内部连接，可以确保相当大的带宽。

可以利用三层交换机的路由功能来实现 VLAN 之间的通信，如图 10-4 所示。

如图 10-4 所示的拓扑结构中，在交换机上分别划分 VLAN 10 和 VLAN 20。VLAN 10 的工作站 IP 地址为 192.168.1.10，VLAN 20 的工作站 IP 地址为 192.168.2.10。

具体的实现方法是：在三层交换机上创建各个 VLAN 的交换虚拟端口（Switch Virtual Interface，SVI），并设置 IP 地址，SVI 可以用来实现三层交换的功能。可以创建 SVI 为一个网关端口，就相当于是对应各个 VLAN 的虚拟子端口，可用于三层设备中跨 VLAN 之间的通信。

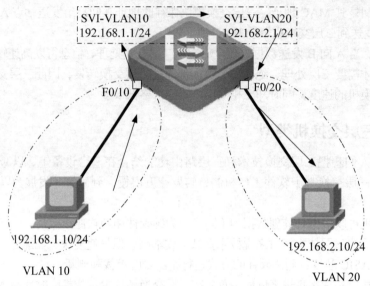

SVI-VLAN10 192.168.1.1/24   SVI-VLAN20 192.168.2.1/24

F0/10   F0/20

192.168.1.10/24   192.168.2.10/24

VLAN 10   VLAN 20

图 10-4　利用三层交换机实现 VLAN 间的通信

如 VLAN10 的虚拟端口的 IP 地址为 192.168.1.1，VLAN 20 的虚拟端口的 IP 地址为 192.168.2.1，然后将所有 VLAN 连接的工作站主机的网关指向该 SVI 的 IP 地址即可。

10.6　配置三层交换机 SVI 技术

在三层交换机上 IP 路由功能默认是开启的，因此在特权模式下，通过如下步骤就可以配置 SVI 端口，从而实现 VLAN 间的通信。

```
Switch#configure terminal                ！ 进入全局配置模式
Switch(config)# interface VLAN VLAN-id      ！  进入 SVI 端口配置模式
Switch(config-if)# ip address ip-address mask
```
！给 VLAN 的 SVI 端口配置 IP 地址。这些地址将作为各个 VLAN 内主机的网关，并且这些 SVI 端口所在的网段，也会作为直连路由出现在三层交换机路由表中
```
Switch#show ip route    ！ 检查配置 SVI 端口所在网段是否出现在路由表中
```

注意：只有当 VLAN 内有激活的端口，即有主机连入该 VLAN 时，该 VLAN 的 SVI 端口所在的网段才会出现在路由表中。

10.7　配置路由器单臂路由技术

将路由器和交换机相连，使用 IEEE 802.1q 协议启动一个路由器上的子端口，使其成为干道模式，就可以利用路由器来实现 VLAN 之间的通信，一般称这种方式为单臂路由，如图 10-5 所示。

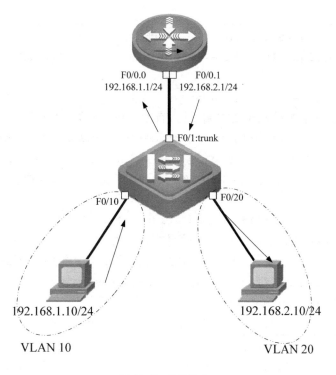

图 10-5　单臂路由

　　路由器可以从某一个 VLAN 接收数据包，并且将这个数据包转发到另外一个 VLAN 中。要实现 VLAN 间的通信，必须在一台路由器的物理端口上启用子端口，也就是将以太网物理端口划分为多个逻辑的、可编址的子端口，并配置成干道模式。每个 VLAN 对应一个这种子端口，这样路由器就能够知道如何到达这些互联的 VLAN。

　　如图 10-6 所示，展示了单臂路由中干道技术在路由器上创建的子端口。其中，0/0 端口被划分为 3 个子端口：F0/0.1、F0/0.2、F0/0.3，每个子端口为一个单独的 VLAN 提供服务。

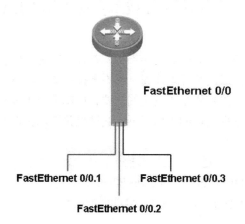

图 10-6　单臂路由中路由器的子端口

　　如果没有这种子端口，为了完成 VLAN 间的路由，每一个单独的物理端口都要被分配到单独的 VLAN 中去，这样无疑是非常消耗端口资源的。

　　在路由器的特权模式下，利用如下步骤可以把一个快速以太网物理端口划分为多个子端口，并配置成干道模式。

```
router#configure terminal      ！ 进入全局配置模式
router(config)# Interface interface-id   ！ 输入想要配置成干道的端口编号
（可选）
router(config-if)#no ip address（可选）
！ 去掉该端口上的 IP 地址。如果端口上没有 IP 地址，则第 2 步和第 3 步可省略
router(config)#interface interface-number.subinterface-number
！ 其中，Interface-number 为物理端口序号，Subinterface- number 为子端口在该
物理端口上的序号，注意二者之间由标号"."连接。该命令进入子端口配置模式，即创建一个以太
网子端口
router(config-subif)#encapsulation dot1q VLANID
！ 配置 VLAN 封装标识，封装 802.1q 标准并指定 VLAN ID 号。VLAN ID 必须与交换设备
                    中的一个 VLAN ID 一致，指示了子端口承载哪个 VLAN 的流量
router(config-subif)#ip address ip-address mask   ！ 指定子端口的 IP 地址
router#show running-config          ！ 检查一下配置
router#show ip route    ！ 检查配置子端口所在网段是否已经出现在路由表中
```

完成封装 VLAN 标识任务以后，必须为封装 VLAN 标识的以太网子端口指定 IP 地址。封装 802.1q 的以太网子端口 IP 地址，一般是一个 VLAN 内主机连接其他 VLAN 主机的网关。并且，这些子端口所在的网段也会作为直连路由出现在路由器的路由表中。

配置单臂路由的子端口，示例如下。

```
router(config)#interface fastEthernet 0/0.20
router(config-subif)#ip address 192.168.20.1 255.255.255.0
router(config-subif)#encapsulation dot1q VLAN20
router(config-subif)#no shutdown
```

10.8 项目实施一：使用 SVI 技术实现不同 VLAN 之间的安全通信

【任务描述】

绿丰公司为了避免两个部门之间的工作干扰，并且保护客户信息资源的安全，通过 VLAN 技术把两个部门分隔开，形成两个互不连通、互不干扰的部门网络。

互相隔离的部门网络，虽然满足了安全的需要，但却造成了公司信息不能实现共享。因此公司希望在保留现有部门虚拟局域网的情况下，通过相关技术实现部门网络的安全通信。

【网络拓扑】

如图 10-7 所示的网络拓扑是一台三层交换机，该设备上配置 VLAN 10、VLAN 20、VLAN 30，将端口 F0/6~F0/10、F0/11~F0/15、F0/16~F0/20 划分到这 3 个 VLAN 中，并分别为这 3 个 VLAN 的 SVI 端口配置 IP 地址，以实现 VLAN 间的通信。

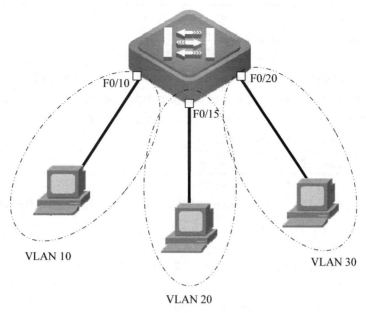

图 10-7　三层交换机使用 SVI 技术场景

【任务目标】

学习配置三层交换机的 SVI 技术，实现不同 VLAN 之间的安全通信。

【设备清单】

二层交换机（1 台）、三层交换机（1 台）、计算机（若干）、双绞线（若干）。

【工作过程】

步骤一：组网。

按照如图 10-7 所示的网络规划拓扑，组建客户服务部和销售部共享办公网交换机网络场景。

步骤二：配置三层交换机 VLAN。

```
S3750#configure terminal
S3750(config)#VLAN 10
S3750(config-VLAN)#name gongcheng
S3750(config-VLAN)#VLAN 20
S3750(config-VLAN)#name xiaoshou
S3750(config-VLAN)#VLAN 30
S3750(config-VLAN)#name caiwu
S3750(config-VLAN)#exit

S3750(config)#interface range fastEthernet 0/6-10
S3750(config-if-range)#switchport mode access
S3750(config-if-range)#switchport access VLAN 10
S3750(config-if-range)#exit

S3750(config)#interface range fastEthernet 0/11-15
S3750(config-if-range)#switchport mode access
```

```
S3750(config-if-range)#switchport access VLAN 20
S3750(config-if-range)#exit

S3750(config)#interface range fastEthernet 0/16-20
S3750(config-if-range)#switchport mode access
S3750(config-if-range)#switchport access VLAN 30
S3750(config-if-range)#exit
```

步骤三：配置三层交换机 SVI 虚拟网关。

```
S3750(config)#interface VLAN 10
S3750(config-if)#ip address 192.168.10.1 255.255.255.0
S3750(config-if)#exit
S3750(config)#interface VLAN 20
S3750(config-if)#ip address 192.168.20.1 255.255.255.0
S3750(config-if)#exit
S3750(config)#interface VLAN 30
S3750(config-if)#ip address 192.168.30.1 255.255.255.0
S3750(config-if)#end
```

步骤四：查看配置完成的显示结果。

在三层交换机上，查看配置完成后的显示结果。

```
S3750#show VLAN
VLAN  Name              Status      Ports
----  ----------------  ---------   ---------------------------
1     VLAN0001          STATIC      Fa0/1, Fa0/2, Fa0/3, Fa0/4,Fa0/5
                                    Fa0/21, Fa0/22, Fa0/23, Fa0/24
                                    Gi0/25, Gi0/26, Gi0/27 ,Gi0/28
10    gongcheng         STATIC      Fa0/6, Fa0/7, Fa0/8, Fa0/9, Fa0/10
20    xiaoshou          STATIC      Fa0/11,Fa0/12, Fa0/13, Fa0/14, Fa0/15
30    caiwu             STATIC      Fa0/16, Fa0/17, Fa0/18,Fa0/19, Fa0/20
```

步骤五：查看配置完成后的路由表显示结果。

在三层交换机上，查看配置完成后的路由表显示结果。

```
S3750#show ip route
Codes:  C - connected, S - static, R - RIP B - BGP
      O - OSPF, IA - OSPF inter area
      N1 - OSPF NSSA external type 1,N2-OSPF NSSA external type 2
      E1 - OSPF external type 1, E2 - OSPF external type 2
      i - IS-IS, L1 - IS-IS level-1, L2 - IS-IS level-2, ia - IS-IS
inter area
      * - candidate default
Gateway of last resort is no set
C   192.168.10.0/24 is directly connected, VLAN 10
```

```
C    192.168.10.1/32 is local host.
C    192.168.20.0/24 is directly connected, VLAN 20
C    192.168.20.1/32 is local host.
C    192.168.30.0/24 is directly connected, VLAN 30
C    192.168.30.1/32 is local host.
```

配置完成后，各个 VLAN 内的计算机将以对应路由器子端口的 IP 地址作为网关，即实现了互联互通。

【备注】如图 10-8 所示的网络规划拓扑，是使用二层交换机和三层交换机组建的骨干网络的连接场景，可以使用 SVI 技术实现不同 VLAN 之间的安全通信。配置过程同上，此处因为篇幅限制，不再赘述。

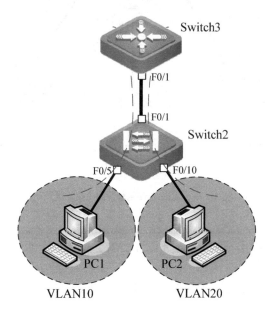

图 10-8   三层交换机使用 SVI 技术实现 VLAN 之间安全通信的场景

10.9 项目实施二：使用单臂路由技术实现不同 VLAN 之间的安全通信

【任务描述】

绿丰公司为避免两个部门之间的工作干扰，以及保护客户信息资源的安全，通过 VLAN 技术把两个部门分隔开，形成两个互不连通、互不干扰的部门网络。

互相隔离的部门网络，虽然满足了安全的需要，但却造成了公司信息不能实现共享。因此公司希望在保留现有部门虚拟局域网的情况下，通过相关技术实现部门网络之间的安全通信。

【网络拓扑】

如图 10-9 所示的网络拓扑是在一台路由器的物理端口上划分子端口，配置 IP 地址并封装 802.1q 协议，通过路由器使用单臂路由技术实现 VLAN 间的通信。

而在与路由器相连的二层交换机上，已经配置好了 VLAN 10、VLAN 20、VLAN 30，向 VLAN 内添加了端口，并将与路由器相连的 F0/1 端口设置成了 Trunk 端口。

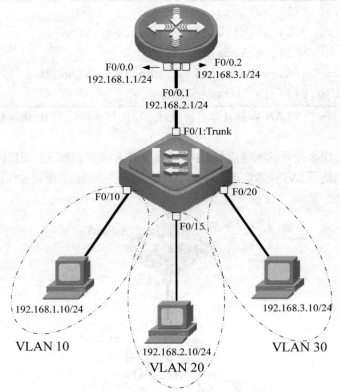

F0/0.0 ← 192.168.1.1/24 F0/0.2 192.168.3.1/24

F0/0.1 192.168.2.1/24

F0/1:Trunk

F0/10 F0/20

F0/15

192.168.1.10/24 192.168.3.10/24

VLAN 10 **VLAN 30**

192.168.2.10/24

VLAN 20

图 10-9 路由器使用单臂路由技术场景

【任务目标】

学习配置路由器单臂路由技术，实现不同 VLAN 之间的安全通信。

【设备清单】

二层交换机（1 台）、路由器（1 台）、计算机（若干）、双绞线（若干）。

【工作过程】

步骤一：组网

按照如图 10-9 所示的网络规划拓扑，使用路由器组建单臂路由技术的网络场景。

步骤二：配置二层交换机 VLAN。

登录二层交换机设备，配置二层交换机的 VLAN 信息内容。

```
Switch# configure terminal
Switch(config)# hostname Switch-2          ! 修改交换机设备名称
Switch-2 (config)#
Switch-2 (config)# VLAN 10                  ! 创建 VLAN 10
Switch-2 (config-VLAN)# VLAN 20             ! 创建 VLAN 20
Switch-2 (config-VLAN)# VLAN 30             ! 创建 VLAN 30
Switch-2 (config-VLAN)# exit
Switch-2 (config)#


Switch-2 (config)# interface  fa0/10       ! 将端口 Fa0/10 划分到 VLAN 10
Switch-2 (config-if)# switchport access VLAN 10
```

```
Switch-2 (config-if)# exit
Switch-2 (config)# interface  fa0/15        !将端口 Fa0/15 划分到 VLAN 20
Switch-2 (config-if)# switchport access VLAN 20
Switch-2 (config-if)# exit
Switch-2 (config)# interface  fa0/20            !将端口 Fa0/20 划分到 VLAN 30
Switch-2 (config-if)# switchport access VLAN 10
Switch-2 (config-if)# end
Switch-2 #

Switch-2 # show  VLAN      !查看配置完成的 VLAN 信息
...
```

步骤三：配置路由器设备。

登录路由器设备，配置路由器的单臂路由技术。

```
router#configure terminal
router(config)#interface fastEthernet 0/0
router(config-if)#no ip address
router(config-if)#exit

router(config)#interface fastEthernet 0/0.10
router(config-subif)#encapsulation dot1Q 10
router(config-subif)#ip address 192.168.10.1 255.255.255.0
router(config-subif)#exit

router(config)#interface fastEthernet 0/0.20
router(config-subif)#encapsulation dot1Q 20
router(config-subif)#ip address 192.168.20.1 255.255.255.0
router(config-subif)#exit

router(config)#interface fastEthernet 0/0.30
router(config-subif)#encapsulation dot1Q 30
router(config-subif)#ip address 192.168.30.1 255.255.255.0
router(config-subif)#end
```

步骤四：查看路由器设备。

登录路由器设备，使用 show ip route 命令查看路由器的路由表显示，可以看到，所有子端口的网段已经成为了路由表里面的直连路由。

```
router#show ip route
Codes: C - connected, S - static, R - RIP B - BGP
     O - OSPF, IA - OSPF inter area
    N1 - OSPF NSSA external type 1,N2-OSPF NSSA external type 2
    E1 - OSPF external type 1, E2 - OSPF external type 2
```

```
        i - IS-IS, L1 - IS-IS level-1, L2 - IS-IS level-2, ia - IS-IS inter
 area
        * - candidate default
Gateway of last resort is no set
C    192.168.10.0/24 is directly connected, FastEthernet 0/0.10
C    192.168.10.1/32 is local host.
C    192.168.20.0/24 is directly connected, FastEthernet 0/0.20
C    192.168.20.1/32 is local host.
C    192.168.30.0/24 is directly connected, FastEthernet 0/0.30
C    192.168.30.1/32 is local host.
```

配置完成后，各个 VLAN 内的主机将以对应路由器子端口的 IP 地址作为网关，即实现了互联互通。

10.10　认证试题

下列每道试题都有多个选项，请选择一个最优的答案。

1. OSI 的哪一层处理物理寻址和网络拓扑结构（　　）。

A. 物理层　　　　　　　　B. 数据链路层

C. 网络层　　　　　　　　D. 传输层

2. 交换机依据什么决定如何转发数据帧（　　）。

A. IP 地址和 MAC 地址表

B. MAC 地址和 MAC 地址表

C. IP 地址和路由表

D. MAC 地址和路由表

3. 在交换机上配置 Trunk 端口时，如果允许从 VLAN 列表中删除 VLAN 5，所运行的命令是哪一项（　　）。

A. Switch(config-if)#switchport trunk allowed remove 5

B. Switch(config-if)#switchport trunk VLAN remove 5

C. Switch(config-if)#switchport trunk VLAN allowed remove 5

D. Switch(config-if)#switchport trunk allowed VLAN remove 5

4. 下面哪一条命令可以正确地为 VLAN 5 定义一个子端口（　　）。

A. router(config-if)#encapsulation dot1q 5

B. router(config-if)#encapsulation dot1q VLAN 5

C. router(config-subif)# encapsulation dot1q 5

D. router(config-subif)# encapsulation dot1q VLAN 5

5. 关于 SVI 端口的描述哪些是正确的（　　）。

A. SVI 端口是虚拟的逻辑端口

B. SVI 端口的数量是由管理员设置的

C. SVI 端口可以配置 IP 地址作为 VLAN 的网关

D. 只有三层交换机具有 SVI 端口

6. 在局域网内使用 VLAN 所带来的好处是什么（　　）。

A. 可以简化网络管理员的配置工作量

B. 广播可以得到控制

C. 局域网的容量可以扩大

D. 可以通过部门等将用户分组从而打破了物理位置的限制

7. 使用单臂路由技术主要解决的是路由器的什么问题（　　）。

A. 路由器上一个逻辑端口之间的转发速度比物理端口要快

B. 没有三层交换机

C. 简化管理员在路由器上的配置

D. 路由器端口有限，不够连接每一个 VLAN

8. IEEE 802.1q 协议为标识带有 VLAN 成员信息的以太帧建立了一种标准方法。在 802.1q 标记中，VLAN 字段最大可能值为（　　）。

　　A. 8192　　　　　B. 4096　　　　　C. 4092　　　　　D. 4094

9. 如果拓扑设计完毕，现场实施工程师会为哪条链路配置 Trunk 模式（　　）。

A. 交换机之间的链路　　　　　B. 路由器之间的链路

C. 交换机连接计算机的链路　　D. 路由器连接计算机的链路

10. 在交换机上执行以下命令后：

```
switch(config-if)#sw mode trunk
switch(config-if)#sw trunk allowd VLAN remove 20
```

此端口接收到 VLAN 20 的数据会做怎样的处理（　　）。

A. 根据 MAC 地址表进行转发

B. 直接丢弃数据，不进行转发

C. 将 VLAN 20 标签去掉，加上合法的标签再进行转发

D. Trunk 端口会去掉 VLAN 20 的标签，直接转发给主机

项目 11
实现办公设备自动获取 IP 地址

【项目背景】

绿丰公司是一家消费品销售公司，为适应公司目前网购业务发展的需要，新成立了网络销售部和客户服务部，并分别组建了网络销售部和客户服务部办公网。

之前，公司的网络采用固定地址的管理方式，由于很多员工岗位经常变动，造成办公室计算机的地址冲突现象时有发生。

公司为了优化办公网的管理，决定不再使用手工分配 IP 地址的方法：一来管理难度大；二来经常出现地址冲突以及地址回收麻烦等问题。网络管理员在公司内部对所有设备实施自动获取 IP 地址的方式，从而减少管理工作量。在办公网中，通过启动 DHCP 动态地址管理协议，可以实现公司网络地址的动态管理。

【项目分析】

实现计算机访问互联网的一项重要规则就是：所有访问互联网的计算机必须保证具有全球唯一的 IP 地址。在日常网络管理工作中，为网络中的计算机手工配置 IP 地址是一项非常繁琐的工作：一来很多非专业人员不会配置 IP 地址；二来经常会造成地址配置错误；三来会造成网络中重复使用地址，导致地址冲突；四来会给使用笔记本电脑的人员，在跨区域移动办公时地址分配造成困难。

为减少日常办公过程中网络管理的工作量，网络中心希望所有计算机的 IP 地址采取自动获取的方法，这就需要在接入交换机上配置动态主机地址获取协议。动态主机地址分配协议 DHCP 有效地解决了上述难题，将协议配置在办公网的接入交换机上，可以让接入网络中的主机自动获取上网所需的 IP 地址。

【项目目标】

本项目从网络管理员日常网络管理与维护的角度出发，讲解有关接入网络中的计算机自动获取 IP 网络地址的技术。熟悉动态 IP 地址获取协议 DHCP 的工作场景，了解 DHCP 协议的工作过程，会配置办公网接入交换机的 DHCP 协议，能及时排除获取不到 IP 地址的网络故障，是作为网络管理员必备的职业技能。

【知识准备】

11.1　DHCP 基础知识

DHCP（Dynamic Host Configuration Protocol）服务，就是指在网络中的每台计算机都没有自己固定的 IP 地址。当计算机开启后，会从网络中的一台 DHCP 服务器上，获取一个暂时提供给这台机器使用的 IP 地址、子网掩码、网关以及 DNS 等信息。当这台计算机关机后，就自动退回这个 IP 地址，分配给其他需要上网的计算机使用。

在家庭使用电话拨号上网时，一般都没有办法给计算机分配固定的 IP 地址。当计算机拨号成功上线后，就能获得一个 IP 地址、网关、DNS 信息；而下网断线之后，这个地址就又被电信回收，提供给其他人使用，这也是 DHCP 工作机制产生的结果。

特别是在办公网中主机较多的情况下，一旦网络出现了什么变化，网络管理人员只需要在 DHCP 服务器上进行一下修改，整个网络就又可以重新使用。而客户端仅仅重新启动一次，就达到了网络 IP 设置的修改目标。如果整个办公设备都采用固定 IP 地址的配置方案，那么网络管理人员就需要修改每一台计算机的 IP 地址，这无疑是一件非常繁重的工作。

此外，DHCP 动态主机地址分配 IP 更加灵活，尤其是当办公网中的设备很多，而实际 IP 地址不足的时候。因为 DHCP 客户端第一次从 DHCP 服务器端租用到 IP 地址之后，并非永久地使用该地址，只要租约到期，客户端就得释放（release）这个 IP 地址，以分配给其他工作站使用。

如组建完成的一个办公网只能提供 200 个有效 IP 地址给客户机使用，但并不意味着网络中的计算机最多只能有 200 个。因为要知道，网络中的计算机不可能全部同一时间上网，这样就可以将这 200 个地址，轮流地租用给接入网络中的计算机使用。

11.2 DHCP 地址分配流程

使用 DHCP 服务从网络中的服务器获取 IP 地址的工作过程共分为 4 个阶段：发现阶段、提供阶段、选择阶段、确认阶段，如图 11-1 所示。

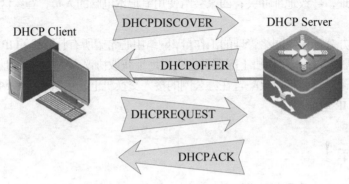

图 11-1　DHCP 服务的 4 个阶段

1．发现阶段

客户端计算机会先发出 DHCPDISCOVER 的广播信息到网络中，查找连接的网络中一台能够提供 IP 地址的 DHCP 服务器，即 DHCP 客户机寻找 DHCP 服务器的阶段。

接入办公网中的客户机，以广播方式（因为 DHCP 服务器的 IP 地址对于客户机来说是未知的）发送 DHCPDISCOVER 报文发现信息，来寻找 DHCP 服务器，即向地址 255.255.255.255 发送特定的广播信息。网络上每一台安装 TCP/IP 协议的主机都会接收到这种广播信息，但只有 DHCP 服务器才会做出响应，如图 11-2 所示。

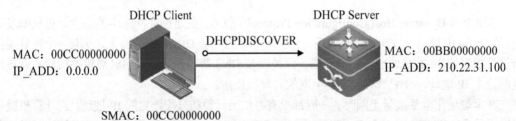

图 11-2　DHCP 发现阶段

2．提供阶段

网络中的服务器接收到客户端计算机发来的广播信息后，在 IP 地址池挑选一个还没有出租的 IP，利用广播的方式提供给 DHCP 客户端计算机，即 DHCP 服务器提供 IP 地址的阶段。

接收到网络中计算机发来的 DHCPDISCOVER 发现信息后，DHCP 服务器会及时做出响应。它从尚未出租的 IP 地址中挑选一个分配给客户端计算机，向发生信息寻求 IP 地址的客户机，发送一个包含出租的 IP 地址和其他设置的 DHCPOFFER 提供信息，如图 11-3 所示。

DHCP Client

MAC：00 CC 00000000
IP_ADD：0.0.0.0

DHCPOFFER

DHCP Server

MAC：00 BB 00000000
IP_ADD：210.22.31.100

SMAC：00 BB 00000000
SIP_ADD：210.22.31.100
Data："你可用这个地址 ：210.22.31.157
　　　使用期限 8 天"
DIP_ADD：255.255.255.255
DMAC：00 CC 00000000 （直接）
ID：1421

图 11-3　DHCP 提供阶段

3．选择阶段

客户端计算机收到 DHCPOFFER 信息后，利用广播的方式响应一个 DHCPREQUEST 信息给 DHCP 服务器，即 DHCP 客户机选择某台 DHCP 服务器提供 IP 地址的阶段。

如果网络中有多台 DHCP 服务器，向申请 IP 地址的客户机发来 DHCPPOFFER 提供信息，则客户机只接受第一个收到的 DHCPOFFER 提供信息。然后它就以广播方式回答一个 DHCPREQUEST 请求信息，该信息中包含向它所选定的 DHCP 服务器请求 IP 地址的内容。之所以以广播方式回答，是为了通知所有的 DHCP 服务器，将选择某台 DHCP 服务器所提供的 IP 地址，如图 11-4 所示。

DHCP Client

MAC：00 CC 00000000
IP_ADD：0.0.0.0

DHCP REQUEST

DHCP Server

MAC：00 BB 00000000
IP_ADD：210.22.31.100

SMAC：00 CC 00000000
SIP_ADD：0.0.0.0
Data："我要使用 IP 地址
　　　210.22.31.157 了
　　　谢谢其他响应的系统"
DIP_ADD：255.255.255.255
DMAC：FFFFFFFFFFFF
ID：18823

图 11-4　DHCP 选择阶段

4．确认阶段

DHCP 服务器收到客户端接受到 IP 地址的 DHCPREQUEST 信息后，就利用广播的方式向客户端计算机发送一个 DHCPACK 确认信息，即 DHCP 服务器确认所提供的 IP 地址阶段。

网络中的 DHCP 服务器收到客户计算机回答 DHCPREQUEST 请求信息之后，它便向客户机发送一个包含它所提供的 IP 地址和其他设置的 DHCPACK 确认信息，告诉客户机可以使用它提供的 IP 地址。然后 DHCP 客户机便将其 TCP/IP 协议与网卡绑定，另外，除客户机选中的服务器外，其他 DHCP 服务器都将收回曾提供的 IP 地址，如图 11-5 所示。

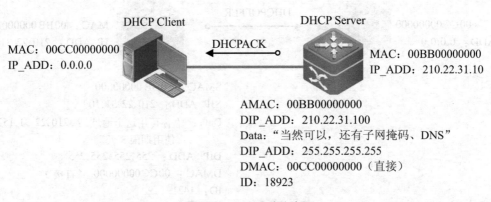

图 11-5　DHCP 确认阶段

11.3　配置 DHCP Server

配置客户端计算机的 DHCP 各项参数，都需要在 DHCP 服务器的地址池中定义。如果没有配置 DHCP 服务器，即使启用 DHCP 服务器也不能对客户端进行地址分配；如果启用了 DHCP 服务器，不管是否配置 DHCP 地址池，DHCP 中继代理的特性总起作用。

1．配置地址池名

可以给 DHCP 地址池起个容易记忆的名字，也可以定义多个地址池，DHCP 服务器将根据 DHCP 请求包中的中继代理 IP 地址，来决定分配哪个地址池中的地址给客户机。如果 DHCP 请求包中没有中继代理的 IP 地址，就分配与接收请求端口 IP 地址同一子网络的地址给客户端。

如果没有定义这个网段的地址池，则地址分配失败。如果在 DHCP 的请求包中有中继代理的 IP 地址，就分配与该地址同一子网的网络地址给客户端；如果没有查到定义的这个网段的地址池，地址分配就失败。

配置新建地址池的子网及其掩码，为 DHCP 服务器提供了一个可分配给客户端的地址空间，除非有地址排斥配置，否则所有地址池中的地址都有可能分配给客户端。DHCP 在分配地址池中的地址时，是按顺序进行的。如果该地址已经在 DHCP 绑定表中或者检测到该地址已经在该网段中存在，就检查下一个地址，直到分配一个有效的地址。

进入配置模式，配置地址池。

```
switch#
switch (config)# ip dhcp pool VLAN10    ！定义一个地址池名为 VLAN10 的 DHCP
地址池
switch (dhcp-config)# network 10.1.1.0 255.255.255.0    ！配置地址池子
网和掩码
```

2．配置地址租约

DHCP 服务器给客户端计算机分配的 IP 地址，默认情况下租约为 1 天。当租期快到时，客户机需要请求续租，否则过期后就不能使用该 IP 地址。使用以下命令可以定义地址的租约。

```
Lease { days [ hours ] [ minutes ] |[ infinite ] }
```

其中，各命令参数如表 11-1 所示。

表 11-1　地址租约参数

参数	描述
days	定义租期时间，以天为单位
hours	（可选）定义租期时间，以小时为单位，定义小时数前必须定义天数
minutes	（可选）定义租期时间，以分钟为单位，定义分钟数前必须定义天数和小时
infinite	定义没有租期限制

以下示例为配置地址租约的过程。

```
switch#
switch (config)# ip dhcp pool VLAN10
switch (dhcp-config)# network 10.1.1.0 255.255.255.0
switch (dhcp-config)# lease 800          ! 配置地址租约为 8 天
```

3. 配置客户机所在网络的网关

当网络中客户端计算机启动后，将所有不在同网络的数据包转发到默认网关，默认网关 IP 地址必须与 DHCP 客户端计算机的 IP 地址在同一网络。

以下示例为配置默认网关的过程。

```
switch#
switch (config)# ip dhcp pool VLAN10
switch (dhcp-config)# network 10.1.1.0 255.255.255.0
switch (dhcp-config)# lease 800
switch (dhcp-config)# default-router 10.1.1.1 10.1.1.2          ! 配
置默认网关
```

4. 配置客户机所在网络域名

可以指定客户端计算机的域名，这样当客户端通过主机访问网络资源时，不完整的主机名会自动加上域名后缀形成完整的主机名。

使用命令 domain-name 给客户端分配的域名为 ruijie.com.cn。

```
switch (config)# ip dhcp pool VLAN10
switch (dhcp-config)# network 10.1.1.0 255.255.255.0
switch (dhcp-config)# lease 800
switch (dhcp-config)# default-router 10.1.1.1 10.1.1.2
switch (dhcp-config)# domain-name ruijie.com.cn          ! 给客户端分配
域名
```

5. 配置客户端域名服务器

当客户端计算机需要通过主机名访问网络资源时，可以指定 DNS 服务器进行域名解析，配置 DHCP 客户端可使用域名服务器。

使用命令 dns-server address， 定义分配给客户端 DNS 服务器的 IP 地址为 202.106.0.10。

```
switch (config)# ip dhcp pool VLAN10
switch (dhcp-config)# network 10.1.1.0 255.255.255.0
switch (dhcp-config)# lease 800
```

```
switch (dhcp-config)# default-router 10.1.1.1 10.1.1.2
switch (dhcp-config)# domain-name ruijie.com.cn
switch (dhcp-config)# dns-server 202.106.0.10        ! 配置域名服务 IP
地址
```

6.　DHCP 排除地址配置

如果没有特别配置，DHCP 服务器会将在地址池中定义的所有子网地址分配给客户机。如果想保留一些已经分配给服务器或路由器的地址，则必须明确定义这些地址不允许分配给客户端。使用命令 **ip dhcp excluded-address start-address end-address** 定义 IP 地址范围，这些地址DHCP 不会分配给客户端。

```
switch (config)# ip dhcp pool VLAN10
switch (dhcp-config)# network 10.1.1.0 255.255.255.0
switch (dhcp-config)# lease 800
switch (dhcp-config)# default-router 10.1.1.1 10.1.1.2
switch (dhcp-config)# domain-name ruijie.com.cn
switch (dhcp-config)# dns-server 202.106.0.10
switch (dhcp-config)# ip dhcp excluded-address 10.1.1.150 10.1.1.200
                    ! 定义排除地址配置范围
```

7.　配置 DHCP Relay

要在路由器上启用 DHCP 服务器和中继代理特性，可以使用全局配置命令 **service dhcp**。该命令的 **no** 形式可以关闭 DHCP 服务器和中继特性。

```
router(config)# service dhcp    ! 配置网络互联设备具有 DHCP 中继功能
```

当配置完 DHCP Server 后，交换机接收到的 DHCP 请求报文将全部转发给它，Server 的响应报文也转发给 DHCP Client。以下示例使用命令 **ip helper-address address** 指定 DHCP 服务器的IP 地址。

```
router(config)# service dhcp
router(config)# ip helper-address10.1.1.254    ! 配置指定的 DHCP 服务器
```

11.4　配置 DHCP Client

使用端口命令 **ip address dhcp** 可以接入办公网计算机，通过 DHCP 协议获得 IP 地址，该命令的 **no** 形式可以取消该配置。默认情况下，设备端口不能通过 DHCP 获得 IP 地址。

```
router(config)# interface FastEthernet 1/0
router(config-if)#ip address dhcp        ! 配置客户机通过端口能获取 IP 地址
```

```
router #show dhcp lease
Temp IP addr: 10.1.1.2  for peer on Interface: FastEthernet 1/0
Temp  sub net mask: 255.255.255.0
DHCP Lease server: 10.1.1.1, state: 5 Bound
DHCP transaction id: 3AE8C217
Lease: 86400 secs,  Renewal: 43200 secs,  Rebind: 75600 secs
```

```
Next timer fires after: 42829 secs
Retry count: 0   Client-ID: routerA-00d0.f888.6374
```

11.5 项目实施一：配置办公网设备自动获取地址

【任务描述】

绿丰公司的网络早期采用固定地址的管理方式，由于很多员工岗位经常变动，造成办公室地址冲突现象时有发生。

为了优化办公网的管理，网络管理员决定不再使用手工分配 IP 的繁琐方法，而是在公司内部对所有设备实施自动获取 IP 地址的方式，以减少管理工作量。在办公网中，通过启动 DHCP 动态地址管理协议，可以实现公司网络地址的动态管理。

【实验目的】

学习配置三层交换机 DHCP 动态地址管理技术，理解 DHCP 动态地址协议原理。

【实验拓扑】

如图 11-6 所示的网络拓扑，是绿丰公司同区域办公的销售部和技术部的工作场景。

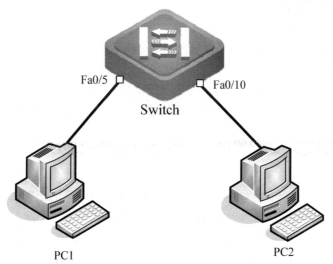

图 11-6　配置三层交换机 DHCP 场景

【实验设备】

三层交换机（1 台）、网线（若干）、配置测试计算机（若干）。

【实验步骤】

步骤一：在交换机上配置 DHCP 协议。

```
switch#
switch#configure terminal
switch(config)# Interface VLAN 1          ！给三层交换机配置管理地址
switch(config-if)# Ip address 10.1.1.1 255.255.255.0
switch(config-if)# No shutdown
switch(config-if)#exit
```

```
switch(config)# Service dhcp       ！配置网络互联设备具有 DHCP 中继功能
switch(config)# ip dhcp pool VLAN 1    ！定义一个地址池名为 VLAN 1 的
DHCP 地址池
switch(config)#network 10.1.1.0 255.255.255.0      ！配置地址池子网
和掩码
switch(config)#default-router 10.1.1.1        ！配置默认网关
switch (dhcp-config)# ip dhcp excluded-address 10.1.1.150
10.1.1.200
                                        ！ 定义排除地址配置范围
```

步骤二：在计算机上测试。

（1）配置办公室设备 IP 自动获取地址。

配置办公室 PC1、PC2 设备自动获取 IP 地址的过程为

定位到网络 → 本地连接 →右键 → 属性 → TCP/IP 属性 → 自动获取 IP 地址 。

（2）查看自动获取的 IP 地址。

打开销售部 PC1 计算机，执行"开始→运行"命令，在"打开"文本框中输入 cmd，转到
DOS 工作模式，输入 ipconfig/all 命令可以查看到自动获得的 IP 地址。

（3）测试网络连通性。

记录下自动获取到的 IP 地址，使用 ping 命令测试对端设备 PC2 计算机的网络连通情况。

● ping×.×.×.×   ！ 这里的×.×.×.×为对方设备自动获取到的有效 IP 地址

11.6　项目实施二：配置办公网设备自动获取地址

【任务描述】

绿丰公司是一家消费品销售公司，最近公司为适应当前网购发展的需要，新成立了网络销
售部和客户服务部，并分别组建了网络销售部和客户服务部办公网。为减少日常办公过程中网
络管理的工作量，降低手工配置主机 IP 的工作量，网络中心希望所有计算机的 IP 地址采取自
动获取的方法，利用 DHCP 来动态地分配 IP 地址。

销售部内网网段为 172.16.1.0/24，默认网关为 172.16.1.254。为了降低成本，网络中心不搭
建 DHCP 服务器，而是利用现有的路由器来配置 DHCP 服务器。网络中要求域名为 ruijie.com.cn，
域名服务器为 172.16.1.253 及 200.1.1.10，WINS 服务器为 172.16.1.252，NETBIOS 节点类型为
复合型，地址租期为 7 天，并要求设置主机 MAC 地址为 0001.0001.0001 的主机分配 IP 地址为
172.16.1.10。该地址池中的 172.16.1.200～172.16.1.254 不允许分配给客户端。

【网络拓扑】

如图 11-7 所示的网络拓扑，是网络中心利用 DHCP 动态分配 IP 地址的工作场景。

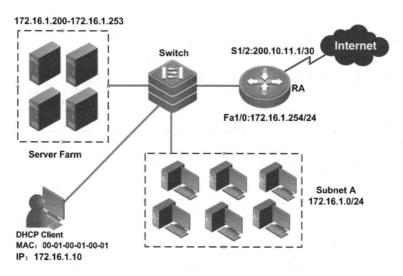

图 11-7　DHCP 动态分配 IP 地址的工作场景

【任务目标】

配置 DHCP 单地址池，实现在路由器中提供 DHCP 服务。

【设备清单】

交换机（1 台）、路由器（1 台）、计算机（若干）、双绞线（若干）。

【工作过程】

步骤一：在路由器上配置 IP 地址和路由。

```
RA#config terminal
RA(config)#interface serial 1/2
RA(config-if)#ip address 200.10.11.1 255.255.255.252
RA(config-if)#exit
RA(config)#interface FastEthernet 1/0
RA(config-if)#ip address 172.16.1.254 255.255.255.0
RA(config-if)#exit
RA(config)#ip route 0.0.0.0 0.0.0.0 serial 1/2
```

步骤二：配置 DHCP 地址池。

```
RA (config)#service dhcp
RA(config)#ip dhcp pool VLAN
RA(dhcp-config)#netbios-node-type h-node        ！配置 DHCP 节点类型
为复合型
RA(dhcp-config)#netbios-name-server 172.16.1.252        ！配置 WINS
服务器地址
RA(dhcp-config)#domain-name ruijie.com.cn        ！配置 DHCP 服
务器域名
RA(dhcp-config)#lease 7 0 0        ！配置地址租期为 7
天
RA(dhcp-config)#network 172.16.1.0 255.255.255.0        ！配置 DHCP 服
```

务器地址池地址

    RA(dhcp-config)#dns-server 172.16.1.253 200.1.1.10   !配置 DNS
服务器地址

    RA(dhcp-config)#default-router 172.16.1.254   ! 配置默认
网关地址

步骤三：配置手工绑定地址和排除地址。

```
RA(config)#ip dhcp pool mac-ip
RA(dhcp-config)#hardware-address 0001. 0001.0001        ! 配置绑
定的 MAC 地址
RA(dhcp-config)#host 172.16.1.10 255.255.255.0          ! 配置绑定
的 IP 地址
RA(dhcp-config)#netbios-node-type h-node
RA(dhcp-config)#netbios-name-server 172.16.1.252
RA(dhcp-config)#domain-name ruijie.com.cn
RA(dhcp-config)#dns-server 172.16.1.253 200.1.1.10
RA(dhcp-config)#default-router 172.16.1.254
RA(dhcp-config)#exit
RA(config)#ip dhcp excluded-address 172.16.1.200 172.16.1.254
                      ! 配置 DHCP 服务器地址池中排除的 IP 地址
```

步骤四：验证测试。

（1）利用 PC 来进行测试。将 PC 连接到交换机上，在本地连接中将地址配置选项设置为"自动获取 IP 地址"，如图 11-8 所示。

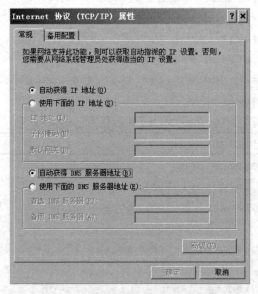

图 11-8　设置为"自动获取 IP 地址"

运行 CMD 命令，在 DOS 命令行配置界面使用命令 ipconfig /all 查看主机 IP，如图 11-9 所示，可以看到主机通过自动获取 IP 的方式得到了指定网段的 IP 地址。

```
C:\WINDOWS\system32\cmd.exe

Ethernet adapter Local Connection:

        Connection-specific DNS Suffix  . : ruijie.com.cn
        Description . . . . . . . . . . . : Intel(R) PRO/100 VE Network Connecti
on
        Physical Address. . . . . . . . . : 00-16-D3-1F-2B-16
        Dhcp Enabled. . . . . . . . . . . : Yes
        Autoconfiguration Enabled . . . . : Yes
        IP Address. . . . . . . . . . . . : 172.16.1.3
        Subnet Mask . . . . . . . . . . . : 255.255.255.0
        Default Gateway . . . . . . . . . : 172.16.1.254
        DHCP Server . . . . . . . . . . . : 172.16.1.254
        DNS Servers . . . . . . . . . . . : 172.16.1.253
                                            200.1.1.10
        Primary WINS Server . . . . . . . : 172.16.1.252
        Lease Obtained. . . . . . . . . . : 2007年12月12日 10:01:41
        Lease Expires . . . . . . . . . . : 2007年12月19日 10:01:41

Ethernet adapter Wireless Network Connection:

        Media State . . . . . . . . . . . : Media disconnected
        Description . . . . . . . . . . . : Intel(R) PRO/Wireless 3945ABG Networ
k Connection
        Physical Address. . . . . . . . . : 00-18-DE-41-76-7B
```

图 11-9 使用 ipconfig /all 命令查看主机 IP1

（2）利用另一台 PC 测试。把 PC 连接到交换机上，在本地连接中将地址配置选项设置为"自动获取 IP 地址"，在 DOS 命令行配置界面中使用命令 ipconfig /all 查看主机 IP，如图 11-10 所示。

```
C:\WINDOWS\system32\cmd.exe
        WINS Proxy Enabled. . . . . . . . : No
        DNS Suffix Search List. . . . . . : ruijie.com.cn

Ethernet adapter Local Connection:

        Connection-specific DNS Suffix  . : ruijie.com.cn
        Description . . . . . . . . . . . : Intel(R) PRO/100 VE Network Connecti
on
        Physical Address. . . . . . . . . : 00-16-D3-1F-2B-16
        Dhcp Enabled. . . . . . . . . . . : Yes
        Autoconfiguration Enabled . . . . : Yes
        IP Address. . . . . . . . . . . . : 172.16.1.10
        Subnet Mask . . . . . . . . . . . : 255.255.255.0
        Default Gateway . . . . . . . . . : 172.16.1.254
        DHCP Server . . . . . . . . . . . : 172.16.1.254
        DNS Servers . . . . . . . . . . . : 172.16.1.253
                                            200.1.1.10
        Primary WINS Server . . . . . . . : 172.16.1.252
        Lease Obtained. . . . . . . . . . : 2007年12月12日 10:25:07
        Lease Expires . . . . . . . . . . : 2007年12月13日 10:25:07

Ethernet adapter Wireless Network Connection:

        Media State . . . . . . . . . . . : Media disconnected
        Description . . . . . . . . . . . : Intel(R) PRO/Wireless 3945ABG Networ
```

图 11-10 使用 ipconfig /all 命令查看主机 IP2

在路由器 RA 中使用 show ip dhcp binding 命令来验证手工配置地址绑定。

```
   RA#show ip dhcp binding
   IP  address            Hardware  address            Lease  expiration
Type
   172.16.1.10             0010.  0010.0010                     infinite
Manual
```

从输出结果可以看到，MAC 地址 0010.0010.0010 和 IP 地址 172.16.1.10 为手工绑定。

11.7 认证试题

下列每道试题都有多个选项，请选择一个最优的答案。

1. DHCP 协议的作用是什么（　　）。

A. 它将 NetBIOS 名称解析成 IP 地址

B. 它将专用 IP 地址转换成公共地址

C. 它将 IP 地址解析成 MAC 地址

D. 它自动将 IP 地址分配给客户计算机

2. 以下关于 DHCP 协议的描述中，错误的是（　　）。

A. DHCP 客户机可以从外网段获取 IP 地址

B. DHCP 客户机只能收到一个 DHCPOFFER

C. DHCP 不会同时租借相同的 IP 地址给两台主机

D. DHCP 分配的 IP 地址默认租期为 8 天

3. 在 Windows 操作系统中需要重新从 DHCP 服务器获取 IP 地址时，使用（　　）命令。

A. ifconfig –a　　　B. ipconfig　　　C. ipconfig /all　　D. ipconfig /renew

4. 在无盘工作站中，客户端是通过（　　）来自动获取 IP 地址的。

A. DHCP　　　　B. BOOTP　　　C. BOOTUP　　　D. MADCAP

5. 以下关于 DHCP 技术特征的描述中，错误的是（　　）。

A. DHCP 是一种用于简化主机 IP 地址配置管理的协议

B. 在使用 DHCP 时，网路上至少有一台 Windows Server2003 服务器上安装并配置了 DHCP 服务，其他要使用 DHCP 服务的客户机必须配置 IP 地址

C. DHCP 服务器可以为网络上启用了 DHCP 服务的客户端，管理动态 IP 地址分配和其他相关环境配置工作

D. DHCP 降低了重新配置计算机的难度，减少了工作量

6. 下列关于 DHCP 配置的描述中，错误的是（　　）。

A. DHCP 服务器不需要配置固定的 IP 地址

B. 如果网络中有较多可用的 IP 地址，并且很少对配置进行更改，则可适当增加地址租约期限长度

C. 释放地址租约的命令是 ipconfig/release

D. 在管理界面中，作用域被激活后，DHCP 才可以为客户机分配 IP 地址

7. 在三层交换机上配置命令:Switch(config-if)#no switchport，该命令的作用是（　　）。

A. 将该端口配置为 Trunk 端口

B. 将该端口配置为二层交换端口

C. 将该端口配置为三层路由端口

D. 将该端口关闭

8. DHCP 服务器的主要作用是（　　）。

A. 动态 IP 地址分配　　　　　　　　B. 域名解析

C. IP 地址解析　　　　　　　　　　D. 分配 MAC 地址

9. 下面有关 DHCP 服务描述不正确的是（　　）。

A. DHCP 只能为客户端提供不固定的 IP 地址分配

B. DHCP 是不进行身份验证的协议

C. 可以通过向 DHCP 服务器发送大量请求来实现对 DNS 服务器的攻击

D. 未经授权的非 Microsoft DHCP 服务器可以向 DHCP 客户端租用 IP 地址

10. 有关 DHCP 客户端的描述不正确的是（　　　）。

A. DHCP 客户端可以自行释放已获得的 IP 地址

B. DHCP 客户端获得的 IP 地址可以被 DHCP 服务器收回

C. DHCP 客户端在未获得 IP 地址前只能发送广播信息

D. DHCP 客户端在每次启动时所获得的 IP 地址都将不一样

PART 12

项目 12
配置三层路由设备

核心技术

◆ 路由技术
◆ 直连路由技术

能力目标

◆ 配置路由器设备，实现子网连通
◆ 配置三层交换机，实现子网连通

知识目标

◆ 介绍三层路由基础
◆ 认识路由器硬件设备
◆ 认识三层交换机设备
◆ 配置路由器命令
◆ 配置三层交换机命令
◆ 子网基础知识

【项目背景】

　　绿丰公司是一家消费品销售公司，最近公司为适应当前网购发展的需要，新成立了网络销售部和客户服务部，并分别组建了网络销售部和客户服务部办公网。

　　为把新组建的办公网和公司原有的办公网连为一体，避免多个部门之间出现广播干扰，公司网络中心重新改造了网络，增加了三层路由设备，使用子网技术规划了不同子网段的地址，从而实现不同部门办公网（子网络）之间的连通。

【项目分析】

VLAN 技术是隔离办公网设备最常见的二层交换技术，但隔离后的办公网会造成互联互通的网络障碍。如果希望再次实现办公网的互联互通，则需要利用三层设备通过路由来实现。

把办公网络同其他办公网络互联起来，从网络中获取更多信息，是网络互联的主要动力。把不同子网互联起来，就需要使用三层设备：路由器或三层交换机。

【项目目标】

本项目从网络管理员日常管理工作出发，讲解有关接入网络路由器设备的基础知识，熟悉路由器的硬件结构。会配置路由器设备，了解路由技术原理，能通过三层路由技术实现不同子网连通，是作为网络管理员必备的基本职业技能。

【知识准备】

12.1　三层路由技术

把每一个人所在的办公网络同其他办公网互联起来，从网络中获取更多信息，并且向网络发布消息，是网络互联的最主要目标。

网络互联的方式有很多种：如果仅仅是为了实现网络中设备扩展性质的互联，直接使用二层交换设备即可达到网络互联的效果；但如果要把不同子网，或者是把不同类型的网络互联起来，就需要使用三层路由设备，即路由器或三层交换机。

所谓路由就是指在互联的网络中，把数据从源地址转发到目标地址的过程。一般来说，数据在网络传输的过程中，至少会经过一个或多个中间节点，如图 12-1 所示。

路由技术多发生在 OSI 模型的第三层（网络层）。路由包含两个基本动作：确定最佳路径和通过网络传输信息，后者也被称为数据转发。数据转发相对来说比较简单，而选择路径却很复杂。

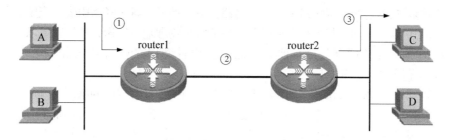

图 12-1　三层路由过程示例

12.2　路由器基础知识

1．网络互联设备

交换机工作在 OSI 模型中的第二层，即数据链路层，用以完成数据帧（frame）的转发。其主要目的是在连接的网络之间，提供透明的路由通信。交换机的转发依据是查看数据帧中的源MAC地址和目的MAC地址，判断一个帧应该转发到哪个端口。帧中的地址称为MAC物理地址或硬件地址，一般就是网卡设备上所带的地址。

交换机扩大了网络的规模，提高了网络的性能，给网络应用带来了方便，但使用交换机互联的网络也带来了不少问题，如下所示。

一是广播风暴，交换机不能阻挡网络中的广播消息，当网络的规模扩大时（几台交换机，多个以太网段），就有可能引起广播风暴，导致整个网络被广播信息充满，直至完全瘫痪。

二是当与外部网络互联时，交换机会把内部和外部网络合二为一，双方都自动向对方完全开放自己的网络资源，这种互联的方式显然是令人难以接受。

产生这些问题的主要根源是：交换机只是最大限度地把网络连通，而不管传送的信息是什么。因此需要更复杂的设备，解决以上互联过程中所出现的问题。

2．路由器设备

路由器是一种连接多个不同网络或子网段的网络互联设备，如图12-2所示。

路由器中的"路由"是指在相互联接的多个网络中，信息从源网络移动到目标网络的活动。一般来说，数据包在通信过程中，至少经过一个以上的中间节点设备。路由器为经过其上的每个数据包寻找一条最佳传输路径，以保证该数据、快速、高效地传送到目的计算机。

图12-2　路由器设备

为了完成这项工作，路由器保存着各种传输路径的地址信息表，俗称路由表（Routing Table）供数据包路由时选择。路由表中保存着到达各子网的标志信息：路由标识、获得路由方式、目标网络、转发路由器地址和经过路由器的个数等内容，如图12-3所示。

路由器转发数据包的关键是路由表。每台路由器中都保存着一张路由表，表中每条路由项都指明了数据包到某子网或某主机应通过路由器的哪个物理端口发送，然后就可以到达该路径的下一台路由器，或者不再经过别的路由器而传送到直接相连的网络中的目的主机。

路由表中包含了下列关键项：

● 目的地址（Destination）：用来标识IP包的目的地址或目的网络。

● 网络掩码（Mask）、输出端口（Interface）、下一跳IP地址（Nexthop）。

在路由表中有一个Protocol字段，指明了路由的来源，即路由是如何生成的。

```
routerA#show ip route    !! 查看路由器路由表信息
Codes:  C - connected, S - static,  R - RIP
        O - OSPF, IA - OSPF inter area
        N1 - OSPF NSSA external type 1, N2 - OSPF NSSA external type 2
        E1 - OSPF external type 1, E2 - OSPF external type 2
        * - candidate default

Gateway of last resort is no set
C     192.168.1.0/24 is directly connected, FastEthernet 1/0
C     192.168.1.1/32 is local host.
```

图 12-3   路由器转发数据路由表信息

路由表可以通过手工添加的方式进行设置，也可以由路由器动态学习、自动调整。生成的路由信息都保存在路由器的内存中，以供路由器作为将来转发数据信息的依据。路由器在接收到数据包后，提取数据包中携带的 IP 地址信息，通过查找路由表确定数据包转发的路径，将数据包从一个网络转发到另一个网络，如图 12-4 所示。

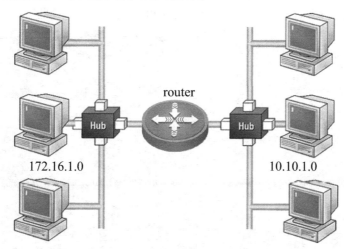

图 12-4   路由器连接不同网段子网络

除连接不同子网外，路由器还可以使用不同协议和体系结构的网络。当数据信息从一种网络传输到另外一种类型的网络时，路由器接收来自不同类型网络中的数据包信息，通过分析数据包中携带的信息，阅读、翻译，以使它们能够接收到，或者相互"读"懂对方的数据信息内容，从而实现所有网络的互联互通。

作为不同网络之间连接的枢纽，路由器的另一个作用是选择信息传送的线路。选择通畅快捷的最佳路由，能大大提高通信速度，减轻网络系统通信负荷，节约网络系统资源，提高网络系统畅通率，从而让网络系统发挥出更大的效益。

12.3   路由器组成结构

路由器实际上也是一台特殊的通信计算机，和所有计算机一样，它也是由硬件系统和软件系统构成，如图 12-5 所示。

组成路由器的硬件结构包括内部的处理器、存储器和各种不同类型的端口，而操作系统控制软件是控制路由器硬件工作的核心，如锐捷路由器中安装的 RGNOS 网络操作系统。

图 12-5　路由器

1．路由器处理器

路由器中也包含一个中央处理器，CPU 的能力直接影响路由器传输数据的速度。路由器 CPU 的核心任务是实现路由软件协议运行，提供路由算法，生成、维护和更新路由表功能，并负责交换路由信息、路由表查找以及转发数据包。

随着技术的不断更新和发展，目前路由器中的许多工作都是通过专用硬件芯片来实现的。在高端路由器中，通常增加一块负责数据包转发和路由表查询的 ASIC 芯片硬件设备，以提高路由器的工作效率。而这在一定程度上也减轻了 CPU 的工作负担，如图 12-6 所示。

图 12-6　路由器处理器芯片和内部总线

2．路由器存储器

路由器中使用了多种不同类型的存储器，以不同的方式协助路由器工作。这些存储器包括只读内存、随机内存、非易失性存储器、闪存。

● 只读内存 ROM（Read Only Memory）

ROM 是只读存储器，不能修改其中存放的代码。路由器中 ROM 的功能与计算机中的 ROM 相似，主要用于路由器操作系统初始化，路由器启动时引导操作系统正常工作。

● 随机存储器 RAM（Rndom Access Memory)

RAM 是可读写存储器，在系统重启后数据将被清除。RAM 运行期间暂时存放操作系统和一些数据信息，包括正在运行的配置文件（running-config）、正在执行的代码、操作系统程序和一些临时数据，以便让路由器能迅速访问这些信息。

● 非易失性存储器 NVRAM（Non-Volatile Random Access Memory）

NVRAM 也是可读写存储器，只是在系统重新启动后仍能保存数据。NVRAM 仅用于保存启动配置文件（startup-config），容量小，速度快，成本也比较高。

● 闪存（Flash Memory）

闪存是可读写存储器,在系统重新启动后仍能保存数据。Flash 中通常被用来保存设置信息。

3. 路由器端口

端口是指路由器连接链路的物理端口。端口通常由线卡提供,一块线卡一般能支持 4、8 或 16 个端口。端口具有的功能如下所示。

(1)对数据链路层的数据进行封装和解封装。

(2)在路由表中查找输入数据包的目的 IP 地址,以转发到目的端口。

路由器具有强大的网络连接功能,可以与各种不同网络进行物理连接,这就导致了路由器的端口非常复杂,越高档的路由器端口种类越多,所能连接的网络类型也越丰富。路由器的端口主要分为局域网端口、广域网端口和配置端口 3 种,如图 12-7 所示。

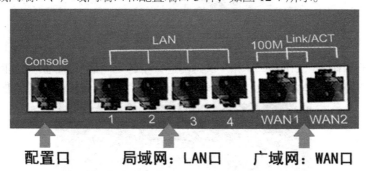

图 12-7 路由器的 3 种接口类型

● 局域网端口

局域网端口(也称 LAN 口)主要用于路由器与局域网连接,常见的是以太网 RJ-45 端口,如图 12-8 所示,它采用双绞线作为传输介质连接网络。RJ-45 端口可分为全双工和半双工两种类型,都具有自动协商特性。

图 12-8 路由器和以太网连接 RJ-45 端口

● 广域网端口

广域网端口(也称 WAN 口)主要用于路由器与广域网连接。路由器更重要的应用是提供局域网与广域网、广域网与广域网之间的连接。常见的广域网端口如下所示。

(1)SC 端口:也就是常说的光纤端口。光纤端口连接到具有光纤端口的交换机上,从而获得高速的网络连接。光纤端口一般固化在高档路由器上,普通路由器需要配置光纤模块才能具有,如图 12-9 所示。

图 12-9 路由器光纤模块

（2）高速同步串口（Serial）：在和广域网的连接中，应用最多的就是高速同步串口，如图 12-10 所示。同步串口通信速率高，要求所连接网络的两端执行同样的技术标准。

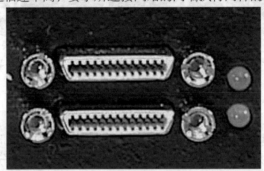

图 12-10 路由器的 Serial 端口

（3）异步串口（ASYNC）：主要应用于 Modem 的连接，如图 12-11 所示，实现计算机通过公用电话网拨入远程网络。异步端口并不要求网络的两端保持实时同步标准，只要求能连续即可，因此该通信方式比较简单，费用也较便宜。

图 12-11 路由器的 ASYNC 端口

● 配置端口

路由器的配置端口一般有两种类型，分别是 Console 端口和 AUX 端口，如图 12-12 所示，用来和计算机连接并对路由器进行配置。

（1）Console 端口：使用配置线缆连接计算机的串口，利用终端仿真程序进行本地配置。首次配置路由器必须通过控制台的 Console 端口进行。

（2）AUX 端口：为异步端口，与 Modem 进行连接，用于远程拨号连接远程配置路由器。一般路由器会同时提供 Console 与 AUX 两个配置端口，以适用不同的配置方式。

图 12-12   配置端口的 Console 和 AUX 类型

12.4   路由表

路由器就是互联网的中转站，网络中的数据包通过路由器转发到目的网络。在路由器的内部都有一个路由表，这个路由表中包含该路由器知道的目的网络地址，以及通过此路由器到达这些网络的最佳路径，如某个端口或下一跳的地址。正是由于路由表的存在，路由器可以依据它进行转发。

当路由器从某个端口接收到一个数据包时，路由器会查看数据包中的目的网络地址，如果发现数据包的目的地址不在端口所在的子网中，则路由器查看自己的路由表，找到数据包的目的网络所对应的端口，并从相应的端口转发出去。

路由器的主要工作是判断到给定目的地址的最佳路径，这些路径的学习可以通过管理员的配置或者路由协议来实现。路由器在内存（RAM）中保存着一张路由表，该表是路由器已知的最佳路由的列表。路由器就是通过路由表来决定如何转发分组数据包的。

为了进行路由，路由器必须知道下面三项内容：

● 确定它是否激活了对该协议组的支持。

● 目的网络地址。

● 哪个外出端口是到达目的地址的最佳路径。

路由器的操作系统中提供 show ip route 命令，用于观察 TCP/IP 路由表内容细节。

```
router# show ip route
---------------------------------------------------
Codes:  C - connected,  S - static,  R - RIP
        O - OSPF, IA - OSPF inter area
        N1 - OSPF NSSA external type 1, N2 - OSPF NSSA external
type 2
        E1 - OSPF external type 1, E2 - OSPF external type 2
        * - candidate default
Gateway of last resort is no set
C    172.16.1.0/24 is directly connected, FastEthernet1/0
C    172.16.21.0/24 is directly connected, serial 1/2
S    172.16.2.0/24 [1/0] via 172.16.21.2
R    172.16.3.0/24 [120/2] via 172.16.21.2, 00:00:27, serial 1/2
R    172.16.4.0/24 [120/2] via 172.16.21.2, 00:00:27, serial 1/2
```

在显示结果的前几行，列出了路由器如何学习路由可能的编码：用"C"标注直连网络的两条路由、用"S"标注一条静态路由和用"R"标注两条 RIP 产生的动态路由。

路由表中记录执行路由操作所需要的信息，它们由一个或多个路由选择协议进程生成。路由器自动为所有激活状态 IP 端口（或子网）地址添加路由。除此以外的其他路由，可以使用如下两种方法来添加。

（1）静态路由：管理员手动定义到一个目的网络或者几个目的网络的路由。

（2）动态路由：根据路由选择协议所定义的规则来交换路由信息，从而选择最佳路由。

以一条路由条目为例：

```
R    172.16.3.0/24 [120/2] via 172.16.21.2, 00:00:27, serial 1/2
```

其中，R 表示 RIP 产生的动态路由；172.16.3.0/24 表示目的网络；120 为管理距离；2 为度量值；172.16.21.2 是去往目的地下一跳的地址；00:00:27 为该路由记录的存活时间；serial 1/2 为去往目的网络的关联端口。管理距离是指路由信息可信度等级，用 0～255 的数值表示，该值越高其可信度越低。不同路由信息默认的管理距离如表 12-1 所示。

表 12-1　默认的管理距离

路由源	默认管理距离
Connected interface	0
Static route out an interface	0
Static route to a next hop	1
OSPF	110
IS-IS	115
RIP　v1, v2	120
Unknown	255

在一台路由器中，可以同时配置静态路由或多种动态路由。它们各自维护路由表更新，提供数据包转发功能，但这些路由表的表项之间可能会发生冲突。这种冲突可通过配置各路由表的优先级来解决，管理距离提供了路由选择优先等级。

12.5　配置路由器

与交换机设备一样，路由器对所连接的网络具有管理性，也主要依赖其自己的网络操作系统（Internetwork Operating System, IOS）的驱动，其连接、配置的模式以及配置命令的形态也和交换机相似。

但与交换机设备不一样的是，路由器不仅硬件结构复杂，还集成了丰富的协议系统，因此路由器的配置要复杂得多。对于不同类型的操作系统，其配置方法也有所区别，但过程和原理基本相似。

1．配置路由器的模式

安装在网络中的路由器必须进行初始配置，才能开始工作。对路由器设备的配置需要借助计算机进行，如图 12-13 所示。和配置交换机设备一样，一般配置过程有以下 5 种方式。

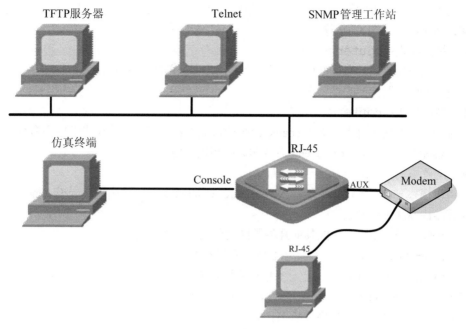

仿真终端

Console

RJ-45

AUX

Modem

RJ-45

TFTP服务器   Telnet   SNMP管理工作站

图 12-13 配置路由器的模式

- 通过计算机与路由器设备 Console 端口直接相连。
- 通过 Telnet 对路由器设备进行远程管理。
- 通过 Web 对路由器设备进行远程管理。
- 通过 SNMP 管理工作站对路由器设备进行管理。
- 通过路由器 AUX 端口连接 Modem 远程配置管理模式。

2. 通过带外方式管理路由器

第一次使用路由器，必须通过 Console 端口方式对路由器进行配置。具体的连接过程、启用仿真终端的方法、操作步骤和通过 Console 端口配置交换机相同。由于该种配置方式不占用设备的资源，因此又称为带外管理方式。

首次接通电源，路由器内部没有任何配置，会自动进入 setup 交互配置模式（也可以在特权用户模式下，随时输入 setup 命令进入交互式配置模式）。这时用户只需要回答 IOS 的问题，便可轻松完成配置， setup 交互配置信息如下所示。

```
router #setup
--- System Configuration Dialog --- . !  配置对话框
At any point you may enter a question mark '?' for help.
Use ctrl-c to abort configuration dialog at any prompt.
Default settings are in square brackets '[ ]'.
Continue with configuration dialog? [yes]:  ^C
router>
```

但由于 setup 配置方式只能配置有限的命令，建议使用 "Ctrl+C" 组合键中断 SETUP 配置方式，采用命令行的方式进行配置。

3. 路由器命令模式

在进行路由器配置时，也有多种不同的配置模式。

不同的命令对应不同的配置模式，不同的配置模式也代表着不同的配置权限。和交换机设备一样，路由器也具有 3 种配置模式。

● 用户模式：**router** >

在该模式下用户只具有最低权限，可以查看路由器当前的连接状态，访问其他网络和主机，但不能看到和转发路由器的设置内容。

● 特权模式：**router** #

在用户模式的提示符下，输入 enable 命令即可进入特权模式。该模式下用户命令常用来查看配置内容和测试，输入 exit 或 end 命令即返回到用户模式。

● 配置模式：router（config）#

在特权模式 router # 提示符下输入 configure terminal 命令，便出现全局模式提示符。用户可以配置路由器的全局参数。

在全局配置模式下，产生的其他几种子模式分别为

（1）router（config-if）#   ！端口配置模式
（2）router（config-line）#   ！线路配置模式
（3）router（config-router）#   ！路由配置模式

正确理解不同命令的配置模式状态，对正确配置路由器非常重要。在任何一级模式下都可以使用 exit 命令返回到上一级模式，输入 end 命令直接返回到特权模式。

4．配置路由器命令

路由器的 IOS 是一个功能强大的操作系统，特别是在一些高档的路由器中，更具有相当丰富的操作命令，就像 DOS 系统一样。正确掌握这些命令对配置路由器是最为关键的一步，下面介绍路由器的常用操作命令。

● 配置路由器命令行操作模式转换

```
router >enable                          ! 进入特权模式
router #
router #configure terminal              ! 进入全局配置模式
router (config)#
router (config)#interface fastethernet 1/0     ! 进入路由器 F1/0 端
口模式
router (config-if) #
router (config-if)#exit                 ! 返回到上一级操作模式
router (config)#
router (config-if)#end                  ! 直接迎回到特权模式
router #
```

● 配置路由器设备名称

```
router > enable
router # configure terminal
router (config)#hostname routerA            ! 把设备的名称修改为
routerA
routerA(config)#
```

● 显示命令

显示命令就是用于显示某些特定需要的命令，以方便用户查看某些特定的设置信息。

```
router # show version                    ！ 查看版本及引导信息
router # show running-config             ！ 查看正在运行的配置文件
router # show startup-config             ！ 查看初始配置文件
router # show interface type number      ！ 查看端口信息
router # show ip route                   ！ 查看路由信息
router #write memory                  ！ 保存当前配置到内存
router #copy running-config startup-config
              ！ 保存配置，将当前配置文件复制到初始配置文件中
```

【备注】配置文件包含了一组命令的集合。用户通过配置文件来定制路由器，使之满足业务需求。配置文件在格式上是一个文本文件，系统启用后，配置文件中的命令解释执行。有两种类型的配置文件：一为当前正在运行的配置文件，也叫 running-config；二为初始配置文件，也叫 startup-config。其中，running-config 保存在 RAM 中，如果没有保存，路由器关机后数据便丢失了；而 startup-config 是保存在 NVRAM 中，即使断电文件内容也不会丢失。在系统运行期间，可以随时利用系统提供的命令行端口进入配置模式，对 running-config 进行修改。running-config 和 startup-config 两套配置文件之间，可以相互复制。

● 路由器 A 端口参数的配置

```
router >enable
router # configure terminal
router (config)#hostname Ra
Ra(config)#interface serial 1/2                    ！ 进入 s1/2 端口模式
Ra(config-if)#ip address 1.1.1.1 255.255.255.0     ！ 配置端口 IP 地址
Ra(config-if)#clock rate 64000            ！在 DCE 端口上配置时钟频率为 64000
Ra(config-if)#bandwidth 512               ！配置端口带宽速率为 512Kbit/s
Ra(config-if)#no shutdown                 ！ 开启该端口的数据转发功能
```

● 配置路由器密码命令

```
router >enable
router #
router # configure terminal
router (config)# enable password  ruijie              ！ 设置特权密码
router (config)#exit
router # write                                        ！ 保存当前配置
```

● 配置路由器每日提示信息

```
router(config)#banner motd  &             ！ 配置每日提示信息，& 为终止符
2006-04-14 17:26:54  @5-CONFIG:Configured from outband
Enter TEXT message. End with the character '&'.
Welcome to routerA,if you are admin,you can config it.
If you are not admin,please EXIT        ！ 输出描述信息
&                                       ！ 输入 & 符号以终止输入
```

12.6 认识三层交换机

传统局域网中的交换机是一台二层网络设备，通过不断收集信息去建立一个 MAC 地址表。当交换机接收到数据帧时，便会查看该数据帧的目的 MAC 地址，核对 MAC 地址表，确认从哪个端口把帧交换出去。

当交换机接收到一个"不认识"的帧时，其目的 MAC 地址不在 MAC 地址表中，交换机便会把该帧"扩散"出去，即对除自己之外的所有端口广播出去。广播传输特征暴露出传统局域网交换机的弱点：不能有效解决广播、安全性控制等问题。

三层交换（也称多层交换技术，或 IP 交换技术）是相对于传统交换概念而提出，主要为了解决二层交换机的广播、安全控制等问题。

众所周知，传统交换技术是在 OSI 网络标准模型中的第二层：数据链路层，而三层交换技术在网络模型中的第三层实现高速转发。简单地说，三层交换技术就是"二层交换技术+三层转发"。三层交换技术解决了局域网网段划分后，网段中的子网必须依赖路由器进行管理的局面，还有效地解决了由于传统路由器低速、复杂所造成的网络瓶颈问题。

一台三层交换设备，是一台带有第三层路由功能的交换机。为了实现三层交换技术，交换机将维护一张 MAC 地址表、一张 IP 路由表，以及一张包括目的 IP 地址、下一跳 MAC 地址在内的硬件转发表，如图 12-14 所示。

图 12-14　三层交换过程

三层交换通过三层交换设备实现，三层交换机也是工作在网络层的设备，和路由器一样可以连接任何网络。但和路由器不同的是，三层交换机使用硬件 ASIC 芯片解析传输信号。通过使用先进的 ASIC 芯片，三层交换机可提供远远高于路由器网络传输的性能，如每秒 4000 万个数据包（三层交换机）对每秒 30 万个数据包（路由器），如图 12-15 所示为三层交换机设备。

图 12-15　三层交换机设备

12.7 配置三层交换机

传统的局域网交换机是一台二层网络设备，只要连接上设备并启动后，不需要任何配置就可以开始工作。

和二层交换不同的是，三层交换机默认启动二层交换功能，但其三层交换功能需要配置后才能发挥作用。通过如下命令可以配置三层交换机的三层交换功能。

```
switch#configure terminal
switch(config)# interface interface-id          ! 进入三层交换机端口配
置模式
switch(config-if)#no switch                      ! 开启该端口的三层交换功能
switch(config-if)# ip address ip-address mask
                  ! 给指定端口配置 IP 地址，这些 IP 地址作为各个子网内主机网关
switch#show running-config                        ! 检查一下刚才的配置是否正确
switch#show ip route                              ! 查看三层设备上的路由表
```

配置三层交换机的所有命令都有 no 功能选项。使用 no 命令，可以清除三层端口上的 IP 地址，把三层路由端口还原为二层交换端口。

```
switch#configure terminal
switch(config)#interface fastethernet 0/4
switch(config-if)#no ip address          ! 使用 no 命令清除三层端口上的
IP 地址
switch(config-if)#switch                  ! 把三层路由端口还原为二层交换端
口功能
```

12.8 项目实施一：配置路由器实现直连子网连通

【任务描述】

绿丰公司是一家消费品销售公司，最近公司为适应当前网购发展需要，新成立了网络销售部和客户服务部，并分别组建了网络销售部和客户服务部办公网。

为把新组建的办公网和公司原有的办公网连接为一体，避免多个部门之间广播干扰，公司的网络中心重新改造了网络，规划了不同办公网（子网段）的地址，通过路由器设备实现不同部门办公网（子网络）之间的连通。

【网络拓扑】

如图 12-16 所示的网络拓扑，是实现不同部门办公网（子网络）之间的连通工作场景，希望通过直连路由技术，实现分散的不同子网络系统互联互通。

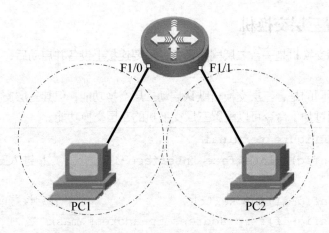

图 12-16　办公网不同部门子网络的工作场景

【任务目标】

学习路由器基础配置技术，掌握通过直连路由技术实现区域网络的连通。

【设备清单】

路由器（1 台）、网线（若干）、测试 PC（2 台）。

【工作过程】

步骤一：连接设备。

（1）使用准备好的网线，按照图 12-16 所示的网络拓扑连接好设备，注意端口信息。

（2）使用配置线缆连接仿真终端计算机到路由器配置端口上，对路由器进行配置。

步骤二：配置路由器端口地址信息。

如图 12-16 所示的不同子网络连接的网络场景，路由器的每个端口都必须单独占用一个子网段，路由器经过配置如表 12-2 所示的地址信息后，激活端口 IP 即可在互联设备中生成直连路由信息，从而实现直连网段之间的通信。

表 12-2　路由器端口连接的子网络地址

端口	IP 地址	目标网段
Fastethernet 1/0	172.16.1.1	172.16.1.0
Fastethernet 1/1	172.16.2.1	172.16.2.0
PC1	172.16.1.2/24	172.16.1.1（网关）
PC2	172.16.2.2/24	172.16.2.1（网关）

路由器接通电源激活后，需要为所有端口配置所在子网络的端口地址。

```
router #
router #configure terminal                    ! 进入全局配置模式
router (config)#hostname router

router(config)#interface fastethernet 1/0       ! 进入 F1/0 端口模式
router(config-if)#ip address 172.16.1.1 255.255.255.0      ! 配置
端口地址
router(config-if)#no shutdown
```

```
router(config)#interface fastethernet 1/1        ! 进入 F1/1 端口模式
router(config-if)#ip address 172.16.2.1 255.255.255.0         ! 配置
端口地址
router(config-if)#no shutdown
router(config-if)#end
router#
```

步骤三：查看路由器的路由表。

通过以上配置，路由器将激活端口产生直连路由，172.16.1.0 网络被映射到端口 F1/0 上，172.16.2.0 网络被映射到端口 F1/1 上。通过 show ip route 命令可以查询路由表信息。

```
router# show ip route            ! 查看路由表信息
Codes: C - connected, S - static, R - RIP
       O - OSPF, IA - OSPF inter area
       N1 - OSPF NSSA external type 1, N2 - OSPF NSSA external type 2
       E1 - OSPF external type 1, E2 - OSPF external type 2
       * - candidate default
Gateway of last resort is no set
C    172.16.1.0/24  is directly connected, FastEthernet 1/0
C    172.16.1.1/32  is local host.
C    172.16.2.0/24  is directly connected, FastEthernet 1/1
C    172.16.2.1/32  is local host.
```

步骤四：测试网络的连通性。

分别给代表办公网中不同部门的计算机 PC1 和 PC2 设备，配置如表 12-1 所示的地址信息后，通过 ping 测试命令，可以获得不同区域子网络之间的连通情况。

【备注】

（1）路由器的端口名称，因设备不同而不同：有些设备标识为 Fa0/1，本案例中为 Fa1/1。使用 show ip interface brief 命令，可以查询到具体的设备名称。

（2）路由器端口首先必须配置地址，其次必须连接开启设备，端口才能处于 up 状态。在这种状态下，设备才能学习到直连路由表信息。

（3）使用 ping 命令测试网络连通时，应该关闭双方 PC 自带的防火墙功能，否则会影响连通测试。

（4）在日常办公网中，更常见的使用三层交换机实现网络连接的规划拓扑将在 12.9 节继续介绍。

12.9　项目实施二：配置三层交换机实现直连子网连通

【任务描述】

绿丰公司是一家消费品销售公司，最近公司为适应当前网购发展需要，新成立了网络销售部和客户服务部，并分别组建了网络销售部和客户服务部办公网。

为把新组建的办公网和公司原有的办公网连接为一体，避免多个部门之间广播干扰，公司的网络中心重新改造了网络，规划了不同办公网（子网段）地址，通过三层交接机设备实现不同部门办公网（子网络）之间的连通。

【网络拓扑】

如图 12-17 所示网络拓扑，是实现不同部门办公网（子网络）之间的连通工作场景，通过三层交换机产生的直连路由技术，实现分散的不同子网系统互联互通。

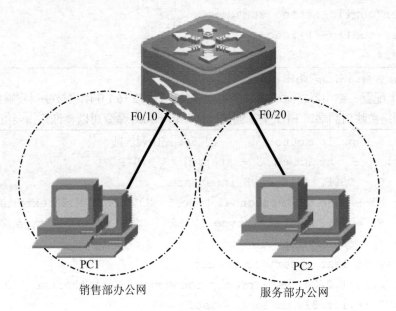

图 12-17　公司不同办公子网络工作场景

【任务目标】

学习三层交换机路由配置技术，掌握通过直连路由技术实现区域网络的连通。

【设备清单】

三层交换机（1 台）、网线（若干）、测试 PC（2 台）。

【工作过程】

步骤一：连接设备。

（1）使用准备好的网线，按照图 12-17 所示的网络拓扑连接好设备，注意端口信息。

（2）使用配置线缆连接仿真终端计算机到三层交换机配置端口上，对三层交换机进行配置。

步骤二：配置三层交换机端口地址信息。

如图 12-17 所示的不同子网络连接的网络场景，三层交换机的每个端口单独连接一个子网段，三层交换机经过配置如表 12-3 所示的地址信息后，激活端口 IP 即可生成直连路由信息，从而实现直连网段之间的通信。

表 12-3　三层交换机端口连接的子网络地址

端口	IP 地址	目标网段
Fastethernet 0/10	172.16.1.1	172.16.1.0
Fastethernet 0/20	172.16.2.1	172.16.2.0
PC1	172.16.1.2/24	172.16.1.1（网关）
PC2	172.16.2.2/24	172.16.2.1（网关）

三层交换机接通电源激活后，需要为所有端口配置所在子网络的端口地址。

```
Switch (config)#
Switch (config)# interface fastEthernet 0/10
Switch (config)# no switch      ! 改变该端口为三层路由端口功能
Switch (config-if)# ip address 172.16.1.1 255.255.255.0    ! 配置
端口 IP 地址
Switch (config-if)# no shutdown
Switch (config-if)# exit

Switch (config)# interface fastEthernet 0/20
Switch (config)# no switch       ! 改变该端口为三层路由端口功能
Switch (config-if)# ip address 172.16.2.1 255.255.255.0    ! 配置
端口 IP 地址
Switch (config-if)# no shutdown
Switch (config-if)# exit
```

步骤三：查看三层交换机的路由表。

通过以上配置，三层交换机将激活端口产生直连路由，172.16.1.0 网络被映射到端口 F0/10 上，172.16.2.0 网络被映射到端口 F0/20 上。通过 show ip route 命令可以查询路由表信息。

```
Switch # show ip route                        ! 查看路由表信息
Codes: C - connected, S - static, R - RIP
       O - OSPF, IA - OSPF inter area
       N1 - OSPF NSSA external type 1, N2 - OSPF NSSA external type 2
       E1 - OSPF external type 1, E2 - OSPF external type 2
       * - candidate default
Gateway of last resort is no set
C    172.16.1.0/24  is directly connected, FastEthernet0/10    ! 生成直
连路由
C    172.16.1.1/32  is local host.
C    172.16.2.0/24  is directly connected, FastEthernet0/20
C    172.16.1.1/32  is local host.
```

步骤四：测试网络的连通性。

分别给代表办公网中不同部门的计算机 PC1 和 PC2 设备，配置如表 12-2 所示的地址信息后，通过 ping 测试命令，可以获得不同区域子网络之间的连通情况。

12.10 认证试题

下列每道试题都有多个选项，请选择一个最优的答案。

1. 网络中心新安装了一台路由器设备，网络中心的小王想登录查看配置信息，以下哪种方式不可以对路由器进行配置（   ）。

A. 通过 console 端口进行本地配置

B. 通过 AUX 端口进行远程配置

C. 通过 telnet 方式进行配置

D. 通过 ftp 方式进行配置

2. 路由器命令行和交换机命令行有很多相似性，下列哪一个只属于路由器的命令模式（   ）。

A. 用户模式　　　　　　B. 特权模式　　　　　C. 全局配置模式

D. 端口配置模式　　　　E. VLAN 配置模式

3. 在路由器中，开启某个端口的命令是（   ）。

A. open　　　　　　B. no shutdown　　　　C. shutdown　　　　D. up

4. 以下不会在 show ip route 输出中出现的是（   ）。

A. 下一跳地址　　　　B. 目标网络　　　　C. 度量值　　　　D. MAC 地址

5. 路由器在网络数据传输中最主要的作用是（   ）。

A. 对数据进行安全加密处理　　　　　　B. 对数据传输进行寻址并转发

C. 对数据进行快速交换　　　　　　　　D. 提高网络安全性

6. 哪种网络设备可以屏蔽过量的广播流量（   ）。

A. 交换机　　　　　B. 路由器　　　　　C. 集线器　　　　D. 防火墙

7. 把路由器配置脚本从 RAM 写入 NVRAM 的命令是（   ）。

A. save ram nvram　　　　　　　　　　B. save ram

C. copy running-config startup-config　　D. copy all

8. 安装在园区网络中的三层交换机和路由器相同的特点是（   ）。

A. 有丰富的广域网端口　　　　　　　　B. 具有高速转发能力

C. 具有路由寻径能力　　　　　　　　　D. 端口数量大

9. 路由协议中的管理距离，是告诉这条路由的（   ）信息。

A. 可信度的等级　　　　　　　　　　　B. 路由信息的等级

C. 传输距离的远近　　　　　　　　　　D. 线路的好坏

10. 下列哪些属于工作在 OSI 传输层以上的网络设备（   ）。

A. 集线器　　　　　B. 中继器　　　　　C. 交换机　　　　D. 路由器

E. 网桥　　　　　　F. 服务器

PART 13

项目 13
静态路由实现办公网接入互联网

核心技术

◆ 静态路由技术
◆ 默认路由技术

能力目标

◆ 配置静态路由实现办公网接入互联网
◆ 配置办公网指向互联网默认路由

知识目标

◆ 介绍路由技术分类
◆ 了解静态路由优缺点
◆ 会配置静态路由
◆ 熟悉默认路由
◆ 会配置默认路由
◆ 排除静态路由故障

【项目背景】

　　绿丰公司是一家消费品销售公司，公司为提高信息化办公的水平，筹建了行政部、财务部、销售部、网络销售部以及客户服务部办公网，实现了公司内部网络的互联互通。

　　公司申请了 10Mbit/s 的专线，通过网络中心的核心交换机，使用专线技术把办公网接入互联网，实现了办公网访问互联网的需求。

【项目分析】

企业内部网络接入互联网时，需要通过路由技术。

路由技术是三层网络互联设备的特有技术，通过在三层设备上配置路由，实现网络互联互通。按照网络规划连接不同，路由技术一般分为直连路由、静态路由和动态路由 3 种类型。

常见的中小企业内部网络规划，由于网络规划不大，因此网络组建多直接采用二层架构连接，使用直连路由即可实现连通。企业内部网络在接入互联网时，只要在出口设备配置直连路由或者默认路由，即可实现办公网专线接入互联网。

【项目目标】

本项目从网络管理员日常工作岗位出发，讲解路由的基础知识，路由的 3 种分类，每种路由适用的场景和环境。熟悉静态路由的技术原理，了解其优缺点，会配置静态路由；了解静态路由和默认路由的区别，熟悉默认路由工作场景，会配置默认路由，能通过三层路由技术实现不同子网连通。掌握路由技术是作为网络管理员最基本的职业技能。

【知识准备】

13.1　路由原理

随着网络规模的扩大，网络中存在的主要问题就是如何处理广播。

企业网络中的广播现象是正常的，但却是有害的。下面讲解如何解决大规模网络中的广播问题，有 3 种方法。

- 广播技术的提供。
- 对广播域的隔离。
- 广播域外部传输技术（即单播）的提供，并且为单播提供选路。

其中，第一项由以太网技术 IEEE 802.3 协议帮助解决；第二项使用 VLAN 技术和路由器设备都能解决；第三项只能由三层路由技术来解决。

所谓路由，就是指通过相互联接的网络，把信息从源地点移动到目标地点的活动。一般来说，在路由过程中，信息至少会经过一个或多个中间节点。通常，人们会把路由和交换机进行对比，这主要是因为在普通用户看来，两者所实现的传输功能是完全一样的。

其实，路由和交换之间的主要区别就是：交换发生在 OSI 参考模型的第二层（数据链路层）；而路由发生在第三层，即网络层。这一区别决定了路由和交换在移动信息的过程中，需要使用不同的控制信息，所以两者实现各自功能的方式是不同的。

如图 13-1 所示的网络拓扑，是计算机 A 和计算机 C 通过路由器相连。A 向 C 发送的数据经过路由器转发才可到达。在数据从 A 到 C 的传输过程中，如下几点是需要解决的。

（1）A 如何将发送至 C 的数据转发至路由器 R1？

（2）R1 如何决定将发往 C 的数据转发至 R2？

（3）R2 如何实现数据最终与 C 的连接？

为了进一步了解路由的过程，以图 13-1 所示的网络拓扑为例。计算机 A 的 IP 地址为
192.168.1.10，子网掩码为 255.255.255.0，默认网关为 192.168.1.1；计算机 C 的 IP 地址为
192.168.2.10，子网掩码为 255.255.255.0，默认网关为 192.168.2.1。

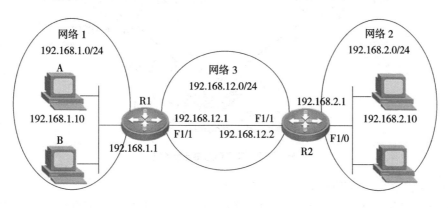

图 13-1　路由过程分析

当 A 要和 C 通信时，计算机 A 首先通过目标 IP 地址与子网掩码运算，判断通信双方不在
同一子网，因此数据分组将被转发至默认网关，该 IP 分组包将被发送到网关 192.168.1.1 所对
应的设备，即 R1 路由器的 Fa 1/0 端口上。

路由器 R1 将根据接收到的 IP 分组目标地址，选择合适的端口把 IP 分组发送出去。同主机
一样，路由器也要判定接口所接的是否是目标子网。如果是，就直接把分组通过端口发送到网
络上；否则，也要选择下一个路由器来传送分组。通过 R1 路由器的路由表中记载的信息，接
收到的 IP 分组包被转发到路由器 R2 上。

在互联网络中，路由器通过维护路由表来标记所有目标网络的转发路径，从而实现整个网
络中的网间访问。换句话说，路由器必须知道目标网络，R1 必须知道去往网络 2 的分组要通过
R2，而 R2 也必须知道 192.168.2.10 在自己的直连网络上，从而实现网络的连通。

13.2　路由分类

路由器提供了将异型网络实现组网互联的机制，可以将一个数据包从一个网络发送到另一
个网络。路由就是指导 IP 数据包发送的路径信息。路由器依据路由表来为报文寻径，路由表由
路由协议建立和维护。路由器转发数据包的关键是路由表。

每台路由器中都保存着一张路由表，路由表中每条路由项都指明数据包到某子网或某主机
应通过路由器的哪个物理端口发送，然后就可到达该路径的下一个路由器，或者不再经过别的
路由器而传送到直接相连的网络中的目的主机。

在路由表中有一个 Protocol 字段，指明了路由的来源，即路由是如何生成的。根据路由来
源不同，分类如下所示。

● 直连路由（Direct）：通过路由器端口所连接的子网学习到的路由方式。

● 非直连路由：通过路由协议，从别的路由器学到的路由方式。非直连路由分为静态路
  由（Static）和动态路由（Dynamic），如图 13-2 所示。

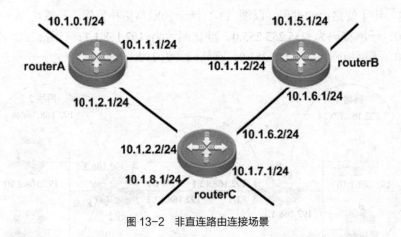

图 13-2　非直连路由连接场景

（1）由链路层协议发现的直连路由（Direct）。

它的特点是开销小，配置简单，无须人工维护，只能发现本端口所属网段拓扑的路由。

（2）手工配置静态路由（Static）。

静态路由由管理员手工配置而成。这种配置生成路由表的问题是：当一个网络故障发生后，静态路由不会自动修正，必须有管理员的介入。

（3）动态路由协议（RIP、OSPF 等）。

当网络拓扑结构十分复杂时，手工配置静态路由工作量大而且容易出现错误，这时就可以使用动态路由协议。动态路由是指路由器中的动态路由协议根据网络拓扑情况和特定的要求，使路由器能够按照特定的算法自动计算，自动生成路由信息。动态路由能自动发现和修改路由，适应网络拓扑结构的变化，无须人工维护；但动态路由协议开销大，配置复杂。

13.3　直连路由

直连路由是由三层路由设备的数据链路层协议直接发现的路由，一般指去往路由器的端口地址所在网段的路径。该路径信息不需要网络管理员维护，也不需要路由器通过某种算法进行计算来获得，只要该端口处于活动状态（Active），路由器就会把通向该网段的路由信息填写到路由表中去。直连路由无法令路由器获取与其不直接相连的路由信息。

在使用一台三层交换机连接几个不同的 VLAN 时，通过设置直连 VLAN 之间的路由，就能够直接通信，而不需要设置其他路由方式。

如图 13-3 所示的办公网场景，为一台三层交换机划分两个 VLAN：VLAN 10 中有 PC1，地址为 192.168.10.2/24；VLAN 20 有 PC2，地址为 192.168.20.2/24。假如两个不同 VLAN 之间实现通信，需要给出所有 VLAN 和设备配置地址，由于 VLAN 10 和 VLAN 20 都与三层交换机直连，所以它们之间可以直接通信，而不需要设置其他路由协议。

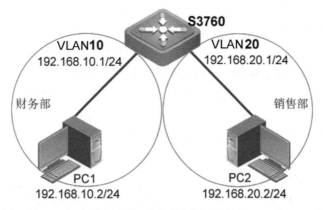

图 13-3   直连路由连接场景

13.4   静态路由

　　静态路由一般由管理员手工设置，经常出现在中小型网络。由于其网络拓扑比较简单，不存在线路冗余等因素，所以通常采用静态路由的方式来配置生成路由表。

　　也由于静态路由是由网络管理员手工配置路由信息，因而当网络的拓扑结构或链路的状态发生变化时，网络管理员需要手工去修改路由表中相关的静态路由信息。静态路由信息在默认情况下是私有的，不会传递给其他的路由器。

　　静态路由适用于比较简单的网络环境，在这样的环境中，网络管理员容易清楚地了解网络的拓扑结构，便于设置正确的路由信息。

　　如图 13-4 所示的场景，是使用静态路由的实例。假设办公网内的计算机访问互联网时，必须经过路由器 1 和路由器 2。网络管理员则可以在路由器 1 中设置一条指向路由器 2 的静态路由信息。这样做的好处是，可以减少路由器 1 和路由器 2 之间通往互联网链路上的数据传输量。

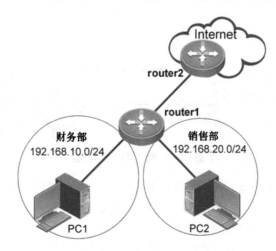

图 13-4   静态路由适用场景

　　使用静态路由的另一个好处是网络安全保密性高。原因是动态路由需要路由器之间频繁地交换各自的路由表，通过对路由表的分析，才可以揭示网络的拓扑结构和网络地址等信息。因此，出于网络安全方面的考虑，也可以采用静态路由。

　　在大型和复杂的网络环境中通常不宜采用静态路由：一方面，网络管理员难以全面地了解整个网络的拓扑结构；另一方面，当网络的拓扑结构和链路状态发生变化时，路由器中的静态路由信息需要大范围地调整，这一工作的难度和复杂程度非常高。

但由于大型网络网络拓扑复杂，路由器数量大，线路冗余多，管理人员相对较少，而管理效率要求高等因素，通常都会使用动态路由协议，并适当地辅以静态路由。

在路由器上配置一条静态路由条目，命令一般由如下 3 个部分组成。

- 启动路由命令。
- 目标 IP 地址（信宿网络、子网），子网掩码。
- 网关（下一跳）。

以下是路由器配置静态路由的命令格式：

| Ip route | 目标网络 子网掩码 | 本地端口/下一跳设备地址 |

需要注意的是，当路由器的一个端口处于 down 状态时，所有指向该端口的路由将全部从路由表中消失。另外，当路由器找不到静态路由下一跳地址的转发路由时，该静态路由也会从路由表中消失。

13.5 默认路由

静态路由就是手工配置的路由，使得数据包能够按照预定的路径传送到指定的目标网络。当不能学习到一些目标网络的路由时，配置默认路由就会显得十分重要，通常可以给没有确切路由的数据包配置默认路由。

默认路由是一种特殊的静态路由，是指当路由表中与包的目标地址之间没有匹配的表项时，路由器能够做出的选择。默认路由在某些时候非常有效，如当存在末梢网络（也叫末端网络或存根网络，一般指只有一个出口的网络，如图 13-5 所示）时，使用一条默认路由就可以完成路由器的配置，减轻管理员的工作负担，提高网络性能。

简单地说，默认路由就是在没有找到匹配的路由表入口项时才使用的路由，即只有当没有合适的路由时，默认路由才被使用。在路由表中，默认路由以到网络 0.0.0.0（掩码为 0.0.0.0）的路由形式出现。

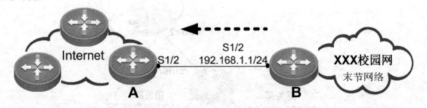

图 13-5　默认路由适用场景

默认路由在网络中是非常有用的，在一个包含上百个路由器的典型网络中，选择动态路由协议可能耗费大量的带宽资源；而使用默认路由则意味着采用适当带宽的链路，来替代高带宽的链路，从而满足大量用户通信的需求。

默认情况下，在路由表中直连路由优先级最高，其次是静态路由，接下来为动态路由，默认路由最低。如果没有默认路由，那么目标地址在路由表中没有匹配表项的包将被丢弃。

其实，通常 PC 上的默认网关也是默认路由。

如图 13-6 所示的×××校园网络拓扑，其校园网的内网为 10.10.13.0 网段，出口路由器的内网端口地址为 10.10.13.1（假设为末梢网络，路由器配置为默认路由），那么校园网内 PC 的默认网关，或者默认路由的地址就是 10.10.13.1。

图 13-6　XXX 校园网络拓扑

如图 13-7 所示，在 PC 上执行"开始 → 运行→ CMD"命令，转到系统的 DOS 命令操作状态，使用命令 route print 来查看该 PC 的路由表，可以看到路由表第一行就是一条默认路由：0.0.0.0　0.0.0.0　10.10.13.1 。

```
C:\Users\Administrator>route print
========================================================================
活动路由:
网络目标        网络掩码          网关            接口      跳点数
        0.0.0.0          0.0.0.0     10.10.13.1      10.10.13.20      20
     10.10.13.0    255.255.255.0      在链路上      10.10.13.20     276
    10.10.13.20  255.255.255.255      在链路上      10.10.13.20     276
   10.10.13.255  255.255.255.255      在链路上      10.10.13.20     276
      127.0.0.0        255.0.0.0      在链路上        127.0.0.1     306
      127.0.0.1  255.255.255.255      在链路上        127.0.0.1     306
127.255.255.255  255.255.255.255      在链路上        127.0.0.1     306
      224.0.0.0        240.0.0.0      在链路上        127.0.0.1     306
      224.0.0.0        240.0.0.0      在链路上      10.10.13.20     276
255.255.255.255  255.255.255.255      在链路上        127.0.0.1     306
255.255.255.255  255.255.255.255      在链路上      10.10.13.20     276
========================================================================
```

图 13-7　PC 默认路由

含义是如果该 PC 要跟互联网进行通信，所有的数据包都会发往 10.10.13.1 这个地址，这也是本地计算机的三层路由的内网端口地址。这时设备的默认路由起到作用，把所有去往外网的数据包，都发往路由器的 WAN 口或者下一跳。

一般使用 **Ip default gateway** 命令，在交换机上设置默认网关。

13.6　配置静态路由

1. 配置静态路由

静态路由是由网络管理员根据网络拓扑，使用命令在路由器上配置的路由信息。这些静态路由信息指导数据报文发送，静态路由方式也不需要路由器进行计算。静态路由无开销，配置简单，适合简单拓扑结构的网络。

在路由器上使用如下命令配置静态路由，并设置 IP 静态路由表。使用该命令的 no 选项删除静态路由表信息。

```
Ip route network-number network-mask 本地端口/下一跳设备地址
```

实施静态路由选择的过程共有三步，如下所示。

（1）为互联的每个数据链路确定地址（包括子网和网络）。

（2）为每个路由器标识所有非直连的数据链路。

（3）为每个路由器写出关于每个非直连数据链路的路由说明。

如图 13-8 所示，配置网络的静态路由。

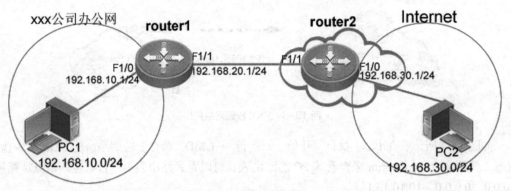

图 13-8　配置静态路由工作场景

在配置静态路由时，Ip route 后面选择出站端口，可以使用路由器下一跳地址到达目标网络，也可以通过本地网络出站端口到达目标网络。

● 如果静态路由下一跳指定的是下一台路由器的端口 IP 地址，则路由器认为是一条管理距离为 1，开销为 0 的静态路由。

● 如果下一跳指定是本路由器出站端口，则路由器认为是一条直连的路由。

相关命令如下所示。

```
router1#
router1# configure terminal
router1(config)# int fa1/0
router1(config-if)# ip address 192.168.10.1 255.255.255.0
router1(config-if)# no shutdown
router1(config-if)# exit

router1(config)# int fa1/1
router1(config-if)# ip address 192.168.20.1 255.255.255.0
router1(config-if)# no shutdown
router1(config-if)# exit

router1(config)# ip route 192.168.30.0 255.255.255.0 f1/1
              !配置公司内部出口路由器到达互联网的静态路由，从本地端口 F1/1 发出
```

2．配置默认路由

默认路由指的是路由表中未直接列出目标网络的路由选择项，它用于在找不到目标网络，或者目标网络不明确时，指示数据帧下一跳的方向。路由器如果配置了默认路由，则所有未明确指明目标网络的数据包，都按默认路由进行转发。

默认路由可以看作是静态路由的一种特殊情况，配置默认路由使用如下命令。

```
Ip route 0.0.0.0 0.0.0.0 本地端口/下一跳设备地址
```

如图 13-9 所示，路由器 B 连接了一个末节校园网络，末节网络中的流量都通过路由器 B 到达互联网，路由器 A 是互联网中的一台边缘路由器。由于路由器 B 处于一个内网的末节网络环节，可以在该台路由器上配置静态路由，指向校园网访问互联网的路由信息，也可以在路由器 B 上配置默认路由实现访问互联网的需求。

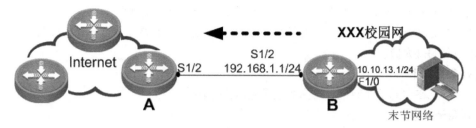

图 13-9　XXX 校园网络默认路由配置场景

相关命令如下所示。

```
routerB# configure terminal
routerB(config)# int fa1/0
routerB(config-if)# ip address 10.10.13.1 255.255.255.0
routerB(config-if)# no shutdown
routerB(config)# int s1/2
routerB(config-if)# ip address 192.168.1.1 255.255.255.0
routerB(config-if)# no shutdown
routerB(config-if)# exit
routerB(config)# ip route 0.0.0.0 0.0.0.0  f1/0
             ！配置校园网出口路由器到达互联网的默认路由，从本地端口 F1/0 发出。
```

13.7　项目实施：静态路由实现办公网接入互联网

【任务描述】

绿丰公司是一家消费品销售公司，公司为提高信息化办公的水平，筹建了行政部、财务部、销售部、网络销售部以及客户服务部办公网，实现了公司内部网络的互联互通。

公司申请了 10Mbit/s 的专线，使用网络中心的三层设备，把办公网通过专线接入互联网，实现互联网的访问需求。

【网络拓扑】

如图 13-10 所示的网络拓扑，现要在路由器上做适当配置，把办公网通过专线接入互联网。

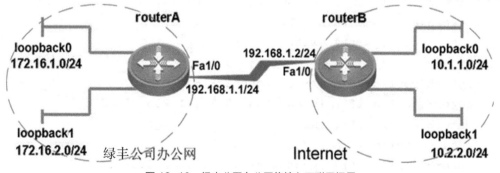

图 13-10　绿丰公司办公网络接入互联网场景

其中，两台路由器通过快速以太网端口连接在一起（实际使用广域网连接线缆），每台路由器通过启用 2 个 Loopback 端口来模拟子网，减少网络端口的连接。

（1）如果实验中的路由器设备缺少 WAN 端口 serial1/0，也缺少 V35 线缆，可借助路由器局域网端口 Fastethernet，来模拟广域网端口效果，组建网络完成实验。

（2）本实验中，在路由器上启用了 Loopback 逻辑端口。如果要测试计算机设备，建议直接使用路由器的以太口。

【任务目标】

理解静态路由的工作原理，掌握如何配置静态路由。

【设备清单】

路由器（2台）、计算机（若干）、双绞线（若干）。

【工作过程】

步骤一：配置办公网路由器。

```
routerA(config)#
routerA(config)# interface fa1/0
! 本端口为接入互联网的 WAN 端口，最好使用 serial 端口和线缆，本处使用以太口实现
routerA(config-if)# ip address 192.168.1.1 255.255.255.0
routerA(config-if)# no shutdown
routerA(config-if)# exit

routerA(config)# interface loopback 0
                 ! 为减少设备不足，路由器可以启用 Loopback 端口用于替代测试 PC
routerA(config-if)# ip address 172.16.1.1 255.255.255.0
routerA(config-if)# exit
routerA(config)# interface loopback 1
routerA(config-if)# ip address 172.16.2.1 255.255.255.0
routerA(config-if)# exit
```

步骤二：配置互联网路由器。

```
routerB(config)#
routerB(config)# interface fa1/0
! 本端口为接入互联网端口，使用 serial 端口和线缆连接，本处使用以太口实现
routerB(config-if)# ip address 192.168.1.2 255.255.255.0
routerB(config-if)# no shutdown
routerB(config-if)# exit

routerB(config)# interface loopback 0
routerB(config-if)# ip address 10.1.1.1 255.255.255.0
routerB(config-if)# exit
routerB(config)# interface loopback 1
routerB(config-if)# ip address 10.2.2.1 255.255.255.0
routerB(config-if)# exit
```

步骤三：配置路由器静态路由，实现全网连通。

```
routerA(config)# ip route 10.1.1.0 255.255.255.0 192.168.1.2
                 ! 设置到子网 10.1.1.0 的静态路由，采用下一跳的方式
```

```
routerA(config)# ip route 10.2.2.0 255.255.255.0 f1/0
                ! 设置到子网10.2.2.0的静态路由, 采用出站端口的方式

routerB(config)# ip route 172.16.1.0 255.255.255.0 192.168.1.1
routerB(config)# ip route 172.16.2.0 255.255.255.0 f1/0
```

步骤四: 查看路由表和端口配置。

```
routerA# show ip route
...
! 可以看到以下一跳方式配置的静态路由和以出站端口方式配置的静态路由, 在路由表
                    中的显示方式是不一样的
routerA# show interfaces f1/0
...
routerA# show running-config
...
routerB# show ip route
...
routerB# show interfaces f1/0
...
routerB# show running-config
...
```

步骤五: 测试网络的连通性。

```
routerA# ping 10.1.1.1
...
```

【备注】

(1) 路由器端口名称因设备不同而不同, 有些设备标识为 fa1/1, 有些为 fa0/1; 使用 show ip interface brief 命令可以查询到具体的设备名称。

(2) 路由器端口首先必须配置地址, 其次必须连接开启设备, 端口才能处于 up 状态。在这种状态下, 设备才能学习到直连路由表信息。

(3) 使用 ping 命令测试网络连通情况时, 应该关闭双方计算机自带的防火墙功能, 否则会影响连通测试。

(4) 如果实验中缺少 WAN 端口 serial1/0, 也缺少 V35 线缆, 可借助路由器局域网端口 Fastethernet, 来模拟广域网端口效果, 组建网络完成实验。如图 13-12 所示, 为配置路由器静态路由拓扑, 实现网络连通。相关地址规划以及配置过程都做对应修改, 此处省略。

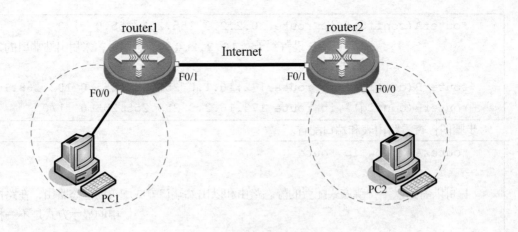

图 13-11　配置路由器静态路由拓扑

13.8　认证试题

下列每道试题都有多个选项，请选择一个最优的答案。

1. 公司新成立网络销售部，并组建了新的办公子网，网络管理员小明想将这个新的办公子网加入到原来的网络中，那么需要手工配置 IP 路由表，请问需要输入哪个命令（　　　）。

A. ip route
B. route ip
C. show ip route
D. show route

2. 公司的网络中心新安装了一台路由器设备，安装完成后，施工工程师需要为这台路由器配置 IP 地址，当要配置路由器的端口地址时，应采用哪个命令（　　　）。

A. ip address 1.1.1.1 netmask 255.0.0.0

B. ip address 1.1.1.1/24

C. set ip address 1.1.1.1 subnetmask 24

D. ip address 1.1.1.1 255.255.255.248

3. 网络中心的小明登录单位出口路由器，在查看单位路由表时，发现 IP 路由表中有 0.0.0.0 信息，该信息指的是（　　　）。

A. 静态路由　　　B. 默认路由　　　C. RIP 路由　　　D. 动态路由

4. 如果配置一条静态路由时使用了本地出口方式，那么这条路由的管理距离是（　　　）。

A. 0　　　　　　B. 1　　　　　　C. 255　　　　　D. 90

5. 在三层设备配置到达下面 4 个网段的路由：192.168.0.0/24、192.168.1.0/24、192.168.2.0/24、192.168.3.0/24，下一跳均为 172.16.5.1。那么静态路由配置可以是（　　　）。

A. ip route 192.168.1.0 255.255.252.0 172.16.5.1

B. ip route 192.168.2.0 255.255.252.0 172.16.5.1

C. ip rotue 192.168.3.0 255.255.252.0 172.16.5.1

D. ip route 192.168.0.0 255.255.252.0 172.16.5.1

6. 下列哪条命令可以配置一条默认路由（　　　）。

A. router(config)#　ip route 0.0.0.0 10.1.1.0 10.1.1.1

B. router(config)#　ip default-route 10.1.1.0

C. router(config-router)#　ip route 0.0.0.0 0.0.0.0 10.1.1.1

D. router(config)#　ip route 0.0.0.0 0.0.0.0 10.1.1.1

7. 路由器上可以配置三种路由：静态路由、动态路由、默认路由。一般情况下，路由器查找路由的顺序为（　　　）。

A. 静态路由、动态路由、默认路由

B. 动态路由、默认路由、静态路由

C. 静态路由、默认路由、动态路由

D. 默认路由、静态路由、动态路由

8. 静态路由是（　　　）。

A. 手工输入到路由表中且不会被路由协议更新

B. 一旦网络发生变化就被重新计算更新

C. 路由器出厂时就已经配置好的

D. 通过其他路由协议学习到的

9. 默认路由是（　　　）。

A. 一种静态路由

B. 所有非路由数据包在此进行转发

C. 最后求助的网关

D. 以上都是

10. 在运行 Windows 的计算机中配置网关，类似于路由器中配置（　　　）

A. 直连路由

B. 默认路由

C. 动态路由

D. 间接路由

项目 14
动态路由实现分公司网络
通信

核心技术

◆ 动态路由技术
◆ RIP 路由技术
◆ OSPF 路由技术

能力目标

◆ 配置 RIP 动态路由实现分公司网络通信
◆ 配置 OSPF 动态路由实现分公司网络通信

知识目标

◆ 介绍动态路由技术分类
◆ 了解 RIP 动态路由技术
◆ 会配置 RIP 动态路由
◆ 了解 OSPF 动态路由技术
◆ 会配置 OSPF 动态路由
◆ 排除动态路由故障

【项目背景】

　　绿丰公司是一家消费品销售公司，公司总部位于北京。公司为提高销售量，在上海筹建了分公司，以扩大公司产品的销售范围。分公司为适应网络信息发展的需要，提高信息化办公的水平，申请了 10Mbit/s 的专线，把办公网通过专线接入互联网。

　　为满足公司整体信息共享的需要，总公司希望借助互联网并使用动态路由，实现上海分公司和总公司网络的互联互通。

【项目分析】

要实现企业内部网络跨区域、远距离的互联互通，需要通过动态路由技术。

当企业的规模扩大、网络拓扑结构十分复杂时，手工配置静态路由工作量会很大，而且容易出现错误，这时就必须使用动态路由协议来实现网络连通。

动态路由是安装在路由器中的动态路由协议，该协议能够根据网络拓扑情况和特定要求，使路由器按照特定的算法自动计算、自动生成路由信息。此外，动态路由能自动发现和修改路由，以适应网络拓扑结构的变化，无须人工维护。

只有在企业各出口设备上配置动态路由协议，才可以令总公司网络和分公司网络之间借助互联网实现互联互通。

【项目目标】

本项目从网络管理员日常工作岗位出发，讲解动态路由的基础知识，动态路由的分类，了解动态路由适用的场景和环境。熟悉 RIP 动态路由的技术原理，了解其优缺点，会配置 RIP 动态路由；了解 RIP 动态路由和 OSPF 动态路由的区别，熟悉 OSPF 动态路由工作场景，会配置 OSPF 动态路由。通过动态路由技术实现不同子网连通，实现企业网接入互联网是作为企业网络管理员基本的职业技能。

【知识准备】

14.1 动态路由基础知识

当网络拓扑结构十分复杂时，手工配置静态路由工作量大而且容易出现错误，这时就可以使用动态路由协议。在如图 14-1 所示的网络拓扑中，如果使用静态路由技术将非常复杂。

动态路由是通过相互联接的路由器之间彼此交换信息，按照一定算法进行优化。这些路由信息在一定时间间隙里会不断更新，以适应网络的不断变化，随时获得最优寻径效果。

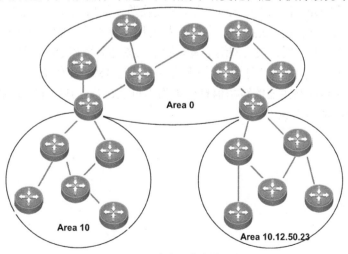

图 14-1　复杂网络连接环境

在运行动态路由协议的网络中，每台路由器都将已知路由信息发送给相邻的路由器，最终每台路由器都会互相学习到网络中所有的路由信息。然后通过一定的算法，计算出最终的路由表，用于描述到达目标网络的下一跳路由和开销。

每种动态路由协议都有自己的路由算法（相应的路由协议报文），如果两台路由器都使用同一种路由协议，并已经启动该协议，则就具备了相互通信的基础。每一台新加入网络中的路由器，都会主动把自己直连网络的路由信息，通过广播报文发送给指定的路由器邻居。

按照路由的算法和交换信息的方式，路由协议可以分为：距离矢量协议和链路状态协议。其中，具有典型意义的距离矢量协议有 RIP 等，链路状态协议有 OSPF 等。

14.2　RIP 动态路由

1. RIP 动态路由协议简介

RIP 协议由施乐（Xerox）公司在 20 世纪 70 年代开发，是应用较早、最为典型的距离矢量（distance-vector）路由协议，适用于小型同类网络。RIP 协议最大的特点是简单、有效。无论是实现原理还是配置方法，都非常简单。虽然它有时不能准确地选择最优路径，收敛的时间也略长，但对于小规模、缺乏专业人员维护的网络来说，它是首选路由协议。

作为距离矢量路由协议，RIP 使用距离矢量来决定最优路径。具体来说就是提供跳数（hop count）来衡量路由距离。跳数是指一个报文从本网络到目标网络的中转次数，也就是一个数据包到达目标网络所必须经过的路由器数目。

2. RIP 动态路由协议"跳"

RIP 路由协议生成的路由表中的每一项都包含了最终目标地址、到目标节点的路径中下一跳节点（next hop）等信息。下一跳指本来报文欲通过本网络节点到达目标节点，但若不能直接送达，则应把此报文发送到某个中转站点，此中转站点称为下一跳，这一中转过程叫"跳"（hop）。

如果到相同目标网络有两台不等速或不同带宽的路由器，但跳数相同，则 RIP 认为两个路由是等距离的。RIP 最多支持的跳数为 15，即在源网络和目标网络之间所要经过路由器的台数最多为 16 台，跳数 16 表示不可达。这样，对于超过 16 台路由器连接的大网络来说，RIP 就有局限性，如图 14-2 所示，是 RIP 路由学习路由的工作场景。

3. RIP 动态路由协议学习方式

RIP 通过广播 UDP（使用端口 520）报文来交换路由信息，默认情况下，路由器每隔 30s 向与它相连的网络广播自己的路由表，接到广播的路由器将收到的信息添加至自身的路由表中。每台路由器都如此广播，最终网络上所有的路由器都会得知全网的路由信息。

每隔 30s 向外发送一次更新报文。如果路由器经过 180s 没有收到来自对端的路由更新报文，则将所有来自此路由器的路由信息标志为不可达，若在其后 120 s 内仍未收到更新报文，就将该条路由从路由表中删除。

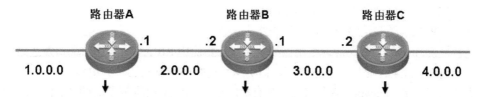

图 14-2　RIP 路由学习路由的工作场景

4．RIP 动态路由协议版本

在 TCP/IP 历史上，第一个使用的动态路由协议就是 RIP 版本 1（RIPv1），RIPv1 也是当时唯一一个路由协议。随着时间的推移，路由器更加强大，CPU 更快，内存更大，传输链路也越来越快，所有这些推动了更高级的路由算法和路由协议的发展，如增强版本的 RIP 协议即 RIP 版本 2（RIPv2），以及适应更复杂网络的 OSPF（Open Shortest Path First，开放式最短路径优先）等都纷纷出现。

RIPv2 没有完全更改 RIPv1 的内容，只是增加了一些高级功能，这些新特性使得 RIPv2 可以将更多的网络信息加入到路由更新表中。RIPv1 不支持 VLSM，使得用户不能通过划分更小网络地址的方法，来更高效地使用有限的 IP 地址空间。在 RIPv2 版本中对此做了改进，每一条路由信息中加入了子网掩码，所以 RIPv2 是无类的路由协议。

此外，RIPv2 发送更新报文的方式为组播，组播地址为 224.0.0.9（代表所有 RIPv2 路由器）。RIPv2 还支持认证，这可以让路由器确认它所学到的路由信息来自于合法邻居路由器。

RIPv2 支持将路由汇总至主网络，但无法将不同主类网络汇总，所以不支持 CIDR。使用多播 224.0.0.9 进行路由更新，只有对应的多播 MAC 地址能够响应分组，在 MAC 层就能区分是否对分组响应支持身份验证。

14.3　配置 RIP 动态路由

在路由器上运行 RIP 路由协议，首先创建 RIP 路由进程，并定义与 RIP 路由进程关联的网络。使用 router rip 命令可以创建 RIP 路由进程，如下所示。

```
router(config)#
router(config)#router rip                    ！创建 RIP 路由进程
router(config-router)#version 2        ！定义 RIP 的版本 2，默认为版本 1
router(config-router)#network network-number  ！定义关联网络
router(config-router)# no auto-summary    ！关闭路由自动汇总
router(config-router)#end
router(config)# show ip route        ！查看路由表中是否正确学习到 RIP 路由
```

使用 network 命令定义关联网络，关联网络有如下两层含义。

- RIP 只对外通告关联网络的路由信息。
- RIP 只向关联网络所属端口通告路由信息。

也就是说，network 命令告诉路由器哪个端口开始使用 RIP，然后从这个端口发送路由更新，通告这个端口直连的网络，并从这个端口监听从其他路由器发来的 RIP 更新。

需要注意的是，network 命令需要一个有类网络号（没有子网掩码），即 A、B、C 三类网络（版本 1 和版本 2 都是如此）。如果在 network 命令中使用一个子网号或者一个 IP 地址，路由器也会接受这个命令，但会修改 network 命令为 A、B、C 三类网络号。

默认情况下，路由器上启用 RIP 路由协议后，就可以接收 RIPv1 和 RIPv2 数据包，但是只发送 RIPv1 的数据包。如果要配置软件只接收和发送指定版本的数据包，例如只接收和发送 RIPv1 的数据包，或者只接收和发送 RIPv2 的数据包，就使用 version 命令进行配置。

RIP 路由自动汇总是指当子网路由穿越有类网络边界时，将自动汇总成有类网络路由。RIPv2 默认情况下进行路由自动汇聚，RIPv1 不支持该功能。

RIPv2 路由自动汇总的功能，提高了网络的伸缩性和有效性。如果有汇总路由存在，在路由表中将看不到包含在汇总路由内的子路由，这样可以大大缩小路由表的规模。不过，当网络中全部采用 VLSM 来划分子网时，可能希望学习到具体的子路由，而不愿意只看到汇总后的网络路由，这时需要使用 no auto-summary 命令关闭路由自动汇总功能。

如图 14-3 所示，在路由器 A、B、C 上配置 RIP。其中，配置主机名、端口 IP 地址等步骤省略。

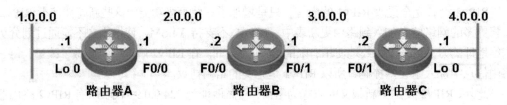

图 14-3　RIP 基本配置实例拓扑图

相关命令如下所示。

```
routerA(config)#router rip
routerA(config-router)#version 2
routerA(config-router)#network 1.0.0.0
routerA(config-router)#network 2.0.0.0
routerA(config-router)# no auto-summary

routerB(config)#router rip
routerB(config-router)#version 2
routerB(config-router)#network 2.0.0.0
routerB(config-router)#network 3.0.0.0
routerB(config-router)# no auto-summary

routerC(config)#router rip
routerC(config-router)#version 2
```

```
routerC(config-router)#network 3.0.0.0
routerC(config-router)#network 4.0.0.0
router(config-router)# no auto-summary
```

在路由器 A、B、C 上启用了 RIP 后，就会在关联端口上发送路由更新，等到 RIP 收敛完毕，各台路由器都能够学习到正确的路由。

其中，路由器 A 的路由表信息如下所示。

```
routerA#show ip route
Codes: C - connected, S - static, R - RIP B - BGP
       O - OSPF, IA - OSPF inter area
       N1 - OSPF NSSA external type 1,N2-OSPF NSSA external type 2
       E1 - OSPF external type 1, E2 - OSPF external type 2
       i - IS-IS, L1 - IS-IS level-1, L2 - IS-IS level-2, ia - IS-IS
inter area
       * - candidate default
Gateway of last resort is no set
C    1.0.0.0/8 is directly connected, Loopback 0
C    1.0.0.1/32 is local host.
C    2.0.0.0/8 is directly connected, FastEthernet 0/0
C    2.0.0.1/32 is local host.
R    3.0.0.0/8 [120/1] via 2.0.0.2, 00:00:00, FastEthernet 0/0
R    4.0.0.0/8 [120/2] via 2.0.0.2, 00:00:00, FastEthernet 0/0
```

其中，路由表项前面的字母 "R"，代表这是一条 RIP 路由，用中括号括起来的两个数字，120 代表 RIP 路由协议的管理距离，1 或者 2 则代表这条路由的度量值。

路由器 B 的路由表信息如下所示。

```
routerB#show ip route
Codes: C - connected, S - static, R - RIP B - BGP
       O - OSPF, IA - OSPF inter area
       N1 - OSPF NSSA external type 1,N2-OSPF NSSA external type 2
       E1 - OSPF external type 1, E2 - OSPF external type 2
       i - IS-IS, L1 - IS-IS level-1, L2 - IS-IS level-2, ia - IS-IS
inter area
       * - candidate default
Gateway of last resort is no set
R    1.0.0.0/8 [120/1] via 2.0.0.1, 00:00:29, FastEthernet 0/0
C    2.0.0.0/8 is directly connected, FastEthernet 0/0
C    2.0.0.2/32 is local host.
C    3.0.0.0/8 is directly connected, FastEthernet 0/1
C    3.0.0.1/32 is local host.
R    4.0.0.0/8 [120/1] via 3.0.0.2, 00:00:12, FastEthernet 0/1
```

路由器 C 的路由表信息如下所示。

```
routerC#show ip route


Codes: C - connected, S - static, R - RIP B - BGP
       O - OSPF, IA - OSPF inter area
       N1 - OSPF NSSA external type 1,N2-OSPF NSSA external type 2
       E1 - OSPF external type 1, E2 - OSPF external type 2
       i - IS-IS, L1 - IS-IS level-1, L2 - IS-IS level-2, ia - IS-IS
inter area
       * - candidate default
Gateway of last resort is no set
R    1.0.0.0/8 [120/2] via 3.0.0.1, 00:00:03, FastEthernet 0/1
R    2.0.0.0/8 [120/1] via 3.0.0.1, 00:00:17, FastEthernet 0/1
C    3.0.0.0/8 is directly connected, FastEthernet 0/1
C    3.0.0.2/32 is local host.
C    4.0.0.0/8 is directly connected, Loopback 0
C    4.0.0.1/32 is local host.
```

14.4 OSPF 动态路由

1．RIP 路由协议的缺点

RIP 路由协议只适用小型同类网络，并且它有时不能准确地选择最优路径，收敛的时间也略显长了一些，但对于小规模，缺乏专业人员维护网络来说，它是首选路由协议。但随着网络范围的扩大，RIP 路由协议在网络的路由学习上就显得力不从心，这时需要启用路由功能更强大的 OSPF 动态路由协议来解决。

2．OSPF 路由协议简介

OSPF 是 Open Shortest Path First（即开放式最短路径优先）的缩写。它是 IETF 组织开发的一个基于链路状态的自治系统内部路由协议。在 IP 网络上，它通过收集和传递自治系统的链路状态来动态地发现并传播路由。OSPF 协议支持各种规模的网络，具有快速收敛，支持安全验证、区域划分等特点。

OSPF 路由协议是一种典型的链路状态（Link-State）路由协议，主要维护工作在同一个路由域内网络的连通。在这里，路由域是指一个自治系统 AS（Autonomous System），即是一组通过统一的路由政策或路由协议，互相交换路由信息的网络。

在自治系统 AS 中，所有 OSPF 路由器都维护一个具有相同描述结构的 AS 结构数据库，该数据库中存放路由域中相应链路状态的信息。每台 OSPF 路由器维护相同自治系统拓扑结构数据库，OSPF 路由器通过这个数据库计算出其 OSPF 路由表。

当拓扑发生变化时，OSPF 能迅速重新计算出路径，只产生少量路由协议流量。作为一种经典的链路状态的路由协议，OSPF 将链路状态广播数据包 LSA（Link State Advertisement）传送给在指定区域内的所有路由器。这一点与距离矢量路由协议不同，运行距离矢量路由协议的路由器是将部分或全部的路由表传递给与其相邻的路由器。

3. OSPF 路由协议的 Area 域

随着网络规模日益扩大，网络中的路由器数量不断增加。当一个巨型网络中的路由器都运行 OSPF 路由协议时，就会遇到网络路由交换信息占用大量存储空间的问题，复杂的路由运算会导致 CPU 负担很重、网络收敛变慢、降低网络的带宽利用率等问题，因此在 OSPF 路由发布中，引入了 Area 域的概念。

OSPF 协议通过将自治系统划分成不同的区域（Area）来解决上述问题，OSPF 路由规划的区域是在逻辑上将路由器划分为不同的组。区域的边界是路由器，这样会有一些路由器属于不同的区域（这样的路由器称作区域边界路由器：ABR），但一个网段只能属于一个区域。

OSPF 划分区域之后，并非所有的区域都是平等的关系。其中有一个区域是与众不同的，它的区域号（Area ID）是 0，通常被称为骨干区域（Backbone Area），每一个 OSPF 网络中必须有一个 0 骨干区域，如图 14-4 所示。

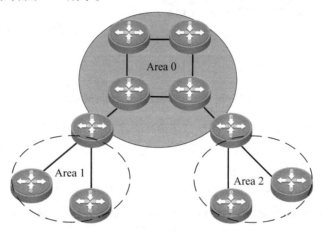

图 14-4 OSPF 路由区域

4. 配置单区域的 OSPF 路由协议

在路由器上配置 OSPF 路由协议，需要首先启动 OSPF 路由协议，创建 OSPF 路由进程，并定义与 OSPF 路由进程关联的网络，分配该网络所在的区域。

使用 router ospf 命令，创建和启动 OSPF 的路由进程。

```
router ospf 进程号
！ 进程号可以随意设置，只标识 ospf 为本路由器内的一个进程，也可以省略
```

激活 OSPF 路由协议后启用进程，接下来需要定义参与 OSPF 信息交换的子网，发布网络范围，配置该子网属于哪一个 OSPF 路由信息交换区域。

```
router(config-router)#network 网络号 通配符 area 区域号
```

路由器将限制只能在相同区域内交换路由信息，不同区域之间不能交换路由信息。另外区域为 0 的是骨干 OSPF 区域，不同区域之间交换路由信息都必须经过骨干区域 0。

14.5 项目实施一：使用动态路由实现与分公司网络通信

【任务描述】

绿丰公司是一家消费品销售公司，公司总部位于北京。公司为提高销售量，在上海筹建了分公司，以扩大公司产品的销售范围。分公司为适应网络信息发展的需要，提高信息化办公的

水平，申请了 10Mbit/s 的专线，把办公网通过专线接入互联网。

为满足公司整体信息共享的需要，总公司希望借助互联网并使用动态路由，实现上海分公司和总公司网络的互联互通。

【网络拓扑】

如图 14-5 所示的网络拓扑，是绿丰公司北京总部和上海分公司互相连接的网络拓扑。

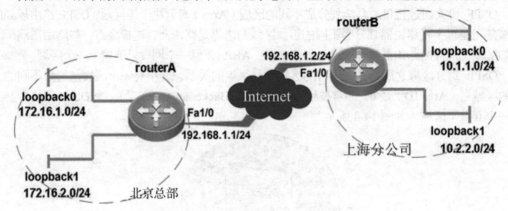

图 14-5 北京总部和上海分公司连接场景

其中，两台路由器通过快速以太网端口连接在一起（实际使用专用的广域网连接线缆），每台路由器上设置 2 个 Loopback 端口来模拟子网（也可以直接使用计算机），在所有端口运行 RIP 路由协议，实现所有子网间的互联。

（1）如果实验中的路由器设备缺少 WAN 端口 serial1/0，也缺少 V35 线缆，可借助路由器局域网端口 Fastethernet，来模拟广域网端口效果，组建网络完成实验。

（2）本实验中，在路由器上启用了 Loopback 逻辑端口。如果要测试计算机设备，建议直接使用路由器的以太口。

【任务目标】

学习 RIP 动态路由配置技术，实现本地网络和远程网络连通。

【设备清单】

路由器（2 台）、计算机（若干）、双绞线（若干）。

【工作过程】

步骤一：配置两台路由器的基本信息。

```
RSR20#configure terminal
RSR20(config)#hostname routerA
routerA(config)#interface fastEthernet 0/0
routerA(config-if)#ip address 192.168.1.1 255.255.255.0
routerA(config-if)#no shutdown
routerA(config-if)#exit

routerA(config)#interface loopback 0
routerA(config-if)#ip address 172.16.1.1 255.255.255.0
routerA(config-if)#exit
routerA(config)#interface loopback 1
```

```
routerA(config-if)#ip address 172.16.2.1 255.255.255.0
routerA(config-if)#exit

RSR20#configure terminal
RSR20(config)#hostname routerB
routerB(config)#interface fastEthernet 0/0
routerB(config-if)#ip address 192.168.1.2 255.255.255.0
routerB(config-if)#no shutdown
routerB(config-if)#exit
routerB(config)#interface loopback 0
routerB(config-if)#ip address 10.1.1.1 255.255.255.0
routerB(config-if)#exit
routerB(config)#interface loopback 1
routerB(config-if)#ip address 10.2.2.1 255.255.255.0
routerB(config-if)#exit
```

步骤二：在两台路由器上配置 RIP 路由协议。

```
routerA(config)#router rip
routerA(config-router)#version 2
routerA(config-router)#network 192.168.1.0
routerA(config-router)#network 172.16.1.0
routerA(config-router)#no auto-summary
routerA(config-router)#exit

routerB(config)#router rip
routerB (config-router)#version 2
routerB(config-router)#network 192.168.1.0
routerB(config-router)#network 10.0.0.0
routerB (config-router)#no auto-summary
routerB(config-router)#exit
```

步骤三：查看 RIP 配置信息和路由表。

```
routerA#show ip route
Codes: C - connected, S - static, R - RIP B - BGP
       O - OSPF, IA - OSPF inter area
       N1 - OSPF NSSA external type 1, N2 - OSPF NSSA external type 2
       E1 - OSPF external type 1, E2 - OSPF external type 2
       i - IS-IS, L1 - IS-IS level-1, L2 - IS-IS level-2, ia - IS-IS
inter area
       * - candidate default

Gateway of last resort is no set
```

```
R    10.0.0.0/8 [120/1] via 192.168.1.2, 00:00:17, FastEthernet 0/0
C    172.16.1.0/24 is directly connected, Loopback 0
C    172.16.1.1/32 is local host.
C    172.16.2.0/24 is directly connected, Loopback 1
C    172.16.2.1/32 is local host.
C    192.168.1.0/24 is directly connected, FastEthernet 0/0
C    192.168.1.1/32 is local host.

routerB#show ip route
Codes: C - connected, S - static, R - RIP B - BGP
       O - OSPF, IA - OSPF inter area
       N1 - OSPF NSSA external type 1, N2 - OSPF NSSA external type 2
       E1 - OSPF external type 1, E2 - OSPF external type 2
       i - IS-IS, L1 - IS-IS level-1, L2 - IS-IS level-2, ia - IS-IS
inter area
       * - candidate default

Gateway of last resort is no set
C    10.1.1.0/24 is directly connected, Loopback 0
C    10.1.1.1/32 is local host.
C    10.2.2.0/24 is directly connected, Loopback 1
C    10.2.2.1/32 is local host.
R    172.16.0.0/16 [120/1] via 192.168.1.1, 00:00:12, FastEthernet 0/0
C    192.168.1.0/24 is directly connected, FastEthernet 0/0
C    192.168.1.2/32 is local host.

routerA#show ip rip database
...
routerA#show ip rip interface
...
routerB#show ip rip
...
routerB#show ip rip database
...
routerB#show ip rip interface
...
```

步骤四：测试网络的连通性。

```
routerA#ping 10.1.1.1
!!!!!
```

```
routerA#ping 10.2.2.1
!!!!!

routerB#ping 172.16.1.1
!!!!!

routerB#ping 172.16.2.1
!!!!!

routerA#show running-config
...

routerB#show running-config
...
```

14.6 项目实施二：使用动态路由实现与分公司网络通信

【任务描述】

绿丰公司是一家消费品销售公司，公司总部位于北京。公司为提高销售量，在上海筹建了分公司，以扩大公司产品的销售范围。分公司为适应网络信息发展的需要，提高信息化办公的水平，申请了 10Mbit/s 的专线，把办公网通过专线接入互联网。

为满足公司整体信息共享的需要，总公司希望借助互联网并使用动态路由，实现上海分公司和总公司网络的互联互通。

【网络拓扑】

如图 14-6 所示的网络拓扑，是绿丰公司北京总部和上海分公司互相连接的网络拓扑。

按照图 14-6 组建网络场景然后按照表 14-1 规划网络中的 IP 地址信息，注意端口连接标识，以保证和后续配置保持一致。

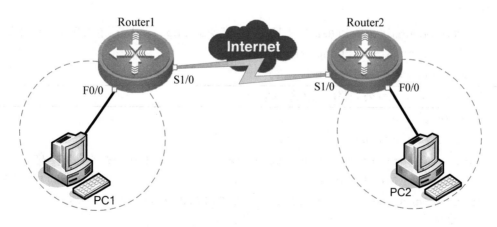

图 14-6　配置 OSPF 动态路由实验拓扑

表 14-1 IP 地址规划信息

设备	端口	端口地址	网关	备注
router1	F0/0	172.16.1.1/24	\	北京总公司办公网端口
	S1/0	172.16.2.1/24	\	互联网专线端口
router2	S1/0	172.16.2.2/24		互联网专线端口
	F0/0	172.16.3.1/24	\	上海分公司办公网端口
PC1		172.16.1.2/24	172.16.1.1/24	总公司办公网设备
PC2		172.16.3.2/24	192.168.3.1/24	分公司办公网设备

【任务目标】

掌握单区域 OSPF 动态路由的配置过程，了解路由器动态路由的通信原理。

【设备清单】

路由器（2 台）、V35DCE（1 根）、V35DTE（1 根）、网线（若干）、计算机（若干）。

【工作过程】

步骤一：配置北京总部路由器的基本信息。

```
router #
router # configure terminal
router (config)# hostname router1                    ! 配置路由器的名称
router1(config)# interface fastEthernet 0/0
router1(config-if)# ip address 172.16.1.1 255.255.255.0    ! 配置
端口 IP 地址
router1(config-if)# no shutdown
router1(config-if)# end

router1(config)# interface Serial1/0
router1(config-if)# clock rate 64000                 ! 配置路由器的 DCE
时钟频率
router1(config-if)# ip address 172.16.2.1 255.255.255.0    ! 配置 V35 端口 IP 地址
router1(config-if)# no shutdown
router1(config-if)# end
```

步骤二：配置上海分公司路由器的基本信息。

```
router #
router # configure terminal
router (config)# hostname router2                    ! 配置路由器的名称
router2(config)# interface Serial1/0                 ! 配置路由器的 DTE 端口
router2(config-if)# ip address 172.16.2.2 255.255.255.0    ! 配置
V35 端口地址
router2(config-if)# no shutdown
router2(config-if)# end
```

```
router2(config)# interface fastEthernet 0/0
router2(config-if)# ip address 172.16.3.1 255.255.255.0        ! 配置
```
端口 IP 地址
```
router2(config-if)# no shutdown
router2(config-if)# end
```

步骤三：查看北京总部路由器的路由表信息。

```
router1# show ip route              ! 查看路由表信息
Codes: C - connected, S - static, R - RIP B - BGP
       O - OSPF, IA - OSPF inter area
       N1 - OSPF NSSA external type 1, N2 - OSPF NSSA external type 2
       E1 - OSPF external type 1, E2 - OSPF external type 2
       i - IS-IS, L1 - IS-IS level-1, L2 - IS-IS level-2, ia - IS-IS
inter area
       * - candidate default
Gateway of last resort is no set
C    172.16.1.0/24 is directly connected, FastEthernet 0/0
C    172.16.1.1/32 is local host.
C    172.16.2.0/24 is directly connected, serial 1/0
C    172.16.2.1/32 is local host.
router1# show ip interface brief          ! 查看路由器端口配置和状态
…    ! 如果路由器未生成直连路由，使用命令查看路由器端口状态
```

步骤四：配置北京总部和上海分公司路由器的单区域 OSPF 动态路由。

```
router1(config)#
router1(config)# router ospf                 ! 启用 OSPF 路由协议
router1(config-router)# network 172.16.1.0  0.0.0.255  area 0
! 对外发布直连网段信息，并声明该端口所在的骨干（area 0）区域号
router1(config-router)# network 172.16.2.0  0.0.0.255  area 0
router1(config-router)# end

router2(config)#
router2(config)# router ospf                 ! 启用 OSPF 路由协议
router2(config-router)# network 172.16.2.0  0.0.0.255  area 0
! 对外发布直连网段信息，并声明该端口所在的骨干（area 0）区域号
router2(config-router)# network 172.16.3.0  0.0.0.255  area 0
router2(config-router)# end
```

步骤五：查看北京总部路由器产生的 OSPF 动态路由。

```
router1# show ip route              ! 查看路由表信息
Codes: C - connected, S - static, R - RIP B - BGP
       O - OSPF, IA - OSPF inter area
```

```
       N1 - OSPF NSSA external type 1, N2 - OSPF NSSA external type 2
       E1 - OSPF external type 1, E2 - OSPF external type 2
       i - IS-IS, L1 - IS-IS level-1, L2 - IS-IS level-2, ia - IS-IS
inter area
       * - candidate default
  Gateway of last resort is no set
  C    172.16.1.0/24 is directly connected, FastEthernet 0/0
  C    172.16.1.1/32 is local host.
  C    172.16.2.0/24 is directly connected, serial 1/0
  C    172.16.2.1/32 is local host.
  O    172.16.3.0/24 [110/51] via 172.16.2.1, 00:00:21, serial 1/0
```

步骤六：配置计算机的 IP 地址信息。

按照表 14-1 规划的地址信息，配置办公网中 PC1、PC2 设备的 IP 地址和网关，配置过程如下。

执行"网络→本地连接→右键→属性→TCP/IP 属性→使用下面 IP 地址"命令，进行配置。

步骤七：使用 ping 命令测试网络的连通性。

打开北京总部办公网 PC1，执行"开始→运行→CMD"命令，转到系统的 DOS 命令操作状态，输入以下命令。

```
ping 172.16.1.1
!!!!        ! 由于直连网络连接，办公网 PC1 能 ping 通本网目标网关
ping 172.16.2.1
!!!!        ! 由于直连网络连接，办公网 PC1 能 ping 通北京总部互联网专线出口网关
ping 172.16.3.1
!!!!        ! 通过动态路由，能 ping 通上海分公司办公网内网接口网关。
ping 172.16.3.2
!!!!        ! 通过动态路由，能 ping 通上海分公司办公网中 PC2 设备。
```

【备注】

（1）路由器端口名称因设备不同而不同，有些设备标识为 fa1/1，有些设备为 fa0/1；使用 show ip interface brief 可以查询到具体的设备名称。

（2）如果实验中路由器设备缺少 WAN 端口 serial1/0，或者缺少 V35 线缆，可借助路由器局域网接口 Fastethernet 组建网络，配置动态路由，实现网络连通。拓扑如图 14-7 所示，相关地址规划及配置过程，同上做对应修改，不再赘述。

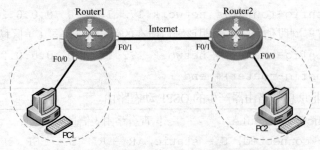

图 14-7 配置路由器 OSPF 动态路由实验拓扑

14.7 认证试题

下列每道试题都有多个选项，请选择一个最优的答案。

1. RIP 路由协议依据什么判断最优路由（　　）。

A. 带宽　　　　　　B. 跳数　　　　　　C. 路径开销　　　　D. 延迟时间

2. 以下关于 RIPv1 和 RIPv2 的描述哪一个是正确的（　　）。

A. RIPv1 是无类路由，RIPv2 使用 VLSM

B. RIPv2 是默认的，RIPv1 必须配置

C. RIPv2 可以识别子网，RIPv1 是有类路由协议

D. RIPv1 用跳数作为度量值，RIPv2 使用跳数和路径开销的综合值

3. 为了减少路由配置的工作量，网络中心的小明希望单位的路由器配置动态路由实现连通，决定使用 RIP 版本 2 技术，如何配置 RIP 版本 2 路由（　　）。

A. ip rip send v1　　　　　　　　　B. ip rip send v2

C. ip rip send version 2　　　　　　D. version 2

4. 静态路由协议和 RIP 路由协议的默认管理距离分别是（　　）。

A. 1、140　　　　B. 1、120　　　　C. 2、140　　　　D. 2、120

5. 查看路由表中的管理距离，这条路由的管理距离表示（　　）。

A. 可信度的等级　B. 路由信息的等级　C. 传输距离的远近　D. 线路的好坏

6. RIP 的最大跳数是（　　）。

A. 24　　　　　　B. 18　　　　　　C. 15　　　　　　D. 12

7. IP 路由表中的 0.0.0.0 指什么（　　）。

A. 静态路由　　　B. 默认路由　　　C. RIP 路由　　　D. 动态路由

8. RIP 路由协议默认多少秒发送一次路由更新？

A. 10　　　　　　B. 20　　　　　　C. 30　　　　　　D. 60

9. 如何跟踪 RIP 路由更新的过程（　　）。

A. show ip route　　　　　　　　　B. debug ip rip

C. show ip rip　　　　　　　　　　D. clear ip route

10. 在使用 RIPV1 路由协议的多合互相连接的网络中，其中地址为 10.1.1.0/29 和 10.1.1.16/29 这两个网络无法相互访问

A. 因为 RIPv1 是无类路由，不支持该访问

B. RIPv1 不支持不连续网络

C. RIPv1 不支持负载均衡

D. RIPv1 不支持自动汇总

PART 15

项目 15
保护办公网网络设备安全

核心技术

◆ 网络设备登录安全
◆ 交换机保护端口（Protected）

能力目标

◆ 实现交换机远程登录安全
◆ 保护交换机端口安全

知识目标

◆ 了解交换机网络安全基础
◆ 学习交换机远程登录技术
◆ 学习交换机保护端口技术
◆ 配置交换机远程登录密码
◆ 配置交换机保护端口技术

【项目背景】

　　绿丰公司是一家消费品销售公司，公司为适应当前网购发展趋势需要，新成立了多个部门，并为之组建了互联互通的办公网络，以实现资源共享。

　　公司的信息中心为了保护企业内部网络互联设备的安全，希望配置相关的密码，禁止非授权员工登录，以保护网络互联设备的安全。

【项目分析】

　　默认情况下，安装在企业网络内部的网络互联设备一般都没有配置任何密码保护，这会给网络管理带来安全隐患。

新设备安装完成后，给新设备增加登录权限密码保护，禁止非授权员工登录。此外，还可以给新设备增加远程登录密码，既方便网络管理人员通过远程管理网络互联设备，也可以把办公网中非法窥测网络设备的用户拒之门外。

【项目目标】

本项目主要从网络管理员日常安全管理角度出发，学习办公网中交换机设备的密码保护技术、远程登录密码保护技术，以及交换机端口安全保护技术。实施办公网基础网络安全配置，是作为网络管理员必备的职业技能。

【知识准备】

15.1 办公网安全基础

保护网络系统中的硬件、软件及数据，不会因偶然或恶意的因素而遭到破坏、更改、泄露；保证网络系统连续、可靠及正常地运行；网络服务不被中断等都属于计算机网络安全管理的内容。从狭义的角度来说，网络安全涉及网络系统和资源不受自然或人为因素的威胁和破坏；从广义的角度来说，凡涉及网络中信息的保密性、完整性、可用性、真实性和可控性的技术都是网络安全需要保护的内容。

网络管理中主要存在的安全问题如下所示。

（1）机房安全。机房是网络设备运行的控制中心，容易出现如物理安全（火灾、雷击、盗贼）、电气安全（停电、负载不均）等安全问题。

（2）病毒的侵入。随着互联网开拓性的发展，病毒传播成为灾难。据美国国家计算机安全协会（NCSA）最近一项调查发现，几乎所有美国的大公司都曾在日常的网络应用中经受过计算机病毒的危害。

（3）黑客的攻击。虽然得益于互联网的开放性和匿名性，却也给互联网应用造成了很多漏洞，从而给别有用心的人可乘之机，来自企业网络内部或者外部的黑客攻击都给目前网络造成了很大的威胁。

（4）管理不健全造成的安全漏洞。从广义角度来看，网络安全不仅仅是技术问题，更是一个管理问题。它包含管理机构、法律、技术、经济各个方面。网络安全技术只是实现网络安全的工具。要解决网络安全问题，必须要有综合的解决方案。

15.2 办公网安全防范

网络安全的防治具有更大的难度，保护办公网安全应该将防治与网络管理有机结合。如果没有把管理功能加上，很难完成网络安全防范任务。只有管理与防范相结合，才能保证系统的良好运行。管理功能就是管理全部的网络设备。从集线器、交换机、服务器到计算机、U 盘的存取、局域网信息互通及互联网接入等，只要具有安全隐患的地方，都应采取相应的防范手段。

保护网络安全除具有基本安全防范意识之外，一些基本的网络保护措施也是必须的。为防治网络病毒，保证网络稳定运行，可以采取一些基本方法，如下所示。

（1）建立一整套网络软件及硬件的维护制度，定期对各工作站进行维护。在维护前，对各工作站有用的数据采取保护措施，做好数据库转存、系统软件备份等工作。

（2）对操作系统和网络系统软件采取必要的安全保密措施，防止操作系统和网络软件被破坏或意外删除。对各工作站的网络软件文件属性可采取隐含、只读等加密措施，还可利用网络设置软件对各工作站分别规定访问共享区的存取权限、口令字等安全保密措施，从而避免共享区的文件和数据等被意外删除或破坏。

（3）加强网络系统的统一管理，各工作站规定应访问的共享区及存取权限口令字等，不能随意更改，必须经网络管理员批准后才能修改。

（4）建立网络系统软件的安全管理制度，对网络系统软件指定专人管理，定期备份，并建立网络资源表和网络设备档案，对网络中各工作站的资源分配情况、故障情况、维修记录要分别记录在网络资源表和网络设备档案上。

（5）制订严格的工作站安全操作规程，网络中各工作站的操作人员必须严格按照网络操作手册进行操作，并认真填写每天的网络日志。

（6）在收发电子邮件时，不打开一些来历不明的邮件，一些没有明显标识信息的附件应该马上删除。

（7）开启系统的防火墙，使系统随时随地处于监测状态，保证网络随时处于可控的工作状态。

（8）不随便下载网络上的未知插件。

15.3 保护交换机设备本地登录安全

交换机在企业网中占有重要的地位，通常是整个网络的核心所在。在一个交换网络中，如何过滤办公网内部的用户通信，保障安全有效地数据转发？如何阻挡非法用户，保障网络安全应用？如何进行安全网管，及时发现网络非法用户、非法行为及远程网管信息的安全性？这些都是网络构建人员需要首先考虑的问题。

交换机是企业网中直接连接终端设备的重要网络互联设备，在网络中承担终端设备接入功能。交换机的控制台在默认情况下没有口令，如果网络中有非法者连接到交换机的控制端口，就可以像管理员一样任意篡改交换机的配置，从而带来网络安全隐患。从保护网络安全的角度考虑，所有交换机的控制台都应当根据用户不同的管理权限，配置不同的特权访问权限。

如图 15-1 所示，是一台接入交换机设备，负责楼层中各个办公室计算机的接入。为保护网络安全，需要给交换机配置管理密码，以禁止非授权用户的访问。只需要通过一根配置线缆连接到交换机的配置端口（Console），另一端连接到配置计算机的串口。

图 15-1 配置交换机控制台特权密码

通过如下命令格式，配置登录交换机控制台的特权密码。

```
switch >enable
switch # configure terminal
switch(config)# enable secret level 15 0 star   ! 其中, 15 表示口令适
用特权级别
                                    ! 0 表示输入明文形式口令, 1 表示输入密文形式口令
```

15.4 保护交换机设备远程登录安全

除通过 Console 端口与设备串口相连、管理设备外，还可以通过 Telnet 程序使用交换机 RJ-45
端口远程登录交换机管理设备。

配置交换机远程登录密码的操作步骤如下所示。

1．配置交换机远程登录地址

交换机的管理 IP 地址一般是加载到交换机的管理中心 VLAN 1 上，如果管理的计算机在其
他 VLAN 中，可以给其他 VLAN 配置合适的管理地址。

```
switch >enable
switch # configure terminal
switch (config)#interface VLAN 1                ! 配置远程登录交换机的管理
地址
switch (config-if)#no shutdown
switch (config-if)#ip address 192.168.1.1 255.255.255.0
```

2．配置交换机的登录密码

```
switch # configure terminal
switch(config)#enable secret level 1 0 star         ! 配置远程登录密码
switch (config)#enable secret level 15 0 star        ! 配置进入特权模式密码
          ! 其中, level 1 表示口令所使用的特权级别, 0 表示输入的是明文形式口令
```

3．启动交换机的远程登录线程密码

```
switch # configure terminal
switch (config)#line vty 0 4                        ! 启动线程
switch (config-if)#password ruijie                  ! 配置线程密码
switch (config-if)#login                            ! 激活线程
```

如图 15-2 所示，是一台接入交换机设备，负责楼层中各个办公室计算机的接入。为保护网
络安全，需要给交换机配置远程登录管理密码，一方面禁止非授权用户的访问，另一方面方便
网络管理员通过远程方式管理办公网交换机。

可通过一根普通的网线，一端连接到交换机的以太网口（Fastethernet），另一端连接到配置
计算机的 RJ-45 网卡端口，配置同网络的 IP 地址即可实现网络连通，在网络连通情况下，实现
交换机的远程登录管理。

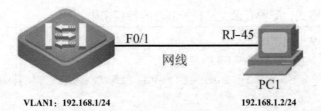

F0/1   RJ-45

网线

PC1

VLAN1: 192.168.1/24   192.168.1.2/24

图 15-2   配置交换机控制台特权密码

通过如下命令格式，为交换机设备配置远程登录管理密码。

```
switch >enable
switch # configure terminal
switch (config)#interface VLAN 1                    ! 配置远程登录交换机的管理地址
switch (config-if)#no shutdown
switch (config-if)#ip address 192.168.1.1 255.255.255.0
switch (config-if)#exit

switch(config)#enable secret level 1 0 star         ! 配置远程登录密码
switch(config)#enable secret level 15 0 star        ! 配置进入特权模式密码

switch (config)#line vty 0 4                         ! 启动线程
switch (config-if)#password ruijie                  ! 配置线程密码
switch (config-if)#login                            ! 激活线程
switch (config-if)#exit
switch (config)#
```

15.5   保护交换机端口安全

为了满足网络安全的需要，一个局域网内某些需要保护的区域，有时也要做到互相之间不能访问。要求一台交换机上的某些端口之间不能互相通信，需要通过端口保护（Switchitchport Protected）技术来实现。交换机的端口设置为端口保护后，保护端口之间互相无法通信，保护端口与非保护端口之间可以正常通信。在这种环境下，这些端口之间不管是单址帧、广播帧还是多播帧，都只有通过三层设备进行通信。

在交换机上配置交换机的端口保护相对简单，使用如下命令进入网络端口配置模式。

```
Switch(config)#
Switch(config)#interface range fa 0/1 - 24
                    ! 开启交换机的 F0/1 到 F0/24 端口，可根据自己的需求来选择端口
Switch(config-if-range)#Switchitchport protected    ! 开启端口保护
                            ! 到此为止，在交换机的每个端口启用端口保护
Switch(config-if-range)#no shutdown
Switch(config-if-range)#end
Switch#
```

在实施交换机端口保护技术后，端口保护技术会产生隔离效果，连接在同一台交换机中的所有计算机之间不能再互相通信。

15.6　项目实施：保护销售部接入设备安全

【任务描述】

绿丰公司是一家消费品销售公司，最近公司为适应当前信息化以及网购发展趋势需要，成立了网络销售部等多个部门，并为之组建互联互通的办公网络，以实现资源共享。

为了保护公司销售部门每一名销售员工的业务数据，避免出现被其他人共享、造成客户信息泄密等安全隐患，销售部希望网络中心能将销售部所有计算机禁止直接访问，从而保护销售部终端设备的安全。

【网络拓扑】

如图 15-3 所示的网络拓扑，是公司销售部计算机接入办公网的场景。为保护销售部信息安全，需要在组建好的销售部办公网中，配置端口保护技术，以实现销售部终端设备安全。

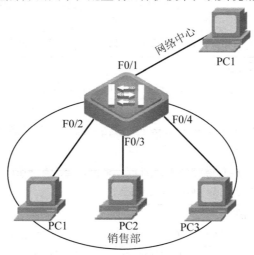

图 15-3　企业销售部计算机连接场景

【任务目标】

配置办公网接入交换机的保护端口，实现设备之间安全隔离。

【设备清单】

二层交换机（1台）、计算机（若干）、网线（若干）。

【工作过程】

1．组建销售部网络场景

按照如图 15-3 所示的网络拓扑，组建销售部办公网。

其中，PC1 计算机是模拟网络中心的一台设备，接入交换机的 F0/1 端口；其他端口连接的都是销售部计算机。

2．配置 IP 地址并测试全网连通性

按照表 15-1 为所有计算机配置管理地址，并测试全网连通性。

表 15-1 销售部计算机的 IP 地址规划

序号	设备名称	IP 地址	说明
1	VLAN1	192.168.1.1　255.255.255.0	销售部接入交换机
2	PC1	192.168.1.2　255.255.255.0	网络中心的计算机
3	PC2	192.168.1.3　255.255.255.0	销售部部门计算机
4	PC3	192.168.1.4　255.255.255.0	销售部部门计算机

打开每一台计算机的 TCP/IP 连接，按照表 15-1 完成测试计算机的 IP 地址配置。选择销售部计算机 PC2，转到其 DOS 命令操作状态，使用 ping 命令测试全网的连通性。

```
ping 192.168.1.4    ! 测试和同部门网络设备之间的连通性
!!!!（能连通）
ping 192.168.1.2    ! 测试到网络中心的网络设备之间的连通性
!!!!（能连通）
连接在同一办公网中的所有计算机，可以实现全网的互联互通。
```

3．配置交换机的端口保护

登录销售部接入交换机设备，配置交换机的端口保护，实施部门内网络设备的安全保护。

```
switch(config)#
switch(config)#interface range fa 0/12-24    ! 开启交换机的 F0/2 到 F0/24
端口
switch(config-if-range)#Switchitchport protected    ! 开启端口保护
switch(config-if-range)#no shutdown
```

4．测试办公网安全保护

选择销售部计算机 PC2，转到其 DOS 作命令操作状态，使用 ping 命令测试全网的连通性。

```
ping 192.168.1.4    ! 测试和同部门网络设备之间的连通性
…（不能连通）
ping 192.168.1.2    ! 测试到网络中心的网络设备之间的连通性
!!!!（能连通）
```

由于实施了部门网络的端口保护技术，连接在网络中同一部门中的所有计算机不能实现全网的互联互通，但能够和没有实现端口保护的、F0/1 端口连接的、网络中心的交换机实现连通。

15.7　认证试题

下列每道试题都有多个选项，请选择一个最优的答案。

1．你最近刚刚接任公司网管工作，在查看设备以前配置时，发现交换机配置了 VLAN 10 的 IP 地址，请问该地址的作用是（　　）。

A．为了使 VLAN 10 能够和其他内网的主机互相通信

B．管理 IP 地址

C．交换机上创建的每个 VLAN 必须配置 IP 地址

D．实际上此地址没有用，可以将其删掉

2. 当管理员 Telnet 交换机提示 "Password requied，but none set" 时，原因是（　　　）。

A. 远程登录密码未设置

B. 网管机与交换机的管理地址不在同一个网段

C. 远程登录密码未作加密处理

D. 硬件问题

3. 以下关于 TCP/IP 体系结构的描述中，正确的是（　　　）。

A. TCP/IP 提供无连接的网络服务，所以不适合语音和视频等流式业务

B. TCP/IP 定义了 OSI/RM 的物理层和数据链路层

C. 在 TCP/IP 体系结构中，一个功能层可以有多个协议协同工作

D. TCP/IP 体系结构的应用层相当于 OSI/RM 的应用层和表示层

4. 管理员在交换机上创建 3 个 VLAN，分别是 VLAN 1、VLAN 30 和 VLAN 55，并将各端口分配到相应 VLAN 中。其中，把自己的计算机分配到 VLAN 55 中。为了方便以后可以不插配置线管理交换机，他在交换机上设置了 IP 地址，请选出适当的配置（　　　）。

A. SW(config)#int　VLAN　1；　SW(config-if)#ip address 10.1.1.254 255.255.255.0;

B．SW(config)#int　VLAN　1；　SW(config-if)#ip　address　10.1.1.254　255.255.255.0; SW(config-if)#no shutdown;

C．SW(config)#int　VLAN　55；　SW(config-if)#ip　address　10.1.1.254　255.255.255.0; SW(config-if)#no shutdown;

D．SW(config)#int　VLAN　10；　SW(config-if)#ip　address　10.1.1.254　255.255.255.0; SW(config-if)#no shutdown;

5. 当路由器接收的 IP 报文其生存时间值等于 1 时，采取的策略是（　　　）。

A. 丢掉该报文

B. 转发该报文

C. 将该报文分段

D. 其他三项答案均不对

6. 为什么要在交换机上配置端口安全（　　　）。

A. 为了防止非法的用户 Telnet 到交换机端口

B. 为了限制二层的广播帧在交换机的端口上

C. 为了防止非法的用户访问 LAN

D. 为了保护交换机的 IP 地址和 MAC 地址

7. 设置交换机的远程登录密码，正确的命令应该是（　　　）。

A. enable password star

B. enable secret level 15 0 star

C. enable secret level 1 0 star

D. enable password level 15 0 star

8. OSI 七层模型在数据封装时正确的协议数据单元排序是（　　　）。

A. packet、frame、bit、segment

B. frame、bit、segment、packet

C. segment、packet、frame、bit

D. bit、frame、packet、segment

9. 假设网络管理员为了能够 Telnet 到交换机上进行远程管理，配置了交换机的地址。但是

当进行 Telnet 时却失败，通过 show ip interface 命令查看 IP 地址，发现端口 VLAN 1 状态为 down，请问可能造成这种情况的原因是（　　　）。

    A. 此型号交换机不支持 Telnet

    B. VLAN 1 端口未用 no shutdown

    C. 未创建 VLAN 1 这个 VLAN

    D. 交换机未创建 VLAN，故 IP 地址应该配置在物理端口上

10. 在交换机上配置 enable secret level 1 0 star，且激活 VLAN 1 的 IP 地址，下面说法正确的是（　　　）。

    A. 可以对交换机进行远程管理

    B. 只能进入交换机的用户模式

    C. 不能判断 VLAN 1 是否处于 UP 状态

    D. 可以对交换机进行远程登录

核心技术

◆ 交换机端口安全

能力目标

◆ 交换机端口上捆绑安全地址
◆ 交换机端口镜像安全

学习目标

◆ 了解交换机端口安全
◆ 在交换机端口上捆绑安全 IP 地址
◆ 在交换机端口上捆绑安全 MAC 地址
◆ 区别不同的端口安全违例方式
◆ 配置交换机端口镜像技术

【项目背景】

　　绿丰公司是一家消费品销售公司，最近公司为适应当前信息化，以及网购发展趋势需要，组建了互联互通的办公网络，从而实现资源共享。

　　公司的网络中心为了保护企业内部网络互联设备的安全，一方面禁止外部人员非法接入公司内部的办公网，获取公司内部资料；另一方面拒绝网内用户随意修改 IP 地址，造成内部经常发生地址冲突，因此希望配置安全地址接入技术。

　　公司安全地址的接入计划，就是把所有员工设备的地址，都捆绑到其对应的交换机端口上，禁止非授权员工的登录，以保护办公网网络安全。

【项目分析】

默认情况下，企业网络内所有的计算机设备，都能随意接入交换机，实现网络连通。但在某些安全等级较高的环境中，需要实施严格的交换网络安全措施，如登录办公网中每一台设备的 IP 地址和 MAC 地址，并将其捆绑到对应的端口上，实现交换机的安全地址配置。

通过在交换机的端口上配置安全端口技术，可以实现这一交换网络的安全目标。

【项目目标】

本项目从网络管理员日常安全管理角度出发，讲解接入网络中交换机的基础安全技术。了解交换网络安全隐患发生的场景，采取对应的安全措施；了解交换机端口安全技术，会配置交换机端口安全技术，会区别端口安全的违例方式；会配置交换机的端口镜像安全技术，是作为网络管理员必备的职业技能。

【知识准备】

16.1 什么是交换机端口安全

在传统的局域网环境中，只要有物理的连接端口，未经授权的网络设备也可以接入局域网，或者是未经授权的用户通过连接到局域网的设备进入网络，这样就给一些企业带来了潜在的安全威胁。

交换机的端口是连接网络终端设备的重要关口，加强交换机的端口安全是提高整个网络安全的关键。默认情况下，交换机的端口是完全敞开的，不提供任何安全检查措施。因此为有效地保护网络内用户的安全，可以对交换机的端口增加安全访问功能。

大部分的网络攻击行为都采用欺骗源 IP 或源 MAC 地址的方法，对网络的核心设备进行连续的数据包攻击，从而耗尽网络核心设备系统资源，如典型的 ARP 攻击、MAC 攻击、DHCP 攻击等。这些针对交换机的端口产生的攻击行为，可以启用交换机的端口安全功能特性来防范。通过在交换机的某个端口上配置限制访问的 MAC 地址以及 IP（可选），控制该端口上的数据安全输入。

为了增强安全性，可以将 MAC 地址和相应的端口绑定起来作为安全地址。当然也可以把指定 IP 地址和相应的端口绑定在一起，或者是两者都绑定。一个端口被配置为一个安全端口，当其安全地址的数目已经达到允许的最大数目后，如果该端口接收到一个源地址不属于端口安全地址的包时，一个安全违例将产生。

因此交换机的端口安全就是办公网接入用户的安全认证，在办公网的安全管理中，不能随便将一台计算机接到交换机上，去访问公司的内部网络。对办公网的交换机做 IP+MAC+端口绑定，或者更复杂的 802.1x 认证，还可以通过一些安全准入的软件或硬件设备来实现本地网络安全管理需要。

16.2　端口安全违例处理方式

利用端口安全可以限制交换机端口的安全接入，方法如下。

● 限制一个端口上能包含的安全地址的最大个数。
● 针对交换机端口进行 MAC 地址和 IP 地址的绑定。

如果将最大个数设置为 1，并且为该端口配置一个安全地址，则连接到这个端口上的计算机将独享该端口的全部带宽。

配置交换机端口为安全端口后，当实际应用超出配置要求时，也即交换机端口上所连接的安全地址的数目达到允许的最大个数时，将产生一个安全违例。

当安全违例产生后，可以设置交换机。针对不同的网络安全需求，采用不同的安全违例处理模式，如下所示。

● protect：当所连接端口的安全地址，达到最大的安全地址个数后，安全端口将丢弃其余的未知名地址（不是该端口的安全地址中的任何一个）的数据包。
● restricttrap：当安全端口产生违例事件后，将发送一个 trap 通知，等候处理。
● shutdown：当安全端口产生违例事件后，将关闭端口同时还发送一个 trap 通知。

16.3　配置交换机端口安全

1．配置端口最大连接数

交换机的端口安全功能还表现在，可以限制一个端口上能连接的安全地址的最大个数。如果一个端口被配置为安全端口，并配置有最大安全地址的连接数量，当其上连接的安全地址的数目达到允许的最大个数，或者该端口接收到一个源地址不属于该端口的安全地址时，交换机将产生一个安全违例通知。

通过 MAC 地址来限制端口流量，此配置允许 Trunk 端口最多通过 100 个 MAC 地址，当 MAC 地址的数目超过 100 时，来自新的主机的数据帧将丢失，下面的配置根据 MAC 地址数量来允许通过流量。

```
switch #conf t
switch (config)#int f0/1
switch (config-if)#switchport mode trunk        ! 配置端口模式为 TRUNK
switch 1(config-if)#switchport port-security maximum 100
                                   ! 允许此端口通过的最大 MAC 地址数目为 100
switch (config-if)#switchport port-security violation protect
        ! 当主机 MAC 地址数目超过 100 时，交换机继续工作，但来自新的主机的数据帧将丢失
```

2．配置端口地址捆绑

为了增强网络的安全性，利用交换机的端口安全这个特性，还可以将 MAC 地址和 IP 地址绑定起来，作为安全接入的地址，实施更为严格的访问限制。当然也可以只绑定其中的一个地址，如只绑定 MAC 地址而不绑定 IP 地址，或者相反。

当为安全端口（打开端口安全功能的端口)配置了一些安全地址后，除源地址为这些安全地址的包外，这个端口将不转发其他任何报文。

下面的配置则是根据 MAC 地址来拒绝流量。

```
switch# configure
switch# (config)#int f0/1
switch# (config-if)#switchport mode access      ! 指定端口模式
switch# (config-if)#switchport port-security mac-address 00-90-
F5-10-79-C1
                                    ! 在该端口捆绑上安全的 MAC 地址
switch# (config-if)#switchport port-security maximum 1
                             ! 限制此端口允许通过的 MAC 地址数为 1
switch# (config-if)#switchport port-security violation shutdown
                          ! 当发现与上述配置不符时，端口关闭掉
```

配置这些命令后，该端口只允许一台接入客户机通过该端口通信，并且会自动匹配该客户机的 MAC 地址。如果有其他计算机尝试通过，则该端口会因为违反端口安全而被关闭。

3. 配置端口安全违例方式

当交换机接收到的安全地址的数目已经达到允许的最大数目，如果该端口接收到一个源地址不属于端口安全地址的包时，一个安全违例将产生。

下面例子说明如何为交换机的 Fa0/3 端口配置安全端口功能，设置违例方式为 shutdown。

```
switch# configure terminal
switch(config)# interface FastEthernet 0/3
switch(config-if)# switchport mode access
switch(config-if)# switchport port-security
switch(config-if)#switchport port-security violation protect
switch(config-if)# no shutdown
switch(config-if)# end
switch #
```

违反端口安全的端口将会被关闭，是指其物理端口虽然连接正常，但其逻辑端口已经关闭，变为 shutdown 状态。如果需要激活，则在该端口配置模式下，使用 no shutdown（启用）即可使端口通信恢复正常。

还可以在交换机的端口上，实施更为严格的 IP 和 MAC 地址双重安全控制功能。下面的例子说明如何在交换机的 Fa0/24 端口上配置安全端口功能：为该端口配置一个安全的 MAC 地址 00d0.f800.073c，并绑定 IP 地址 192.168.12.202。

```
switch # configure terminal
switch(config#)  interface fa0/24
switch(config-if)# switchport mode access
switch(config-if)# switchport port-security
switch(config-if)#switchport port-security mac-address
00d0.f800.073c
   ip-address 192.168.12.202
                                ! 配置 MAC 地址和 IP 地址的绑定
switch(config-if)#switchport port-security violation protect
```

```
switch(config-if)# end
```

4. 查看端口安全信息

使用以下命令,可以查看交换机的端口安全配置信息。

```
switch#show port-security                     ！查看交换机的端口安全配置信息
...
switch#show port-security address             ！查看安全绑定的配置信息
...
```

5. 配置端口安全老化时间

可以为一个端口上的所有安全地址配置老化时间,打开这个功能需要设置安全地址的最大数目,这样就可以让设备自动增加或删除端口上的安全地址。

在端口配置模式下,使用如下命令配置安全地址的老化时间。

```
switch(config)#  interface fa0/24
switch(config-if)# switchport mode access
switch(config-if)# switchport port-security
switch(config-if)# switchport port-security aging{static | time
time}
```

其中,部分参数的含义如下。

- static:加上这个关键字,表示老化时间将同时应用于手工配置的安全地址和自动学习的地址,否则只应用于自动学习的地址。
- time:表示这个端口上安全地址的老化时间,范围是 0~1440,单位是 min。如果设置为 0,则老化功能实际上被关闭。老化时间按照绝对的方式计时,也就是一个地址成为一个端口的安全地址后,经过 time 指定的时间后,这个地址就将被自动删除。time的默认值为 0。

可以在端口配置下使用命令 no switchport port-security aging time,来关闭一个端口的安全地址老化功能;使用命令 no switchport port-security aging static,令老化时间仅应用于动态学习到的安全地址。

以下示例配置 Fa0/24 端口安全的老化时间,老化时间设置为 8min,老化时间同时应用于静态配置的安全地址。

```
switch(config)#interface fa0/24
switch(config-if)# switchport mode access
switch(config-if)# switchport port-security
switch(config-if)#switchport port-security aging time 8
switch(config-if)#switchport port-security aging static
switch(config-if)#end
```

16.4 交换机镜像安全技术

交换机的镜像技术(Port Mirroring)是将交换机某个端口的数据流量,复制到另一端口(镜像端口)进行监测。大多数交换机都支持镜像技术,可以对交换机进行方便的故障诊断,称之为 mirroring 或 spanning,默认情况下交换机上的这种功能是被屏蔽的。

通过配置交换机端口镜像,允许管理人员设置监视管理端口,监视端口的数据流量。可以通过计算机上安装的网络分析软件查看监视到的数据，通过对捕获到的数据进行分析，可以实时查看被监视端口的情况。如图 16-1 所示，是交换机端口的镜像技术工作场景。

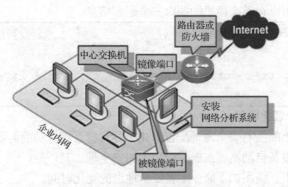

图 16-1　交换机端口的镜像技术

交换机镜像端口既可以实现一个 VLAN 中若干个源端口向一个监控端口镜像数据，也可以从若干个 VLAN 向一个临控端口镜像数据。如把交换机 5 号端口上的所有数据流，都镜像至交换机上 10 号监控端口，并通过该监控端口接收所有来自 5 号端口的数据流。值得注意的是，源端口和镜像端口最好位于同一台交换机上。

交换机的镜像端口并不会影响源端口的数据交换，它只是将源端口发送或接收的数据包副本发送到监控端口。在交换机上配置交换机的端口镜像，命令如下所示。

```
Monitor session 1 source interface fastethernet 0/1 both  ! 被监控端口
Monitor session 1 destination interface fastethernet 0/2  ! 镜像端口
```

16.5　项目实施：保护办公网接入安全

【任务描述】

绿丰公司的网络中心为了保护企业内部网络互联设备的安全，一方面禁止外部人员非法接入公司内部的办公网，获取公司内部资料；另一方面拒绝网内用户随意修改 IP 地址，造成内部经常发生地址冲突，因此希望配置安全地址接入技术。

公司安全地址的接入计划，就是把所有员工设备的地址，都捆绑到其对应的交换机端口上，禁止非授权员工的登录，以保护办公网网络安全。

【网络拓扑】

如图 16-2 所示的网络拓扑，是绿丰公司组建完成的办公网环境。通过登记每名员工的 MAC 地址，把所有员工设备的地址，都捆绑到其对应的交换机端口上，从而实施网络安全接入。

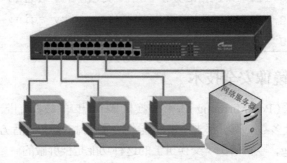

图 16-2　绿丰公司的组建完成办公网场景

【任务目标】

理解什么是交换机的端口安全，学习如何配置端口安全。

【设备清单】

交换机（1台）、计算机（若干）、双绞线（若干）。

【工作过程】

1．组建网络场景

按照如图 16-2 所示的网络拓扑组办公网。

2．配置 IP 地址并测试全网连通性

按照表 16-1 为所有计算机配置管理地址，并测试全网连通性。

表 16-1　办公网计算机的 IP 地址规划

序号	设备名称	IP 地址		MAC 地址	说明
1	PC1	192.168.0.138	255.255.255.0	00e0.9823.9526	办公网计算机
2	PC2	192.168.0.3	255.255.255.0	00e0.9823.3a4c	办公网计算机
3	PC3	192.168.0.4	255.255.255.0	00e0.9823.10ac	办公网计算机(可选)
备注		计算机的 MAC 地址，转到 DOS 命令操作状态，使用 ipconfig/all 命令进行查询			

　　打开每一台计算机的 TCP/IP 连接，按照表 16-1 完成测试计算机的 IP 地址配置。选择计算机 PC2，转到其 DOS 命令操作状态，使用 ping 命令测试全网的连通性。

```
ping 192.168.0.138   ! 测试和同部门网络设备之间的连通性
!!!!（能连通）
ping 192.168.0.4    ! 测试和同部门网络设备之间的连通性
!!!!（能连通）
```

连接在同一办公网中的所有计算机，可以实现全网的互联互通。

3．配置交换机上 Fa0/1 端口的端口安全功能

```
SwitchA(config)# interface fastethernet 0/1
SwitchA(config-if)#switchport mode access   ! 配置 Fa 0/1 端口为
access 模式
SwitchA(config-if)#switchport port-security   ! 在 Fa 0/1 端口上打
开端口安全功能
```

验证测试：验证已开启 Fa 0/1 端口的端口安全功能。

```
SwitchA#show port-security interface fastethernet 0/1
Interface : Fa0/1
Port Security : Enabled
Port status : up
Violation mode : Protect
Maximum MAC Addresses : 128
Total MAC Addresses : 0
Configured MAC Addresses : 0
```

```
    Aging time : 0 mins
    Secure static address aging : Disabled
```

4．配置安全端口上的安全地址

使用 ipconfig/all 命令查询计算机的 MAC 地址，并把其捆绑到该端口上。

```
    SwitchA(config)# interface fastethernet 0/1
    SwitchA(config-if)# switchport port-security mac-address
00e0.9823.9526
    ip-address 192.168.0.138            ! 手工配置端口上的安全地址
```

验证测试：验证已配置了安全地址。

SwitchA#show port-security address

```
   lan   Mac Address       IP Address       Type        Port      Remaining
Age(mins)
   ----   ---------------   ---------------   ----------   --------   --------
----------------------------------------------------------------
    1    00e0.9823.9526   192.168.0.138    Configured   Fa0/1
```

使用同一方法，配置其他计算机的接入端口的安全地址。

5．验证测试一

验证 PC1 计算机可以通过 Fa0/1 端口访问交换机，而其他计算机不能通过 Fa0/1 端口访问该交换机。

从 PC2 计算机上测试 PC1 计算机的网络连通性，测试结果如图 16-3 所示。

```
    C:\>ping 192.168.0.4       ! 验证这台计算机可以通过 Fa0/1 端口访问交换机
    !!!!
```

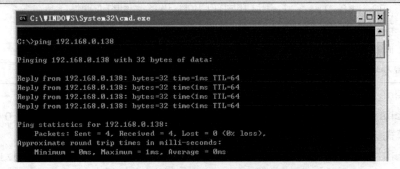

图 16-3　测试通过安全地址实现通信

6．验证测试二

现在拔下 PC1 计算机的网线，将另一台计算机 PC2 连接到交换机的 Fa0/1 端口上。而将 PC1 连接到 PC2 计算机的端口上，从 PC2 上测试 PC1 的网络连通性，测试结果如图 16-4 所示。

　　C:\>ping 192.168.0.138   ! 验证这台计算机不能通过 Fa0/1 端口访问交换机

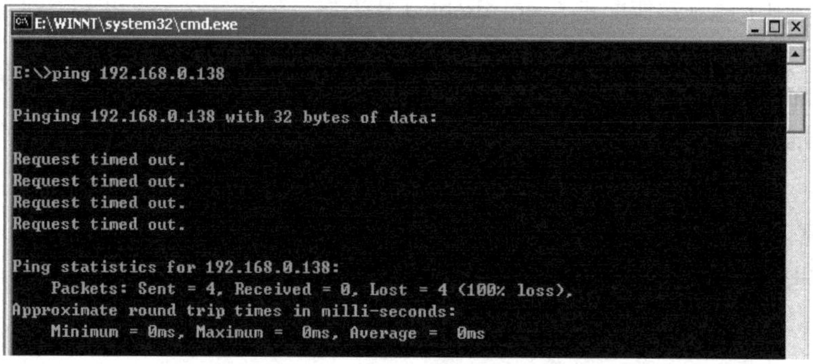

图 16-4　测试通过安全地址实现通信 2

把 PC1 和 PC2 计算机的连接交换回来，再次进行测试，网络通信又恢复正常。也可以通过删除端口安全功能配置，再次进行测试，网络通信也恢复正常。

16.6　认证试题

下列每道试题都有多个选项，请选择一个最优的答案。

1. 配置交换机的端口安全存在哪些限制（　　　）。

A. 一个安全端口必须是一个 Access 端口，而非 Trunk 端口

B. 一个安全端口不能是一个聚合端口（Aggregate Port）

C. 一个安全端口不能是 Span 的目的端口

D. 只能在寄数端口上配置端口安全

2. 下列查看端口 F0/1 安全的命令正确的是（　　　）。

A. switch#show security-port interface F0/1

B. switch#show interface F0/1 security-port

C. switch#show port-security interface F0/1

D. switch#show port-security fastethernet 0/1

3. 以下对交换机安全端口描述正确的是（　　　）。

A. 交换机安全端口的模式可以是 Trunk

B. 交换机安全端口违例处理方式有两种

C. 交换机安全端口模式是默认打开的

D. 交换机安全端口必须是 Access 模式

4. 下列操作中，不属于交换机端口安全中安全违例处理模式的是（　　　）。

A. protect

B. restrict

C. shutdown

D. no shutdown

5. 在交换机上，端口安全的默认配置有哪些（　　　）。

A. 默认为关闭端口安全

B. 最大安全地址个数是 128

C. 没有安全地址

D. 违例方式为保护（protect）

6. 当端口由于违规操作而进入 err-disabled 状态后，使用什么命令可以手工将其恢复为 up 状态（   ）。

A. errdisable recovery

B. no shutdown

C. recovery errdisable

D. recovery

7. 交换机端口安全的老化地址时间最大为（   ）分钟。

A. 10

B. 256

C. 720

D. 1440

8. 在交换机上配置端口安全，如果违例则丢弃数据包并发送 Trap 通知，应采用哪种违例方式（   ）。

A. protect

B. restrict

C. shutdown

D. no shutdown

9. 如果一个端口被配置为一个安全端口，并开启了最大连接数限制和安全地址绑定，下列哪种操作端口不会产生安全违例提示（   ）。

A. 用户受到网关欺骗的攻击

B. 当其安全地址的数目已经达到允许的最大个数

C. 如果该端口接收到一个源地址不属于端口安全地址的包

D. 用户修改了自己的 IP 地址

10. 交换机安全端口接入的安全地址最大数为（   ）。

A. 32

B. 64

C. 128

D. 256

PART 17

项目 17
保护办公网不同区域访问
安全

核心技术

◆ 访问控制列表技术
◆ 标准访问控制列表技术

能力目标

◆ 标准访问控制列表实现区域网络安全访问
◆ 区别不同访问控制列表类型

知识目标

◆ 了解访问控制列表技术
◆ 什么是标准访问控制列表
◆ 标准访问控制列表技术
◆ 基于编号标准访问控制列表技术
◆ 命名标准访问控制列表技术

【项目背景】

绿丰公司是一家消费品销售公司，最近公司为适应当前信息化以及网购发展趋势需要，新成立了多个部门，并为之组建了互联互通的办公网络，从而实现资源共享。

公司的网络中心为了保护企业内部网络互联设备的安全，在通过三层技术实现办公网互联互通的同时，还希望通过三层数据包的检查技术限制相关区域网络的访问范围，以实现不同区域部门网络之间的安全访问。

【项目分析】

默认情况下，安装在网络中的互联设备会转发所有接收到的数据，以实现网络互相连通。

为了保护网络中部分区域的网络安全，经常需要实施相关的安全技术，限制部分区域网络的访问范围，这可以使用三层设备的数据包检查技术实现。

可以实现三层数据包检查技术的网络设备有防火墙和三层路由设备，通常企业内部网络的安全访问控制多使用访问控制列表技术来实现。

【项目目标】

本项目主要从网络管理员日常安全管理角度出发，讲解办公网中三层路由设备的安全控制技术。了解数据包安全检查机制，学习访问控制技术机制，区别基于编号的标准访问控制列表技术和基于命名的访问控制列表技术异同点，以及会配置两种不同的访问控制列表技术，是作为网络管理员必备的职业技能。

【知识准备】

17.1 访问控制列表基础知识

访问控制列表 IP ACL 技术是 Access Control List 的简写，简单来说就是数据包过滤。配置在网络设备中的访问控制列表实际上是一张规则检查表，这张表中包含很多指令规则，告诉交换机或者路由器设备哪些数据包可以接收，哪些数据包需要拒绝，对网络中通过的数据包进行过滤，从而实现对网络资源进行访问输入和输出的访问控制。

交换机或者路由器设备按照 IP ACL 中的指令顺序，处理每一个进入端口的数据包，实现对进入或者流出网络设备中的数据流过滤，如图 17-1 所示。通过在网络互联设备中灵活地增加访问控制列表，可以作为一种网络控制的有力工具，过滤流入和流出数据包，确保网络安全，因此 IP ACL 也称为软件防火墙。

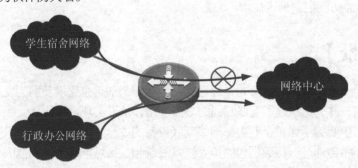

图 17-1　IP ACL 控制不同的数据流通过网络

根据访问控制标准的不同，IP ACL 可以分为多种类型，以实现不同区域的安全访问控制。

常见 IP ACL 有两类：标准访问控制列表（Standard IP ACL）和扩展访问控制列表（Extended IP ACL），在规则中使用不同编号进行区别。其中，标准访问控制列表的编号取值范围为 1～99；扩展访问控制列表的编号取值范围为 100～199。

两种 IP ACL 的区别是：标准 IP ACL 只匹配数据包中的源地址；扩展 IP ACL 不仅仅匹配数据包中源地址信息，还检查数据包的目的地址，以及检查数据包的特定协议类型、端口号等，如图 17-2 所示。扩展访问控制列表规则大大扩展了数据包检查细节，为网络访问提供更多访问控制功能。

| ... | 源IP地址 | 目标IP地址 | 源端口 | 目标端口 | DATA | ... |

图 17-2　数据包地址结构

IP ACL 扩展访问控制列表技术就是通过对数据包中的五元组（源 IP 地址、目标 IP 地址、协议号、源端口号、目标端口号）来区分特定的数据流，并对匹配预设规则的数据采取相应措施，允许（permit）或拒绝（deny）数据通过，从而实现对网络的安全控制。

17.2　标准编号访问控制列表

1．什么是标准的 IP ACL

标准访问控制列表检查数据包源地址信息，数据包在通过网络设备时，设备解析 IP 数据包中的源 IP 地址，对匹配成功的数据包采取拒绝或允许操作。在编制标准访问控制列表规则时，使用编号 1～99 区别同一设备上配置不同标准访问控制列表的条数。

IP ACL 提供了一种安全访问选择机制，它可以控制和过滤通过网络互联设备端口信息流，对该端口上进入、流出的数据进行安全检测。但在标准 IP ACL 中，对数据检查仅限于源 IP 地址。

2．编制 IP ACL 规则的方法

部署 IP ACL 技术的顺序如下。

● 分析需求。

● 需要在网络设备上定义 IP ACL 规则。

● 将规则应用于特定端口：最后将定义好的规则应用到检查端口上。该端口一旦激活，将自动按照 IP ACL 中的配置命令，针对进出的每一个数据包特征进行匹配，决定该数据包被允许还是拒绝。

在数据包匹配检查的过程中，指令执行顺序自上向下匹配数据包，逻辑进行检查和处理，如图 17-3 所示。

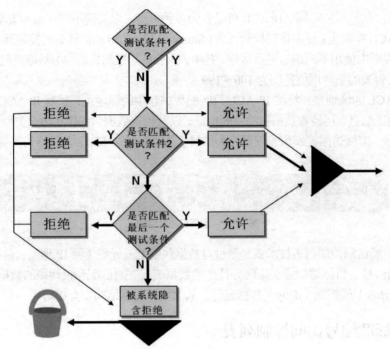

图 17-3　IP ACL 检查顺序

3. 配置 IP ACL 规则

如果需要在网络设备上配置标准编号访问控制列表，使用以下语法的格式。

```
Access-list  listnumber  {permit | deny}  source-address
[ wildcard-mask ]
```

其中，各参数的含义如下。

- listnumber 区别不同 ACL 规则序号，标准访问控制列表序号范围是 1 ~ 99。
- permit 和 deny 表示允许或禁止数据包通过动作。
- source-address 代表受限网络或主机源 IP 地址。
- wildcard – mask 是源 IP 地址通配符位，也称反掩码，用来限定网络范围。

> 小知识：通配符屏蔽码（wildcard-mask）
> 通配符屏蔽码又叫做反掩码，在通配符屏蔽码中，二进制 0 表示"匹配"、"检查"所对应网络位，二进制 1 表示"不关心"对应网络位。在子网屏蔽掩码中，二进制 0 表示网络地址位，二进制 1 表示主机地址位。数字 1 和 0 决定是网络、子网，还是主机的 IP 地址。
> 假设组织拥有一个 C 类网络 198.78.46.0，其标准子网屏蔽码为 255.255.255.0，标识所在网络。而针对这一网络，使用通配符屏蔽码为 0.0.0.255，匹配网络的范围。通常通配符屏蔽码与子网屏蔽码正好相反。

编写好访问控制列表，需要应用到相应端口上才会生效。在端口模式下使用如下命令：

```
ip access-group access-list-number { in | out }
```

其中，各参数的含义如下。

- access-list-number 为在此端口应用访问控制列表编号。
- { in | out }表示在端口上，对哪个方向数据进行过滤。in 表示对进入端口数据过滤，out

表示对发出端口数据过滤。

需要注意的是，过滤方向选择在 ACL 应用上至关重要，错误方向选择往往导致意想不到的后果。在应用标准 IP ACL 时，通常将其放置到尽可能靠近目标的位置。

4．配置实例

为了更好地理解标准访问控制列表的应用规则，这里通过一个例子来说明。

某学校的内部网络 IP 地址为 B 类 172.16.0.0。网络结构如图 17-4 所示，限制学生宿舍 172.16.1.0 网段的所有主机，不可以访问服务器 172.17.10.1，其他主机访问则不受限制。

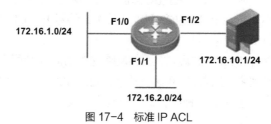

图 17-4　标准 IP ACL

● 分析需求

由于是限制办公网中某一个区域网络的安全访问，因此实施标准 IP ACL 编制规则。

● 配置规则

分析完成需求后，需要在接入路由器上配置标准访问控制列表，语句规则如下。

```
router # configure terminal
router (config)# access-list 1  deny  172.16.1.0  0.0.255.255
         ！拒绝所有来自 172.16.1.0 网络中的数据包访问学校服务器
router (config)# acccss-list 1 Pernit  any
           ！  其他所有网络的主机都可以访问
```

在 ACL 中，默认规则是拒绝所有。也就是说，在访问控制列表规则最后还有一条隐含规则：access-list deny any。

● 应用规则

配置好访问控制列表规则后，还需要把配置好的访问控制列表应用在对应端口上，只有当这个端口激活以后，匹配规则才开始起作用。访问控制列表主要应用方向是接入（In）检查和流出（Out）检查。in 和 out 参数可以控制端口中不同方向的数据包。

```
router > configure terminal
router (config) # interface Fa1/2
router (config-if) # ip access-group 1 out
！ 编制好的访问控制列表规则 1，应用在路由器的 Fa1/2 上
```

● 检查过程

ACL 的检查原则是从上至下，逐条匹配，一旦匹配成功就执行动作，跳出列表。如果访问控制列表中的所有规则都不匹配，就执行默认规则，拒绝所有。如本例中访问控制列表规则会拒绝所有流量，所以在编写访问控制列表规则的时候，一定要注意默认规则拒绝所有。

由于 ACL 是从上至下，逐条匹配，在编写 ACL 的规则时，通常把更精确的规则写在前面。如果允许通过规则无法一一声明，可以在定义完拒绝通过的规则后，利用 permit any 来结束。

5．修改配置

编写完编号 IP ACL 规则并应用后，无法删除或修改一组规则中的某一条。

修改编号 IP ACL 规则的唯一办法是删除并重新编写。推荐方法是：将原有 IP ACL 规则复制到写字板中，进行添加或删除。之后再将设备中原来的 IP ACL，使用 no access-list 命令删除；再将修改后的 IP ACL，复制到配置终端。

17.3　标准命名访问控制列表

1. 编号 IP ACL 应用缺点

前面介绍的编号访问控制列表，在配置时都使用数字对控制列表命名。在应用过程中，如果出现错误需要修改，必须删除全部并重新配置。其次，编号 IP ACL 使用数字 1~99 编号。在实际应用过程中，编号数字有可能耗尽。

此外，使用数字来命名 IP ACL 的规则，不能反映这条访问控制列表的实际作用。前任网络管理员留下来的访问控制列表，只看到 10 这个数字，无法知道到底实现什么控制。所以在建立访问控制列表管理机制中，还提供一种命名访问控制列表技术。

2. 什么是命名 IP ACL

在编制命名访问控制列表中，使用一个字母或数字组合的字符串来代替数字，命名访问控制列表技术不仅可以形象地描述访问控制列表功能，还可以让网络管理员删除某个访问控制列表中不需要的语句，在使用过程中方便地进行修改。

所谓命名访问控制列表是以字符串作为列表名，代替编号来定义 IP 访问控制列表。命名访问控制列表同样包括：标准命名访问控制列表和扩展命名访问控制列表，定义过滤语句的方式及规则与编号访问控制列表方式相似。

3. 配置命名 IP ACL

在全局模式下，使用如下命令可以创建标准名称 ACL。

```
ip access-list standard  name
```

其中，name 表示名称，使用英文字符表示。创建命名 IP ACL 使用 ip 命令开头。

在 ACL 模式下，使用如下命令配置命名 IP ACL 规则。

```
{ permit | deny } { any | source source-wildcard } [ time-range
time-range-name ]
```

命令中各个参数的含义，均与编号 IP ACL 相同。

4. 配置实例

为了更好地理解标准访问控制列表的应用规则，这里通过一个例子来说明。

某学校的内部网络 IP 地址为 B 类 172.16.0.0。网络拓扑如图 17-5 所示，限制学生宿舍 172.16.2.0 网段的所有主机访问服务器 172.16.1.1，其他主机访问则不受限制。

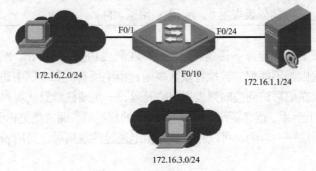

图 17-5　命名的 IP ACL

● 分析需求

由于是限制办公网中某一个区域网络的安全访问，因此选择标准 IP ACL 编制规则；为了方便以后的修改，达到见名识义的效果，决定使用命名 IP ACL 安全规则。

● 配置规则

分析完成需求后，需要在三层交换机上配置标准命名访问控制列表，语句规则如下。

```
Switch#configure
Switch (config)#ip access-list standard deny-student
                    ! 命名了标准访问控制列表
Switch (config-std-nacl)#deny 172.16.2.0  0.0.0.255    ! 拒绝学生宿舍
网络访问
Switch (config-std-nacl)#permit any                 ! 允许任何其他网络访问
Switch (config-std-nacl)#exit
```

● 应用规则

因为是标准的访问控制列表，限制了指定区域网络的控制方式，因此应该把安全控制规则应用在离安全最近的区域控制，语句规则如下。

```
Switch (config)#int  F0/24                        ! 进入 F0/24 端口
Switch (config-if)#ip access-group deny-student  out
                ! 把命名 IP ACL 应用到端口 F0/24 出口方向上
```

17.4 项目实施一：保护办公网不同区域网络访问安全

【任务描述】

绿丰公司网络中心为了保护企业内部网络设备的安全，在通过三层技术实现办公网互联互通的同时，还希望通过三层数据包的检查技术限制相关区域网络的访问范围，以实现不同区域部门网络之间的安全访问。

由于没有实施部门网络之间的安全策略，非业务的后勤部门也可以登录到销售部网络查看销售部网络设备的资源。为了保证企业内部网络的整体安全，网络中心重新进行安全规划，实施了访问控制列表安全技术，禁止其他部门网络访问销售部所在网络。

【网络拓扑】

如图 17-6 所示的网络拓扑，是绿丰公司实施标准访问控制列表安全技术，禁止其他部门网络访问销售部办公网络的工作场景。备注：注意端口标识，不同的路由器设备端口标识方法不同；如果选择的路由器设备只有一个端口，可以删除本拓扑中财务部门的网络环境。

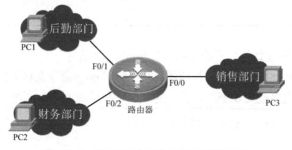

图 17-6 绿丰公司企业内部办公网络场景 1

【任务目标】

学习标准编号访问控制列表规则，实施部门之间的网络安全隔离。

【设备清单】

路由器（1台）、计算机（若干）、双绞线（若干）。

【工作过程】

步骤一：安装网络工作环境。

按照图 17-6 所示的网络拓扑，连接设备组建网络，注意设备连接的端口标识。

步骤二：IP 地址规划与设置。

根据部门网络中地址规划的原则，规划如表 17-1 所示的地址信息。

表 17-1　办公网中计算机地址规划信息 1

设备	IP 地址	子网掩码	网关	端口	备注
PC1	192.168.1.16	255.255.255.0	192.168.1.1	Fa0/1	后勤部门 PC
PC2	192.168.2.15	255.255.255.0	192.168.2.1	Fa0/2	财务部门 PC
PC3	192.168.3.11	255.255.255.0	192.168.3.1	Fa0/0	销售部门 PC
路由器	192.168.1.1	255.255.255.0	\	Fa0/1	后勤网络
	192.168.2.1	255.255.255.0	\	Fa0/2	财务网络
	192.168.3.1	255.255.255.0	\	Fa0/0	销售网络

步骤三：配置路由器的基本信息。

```
router#configure
router (config-if)#int fa0/1
router (config-if)#ip address 192.168.1.1 255.255.255.0
router (config-if)#no shutdown

router (config-if)#int fa0/2
router (config-if)#ip address 192.168.2.1 255.255.255.0
router (config-if)#no shutdown

router (config)#int fa0/0
router (config-if)#ip address 192.168.3.1 255.255.255.0
router (config-if)#no shutdown

router #show ip route       ! 查看直连路由表
...
```

步骤四：网络测试。

（1）按照表 17-1 的规划信息，给所有计算机配置 IP 地址。

（2）从 PC1 计算机访问网络中的其他计算机。使用 ping 命令测试部门网络中其他计算机的连通性。由于路由器直接连接 3 个不同部门的网络，故所有网络之间可以直接通信。

```
 ping 192.168.2.1   ( !  OK )
 ...
```

```
ping 192.168.2.15  ( !  OK )
...
ping 192.168.3.1  ( !  OK )
...
ping 192.168.3.11   ( !  OK )
...
```

步骤五：配置路由器的访问控制列表。

```
router#configure
router (config)#access-list 1 deny 192.168.1.0  0.0.0.255    ! 拒绝后勤部门网络访问
router (config)#access-list 1 permit any      ! 允许其他部门网络访问

router (config)#int  fa0/0
router (config-if)#ip access-group 1 out
router (config-if)#no shutdown
```

步骤六：网络测试。

（1）再从 PC1 计算机上访问办公网络中的其他计算机。使用 ping 命令测试到部门网络中其他计算机的连通性。

（2）由于在路由器上实施访问控制列表技术，保护销售部门网络安全，因此后勤部门网络中的 PC1 计算机能和办公网络中的其他计算机进行通信，但不能和销售部门网络中的计算机通信。

在路由器上实施安全技术，禁止后勤部门访问销售部安全控制。

```
ping 192.168.2.1  ( !  OK )
...
ping 192.168.2.15  ( !  OK )
...
ping 192.168.3.1  ( !  down )
...
ping 192.168.3.11   ( !  down )
...
```

17.5 项目实施二：保护办公网不同区域网络访问安全

【任务描述】

绿丰公司网络中心为了保护企业内部网络设备的安全，在通过三层技术实现办公网互联互通的同时，还希望通过三层数据包的检查技术限制相关区域网络的访问范围，以实现不同区域部门网络之间的安全访问。

由于没有实施部门网络之间的安全策略，非业务的后勤部门也可以登录到销售部网络查看销售部网络设备的资源。为了保证企业内部网络的整体安全，网络中心重新进行安全规划，实施了访问控制列表安全技术，禁止其他部门网络访问教师所在网络。

【网络拓扑】

如图 17-7 所示的网络拓扑，是绿丰公司实施标准访问控制列表安全技术，禁止其他部门网络访问销售部办公网络的工作场景。备注：在实际的部门网络连接中，多使用三层交换技术来实现部门网络的连通，并在三层交换机上实施安全访问控制技术。

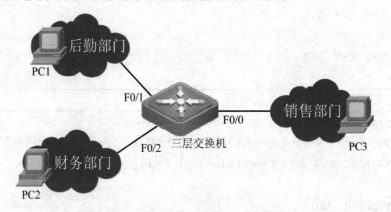

图 17-7　绿丰公司企业内部办公网络场景 2

【任务目标】

学习标准命名访问控制列表规则，实施部门之间的网络安全隔离。

【设备清单】

三层交换机（1台）、计算机（若干）、双绞线（若干）。

【工作过程】

步骤一：安装网络工作环境。

按照图 17-7 所示的网络拓扑，连接设备组建网络，注意设备连接的端口标识。

步骤二：IP 地址规划与设置。

根据部门网络中地址规划的原则，规划如表 17-2 所示的地址信息。

表 17-2　办公网中计算机地址规划信息 2

设备	IP 地址	子网掩码	网关	端口	备注
PC1	192.168.1.16	255.255.255.0	192.168.1.1	Fa0/1	后勤部门 PC
PC2	192.168.2.15	255.255.255.0	192.168.2.1	Fa0/2	财务部门 PC
PC3	192.168.3.11	255.255.255.0	192.168.3.1	Fa0/0	销售部门 PC
三层交换机	192.168.1.1	255.255.255.0	\	Fa0/1	后勤网络
	192.168.2.1	255.255.255.0	\	Fa0/2	财务网络
	192.168.3.1	255.255.255.0	\	Fa0/0	销售网络

步骤三：配置三层交换机的基本信息。

```
Switch#configure
Switch (config-if)#int fa0/1
Switch (config-if)#no switch        !交换端口转为路由端口
Switch (config-if)#ip address 192.168.1.1 255.255.255.0
Switch (config-if)#no shutdown


Switch (config-if)#int fa0/2
Switch (config-if)#no switch        !交换端口转为路由端口
```

```
Switch (config-if)#ip address 192.168.2.1 255.255.255.0
Switch (config-if)#no shutdown

Switch (config)#int fa0/0
Switch (config-if)#no switch      !交换端口转为路由端口
Switch (config-if)#ip address 192.168.3.1 255.255.255.0
Switch (config-if)#no shutdown

Switch #show ip route     ! 查看直连路由表
...
```

步骤四：网络测试。

（1）按照表 17-2 的规划信息，给所有计算机配置 IP 地址。

（2）从 PC1 计算机访问网络中的其他计算机。使用 ping 命令测试部门网络中其他计算机的连通性。由于 3 个不同部门的网络直接连接，故所有网络之间应该能直接通信。

```
ping 192.168.2.1   ( !  OK )
...
ping 192.168.2.15  ( !  OK )
...
ping 192.168.3.1   ( !  OK )
...
ping 192.168.3.11   ( !  OK )
...
```

步骤五：配置三层交换机的访问控制列表。

```
Switch #config
Switch (config)#ip access-list standard deny-houqing
Switch (config-std-nacl)#deny 192.168.1.0  0.0.0.255
Switch (config-std-nacl)#permit any
Switch (config-std-nacl)#exit

Switch (config)#int fa0/0
Switch (config-if)#ip access-group deny-houqing out
Switch (config-if)#no shutdown
Switch (config-if)#end
Switch #
```

步骤六：网络测试。

（1）再从 PC1 计算机上访问办公网络中的其他计算机。使用 ping 命令测试到部门网络中其他计算机的连通性。

（2）由于在路由器上实施访问控制列表技术，保护销售部门网络安全，因此后勤部门网络中的 PC1 计算机能和办公网络中的其他计算机进行通信，但不能和销售部门网络中的计算机通信。

在路由器上实施安全技术，禁止后勤部门访问销售部安全控制。

```
ping 192.168.2.1    ( ! OK )
...
ping 192.168.2.15   ( ! OK )
...
ping 192.168.3.1    ( ! down )
...
ping 192.168.3.11   ( ! down )
...
```

17.6 认证试题

下列每道试题都有多个选项，请选择一个最优的答案。

1. 访问控制列表具有哪些作用（   ）。

A. 安全控制

B. 流量过滤

C. 数据流量标识

D. 流媒体传输服务

2. 某台路由器上配置了如下两条访问控制列表：

Access-list 4 deny 202.38.0.0 0.0.255.255

Access-list 4 permit 202.38.160.1 0.0.0.255 表示（   ）。

A. 只禁止源地址为 202.38.0.0 网段的所有访问

B. 只允许目的地址为 202.38.0.0 网段的所有访问

C. 检查源 IP 地址，禁止 202.38.0.0 网段的主机，但允许其中 202.38.160.0 网段的主机

D. 检查目的 IP 地址，禁止 202.38.0.0 网段的主机，但允许其中 202.38.160.0 网段的主机

3. 配置如下两条访问控制列表：

Access-list 1 permit 10.110.10.1 0.0.255.255

Access-list 2 permit 10.110.100.100 0.0.255.255

访问控制列表 1 和 2 所控制的地址范围关系是（   ）。

A. 1 和 2 的范围相同

B. 1 的范围在 2 的范围内

C. 2 的范围在 1 的范围内

D. 1 和 2 的范围没有包含关系

4. 标准访问控制列表以（   ）作为判别条件。

A. 数据包的大小

B. 数据包的源地址

C. 数据包的端口号

D. 数据包的目的地址

5. 路由器如何验证端口的 ACL 应用（   ）。

A. show int

B. show ip int

C.　show ip

D.　show access-list

6.　ip access-group {number} in 这条语句表示（　　　）。

A.　指定端口上使其对输入该端口的数据流进行接入控制

B.　取消指定端口上使其对输入该端口的数据流进行接入控制

C.　指定端口上使其对输出该端口的数据流进行接入控制

D.　取消指定端口上使其对输出该端口的数据流进行接入控制

7.　以下为标准访问列表选项的是（　　　）。

A.　access-list 116 permit host 2.2.1.1

B.　access-list 1 deny 172.168.10.198

C.　access-list 1 permit 172.168.10.198 255.255.0.0

D.　access-list standard 1.1.1.1

8.　在路由器上配置一个标准的访问控制列表，只允许所有源自 B 类地址 172.16.0.0 的 IP 数据包通过，那么反掩码（wildcard-mask）采用以下哪个是正确的（　　　）。

A.　255.255.0.0

B.　255.255.255.0

C.　0.0.255.255

D.　0.255.255.255

9.　配置访问控制列表的先后顺序，会影响访问控制列表的匹配效率，因此（　　　）。

A.　最常用的需要匹配的列表在前面输入

B.　最常用的需要匹配的列表在后面输入

C.　deny 在前面输入

D.　permit 在前面输入

10.　下列条件中，能用作标准访问控制列表决定报文是转发或还是丢弃的匹配条件有（　　　）。

A.　源主机 IP

B.　目标主机 IP

C.　协议类型

D.　协议端口号

PART 18

项目 18
保护办公网接入服务安全

核心技术

◆ 扩展访问控制列表技术

能力目标

◆ 扩展访问控制列表实现服务器访问安全

知识目标

◆ 了解扩展访问控制列表技术
◆ 区别两种不同的访问控制列表技术
◆ 识别端口对应的不同服务
◆ 配置扩展的访问控制列表方法
◆ 配置扩展的编号访问控制列表方法

【项目背景】

绿丰公司是一家消费品销售公司，最近公司为适应当前信息化及网购发展需要，新成立了多个部门，并组建了互联互通的办公网络，搭建客户销售数据服务器，从而实现资源共享。

公司的网络中心为了保护企业内部网络中销售数据的安全，在通过三层技术实现办公网互联互通的同时，还希望通过三层数据包的检查技术限制相关部门访问公司内网服务器，禁止访问公司内部敏感客户数据，以保护公司内网安全。

【项目分析】

为了保护网络中部分区域的网络安全，限制部分区域网络的访问范围，多使用标准的访问控制列表技术来实现；为了保护办公网中数据服务器的安全，需要通过端口技术区别不同服务，来限制服务器访问安全。

【项目目标】

本项目主要从网络管理员日常安全管理角度出发，讲解办公网中三层路由设备的安全控制技术。会使用端口技术区别网络中不同的服务，能分辨两种不同的访问控制列表技术异同点，了解扩展访问控制列表技术的细节，会配置扩展访问控制列表技术，是作为网络管理员必备的职业技能。

【知识准备】

18.1 扩展访问控制列表

标准访问控制列表技术基于 IP 地址进行过滤，是较为简单的 IP ACL。在实际网络安全控制中，有时希望实施更为精细的安全控制，如允许或者拒绝访问网络中某一项服务控制，或者希望对数据包的目标地址进行过滤等安全控制。标准访问控制列表由于只能控制来自某一网络（源网络）的数据包，检查数据包的源 IP 地址，因而无法实现这一安全访问控制需求，这时候就需要使用另外一种安全访问控制技术，即扩展的访问控制列表技术。

扩展访问控制列表（Extended IP ACL）在数据包的控制方面，增加了更多精细度，具有比标准 IP ACL 更强大的数据包检查功能。扩展 IP ACL 不仅检查数据包的源 IP 地址，还检查数据包的目标 IP 地址、源端口、目标端口、建立连接和 IP 优先级等特征信息，利用这些选项对数据包特征信息进行匹配。

使用扩展访问控制列表技术允许用户访问物理网络，但并不允许用户使用该网络中的某项特定服务（例如 WWW、FTP 等），从而实现更为精细化的安全访问控制，如图 18-1 所示。

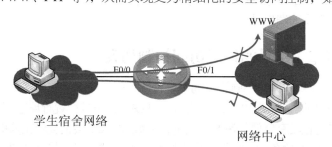

图 18-1　扩展 IP ACL 拒绝外部网络访问 WWW 服务器

18.2 网络端口技术

在网络通信的过程中，如果把 IP 地址比作一所房子的大门地址，那么端口就是出入这所房子的各个内部房间的门。一所房子只有唯一一个 IP 地址，即只有一个可以进出的大门，但却有很多内部房间的门。

房间号通过门牌号来标识，端口通过端口号来标识。和门牌号一样，端口号只有整数，其取值范围是 0 ~ 65 535。不同的房间具有不同的功能，一台拥有 IP 地址的主机可以提供许多服务，这些不同的服务通过不同的端口来实现。

互联网上的主机通过 TCP/IP 协议发送和接收数据包，各个数据包根据主机目标 IP 地址选择传输路由，把数据包顺利传送到目标主机。大多数主机操作系统都支持多程序（进程）运行，那么，主机应该把接收到的数据包传送给众多运行进程中的哪一个呢？端口机制便由此引入。

在网络通信过程中，针对不同的通信服务如 Web 服务、FTP 服务、SMTP 服务等，使用不同的进程来处理。这些服务通过 1 个 IP 地址来实现，那么主机怎样区分不同网络的服务呢？显然不能只依靠 IP 地址，因为 IP 地址与网络服务之间是一对多关系，实际上是通过端口号来区分不同服务，如图 18-2 所示。

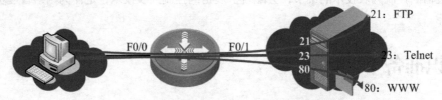

图 18-2　扩展 IP ACL 使用端口号区分不同服务

按照服务功能的不同，端口号又分为如下两类。

1．标准化端口

标准化端口范围为 0～1023，这些端口号一般固定分配给一些服务。如 20 端口、21 端口分配给 FTP（文件传输协议）服务，23 端口分配给 Telnet（远程登录协议）服务，25 端口分配给 SMTP（简单邮件传输协议）服务，80 端口分配给 HTTP 服务，110 端口分配给 POP3（电子邮件接收）服务等。

2．动态端口

动态端口也叫非标准化端口，或者自定义端口，其取值范围为 1024～65 535。这些端口号一般不固定分配给某个服务，也就是说许多服务都可以使用这些端口。只要运行的程序向系统提出访问网络的申请，那么系统就可以从这些端口号中分配一个供该程序使用。在关闭程序进程后，就会释放所占用的端口号。

18.3　配置基于编号的扩展访问控制列表

扩展 IP ACL 可以实现网络不同服务的安全控制访问，使网络安全控制更加精细化。

和标准 IP ACL 相比，扩展 IP ACL 也存在一些缺点：一是配置管理难度加大，考虑不周会限制正常访问；二是在没有硬件加速的情况下，扩展 IP ACL 会消耗路由器的 CPU 资源。所以应尽量减少扩展 IP ACL 的条数，将其简化为标准 ACL，或将多条扩展 ACL 合一，可以提高系统工作效率。

扩展 IP ACL 的编号范围为 100～199，标识区别同一端口上的多条列表。

配置扩展访问控制列表的指令格式如下。

```
Access-list listnumber {permit | deny} protocol source source-
wildcard-mask destination destination-wildcard-mask [operator
operand ]
```

其中，部分参数的含义如下。

- listnumber 标识编号的范围为 100～199。
- protocol 指需要过滤的协议，如 IP、TCP、UDP、ICMP 等。
- source 是源地址，destination 是目标地址，wildcard-mask 是 IP 反掩码。
- operand 是控制源端口和目标端口号，默认为全部端口号 0～65 535。

- operator 是端口控制操作符 , 分别是"<"（小于）、">"（大于）、"="（等于）及"≠"（不等于）。

下面通过应用实例，说明扩展访问控制列表在校园内部网络安全控制上的应用。

1. 安全应用场景

如图 18-3 所示的校园网络拓扑，路由器（常见为三层交换机）连接两个子网段，地址规划分别为网络中心的 172.16.4.0/24 网络，学生宿舍的 172.16.3.0/24 网络。其中，在网络中心的 172.16.4.0/24 网段中有一台服务器提供 WWW 服务，其 IP 地址为 172.16.4.13/24。

为保护网络中心其他服务器的安全，只允许学生宿舍网络计算机访问网络中心的 Web 服务器提供的 WWW 服务，而禁止其他计算机访问。

图 18-3　扩展 IP ACL 应用场景

2. 分析需求

网络需要开放的是 WWW 服务，禁止其他服务。由于是禁止来自指定网络特定服务的数据流，因此选择扩展的访问控制列表。

3. 配置命令

在路由器上配置如下命令。

```
router(config)#
router(config)# access-list 101 permit tcp 172.16.3.0 0.0.0.255
172.16.4.13 0.0.0.0 eq www
router(config)# access-list 101 deny ip any any  !本条命令可以省略，默
认就是
```

设置扩展的 ACL 标识号为 101，只允许学生宿舍网络中的主机，访问网络中心的 Web 服务器（172.16.4.13）上的 WWW 服务，其端口标识号为 80。deny any 指令表示拒绝全部。

4. 应用安全规则

和标准的 IP ACL 配置一样，配置好的扩展 IP ACL 需要应用到指定的端口上，才能发挥其应有的控制功能。

```
router(config)#interface Fastethernet 0/1
router(config-if)#ip access-group 101 OUT
```

5. 小结

扩展 IP ACL 功能很强大，可以控制源 IP、目标 IP、源端口、目标端口等，能实现相当精细的控制，扩展 IP ACL 不仅要读取 IP 包头的源地址和目标地址，还要读取第四层包头中的源端口和目标端口的 IP。

扩展 IP ACL 还有一个最大的好处就是可以保护服务器，如很多服务器为了更好地提供服务，都是开放在公网上。此时所有端口都对外界开放，很容易招来黑客和病毒的攻击。通过扩

展 IP ACL，可以将除了服务端口以外的其他端口都封锁掉，降低被攻击的几率。如本例就是仅仅将 80 端口对外界开放。

18.4 配置基于名称的扩展访问控制列表

基于编号的扩展访问控制列表中都要使用编号，而在命名访问控制列表中，使用一个字母或数字组合的字符串，来代替前面所使用的数字。使用命名访问控制列表时，还可以删除某一条特定的控制条目，在使用过程中方便地进行修改。

使用命名访问控制列表对设备要求较高，并且不能以同一名字命名多个 IP ACL，不同类型的 IP ACL 也不能使用相同的名字。基于扩展命名访问控制列表技术的配置过程和定义过滤语句的方式，都和编号访问控制列表方式相似。

如图 18-4 所示的校园网络拓扑，使用三层交换机连接两个子网段，地址规划分别为网络中心的 172.16.4.0/24 网络，以及学生宿舍的 172.16.3.0/24 网络。其中，在网络中心的 172.16.4.0/24 网段中有一台服务器提供 WWW 服务，其 IP 地址为 172.16.4.13/24。

图 18-4 命名的访问控制列表应用场景

为保护网络中心其他服务器的安全，只允许学生宿舍网络计算机访问网络中心的 Web 服务器提供的 WWW 服务，而禁止其他计算机访问。

以下是在交换机上实施基于名称的扩展访问控制列表的语法。

```
Switch#configure
Switch (config)#ip access-list extended  permit-student
                  ! 定义命名扩展访问控制列表，名称为 permit-student
Switch(config-ext-nacl)#permit  tcp  172.16.3.0  0.0.0.255   host
172.16.4.13  eq www
Switch (config-ext-nacl)#exit
Switch (config)#


Switch (config)#int f0/0
Switch (config-if)#ip access-group permit-student out        ! 应用到
端口 F0/0
```

18.5 项目实施：保护办公网 FTP 服务器安全

【任务描述】

绿丰公司的网络中心为了保护企业内部网络设备安全，在通过三层技术实现办公网互联互通的同时，还希望通过三层数据包的检查技术限制相关区域网络的访问范围，以实现不同区域部门网络之间的安全访问。

由于没有实施部门网络之间的安全策略，出现了非业务后勤部门登录到销售部网络中，查看销售部网络客户信息资源的现象。为了保证企业内部网络的整体安全，网络中心重新进行了安全规划：在通过三层技术实现办公网互联互通的同时，还希望通过三层数据包的检查技术，限制相关部门访问公司内网的服务器，禁止访问公司内部敏感客户数据，以保护公司内网安全。

【网络拓扑】

如图 18-5 所示的网络拓扑，是绿丰公司办公网络的工作场景，通过实施访问控制列表技术，以限制非业务部门访问公司为销售部搭建的、存放客户资料的 FTP 服务器。可以在三层交换机上实施基于名称的扩展访问控制列表技术，以实现网络之间的服务隔离。

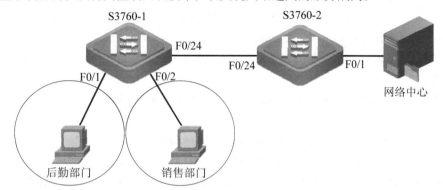

图 18-5　三层交换机上实施基于名称的扩展访问控制列表技术

【任务目标】

禁止访问 FTP 服务器，实施基于名称的扩展访问控制列表技术，实现网络之间的服务隔离。

【设备清单】

三层交换机（2 台）、计算机（≥3 台）、双绞线（若干）。

【工作过程】

步骤一：安装网络工作环境。

按照图 18-5 所示的网络拓扑结构安装和连接设备。

步骤二：IP 地址规划。

根据网络地址规划原则，规划如表 18-1 所示的地址信息。

表 18-1　办公网络中计算机地址规划信息

设备名称	IP 地址	子网掩码	网关	端口
PC1(后勤部门计算机)	192.168.1.11	255.255.255.0	192.168.1.1	F0/1 端口
PC2(销售部门计算机)	192.168.2.14	255.255.255.0	192.168.2.1	F0/2 端口
PC3(网络中心服务器)	192.168.3.2	255.255.255.0	192.168.3.1	F0/1 端口
S3760-1 的 F0/1 端口	192.168.1.1	255.255.255.0	连接后勤网络	
S3760-1 的 F0/2 端口	192.168.2.1	255.255.255.0	连接销售网络	
S3760-1 的 F0/24 端口	192.168.4.2	255.255.255.0	连接网络中心交换机	
S3760-2 的 F0/24 端口	192.168.4.1	255.255.255.0	连接部门网络接入交换机	
S3760-2 的 F0/1 端口	192.168.3.1	255.255.255.0	连接销售部存放客户数据服务器	

步骤三：配置三层交换机。

（1）配置三层交换机 S3760-1 的基本信息。

```
S3760-24-1#configure
S3760-24-1(config)#int fa 0/1
S3760-24-1(config-if-FastEthernet 0/1)#no switch
S3760-24-1(config-if-FastEthernet    0/1)#ip   address   192.168.1.1
255.255.255.0
S3760-24-1(config-if-FastEthernet 0/1)#no shutdown

S3760-24-1(config-if-FastEthernet 0/1)#int fa0/2
S3760-24-1(config-if-FastEthernet 0/2)#no switch
S3760-24-1(config-if-FastEthernet    0/2)#ip   address   192.168.2.1
255.255.255.0
S3760-24-1(config-if-FastEthernet 0/2)#no shutdown

S3760-24-1(config-if-FastEthernet 0/2)#int fa0/24
S3760-24-1(config-if-FastEthernet 0/24)#no switch
S3760-24-1(config-if-FastEthernet    0/24)#ip   address   192.168.4.2
255.255.255.0
S3760-24-1(config-if-FastEthernet 0/24)#no shutdown
S3760-24-1(config-if-FastEthernet 0/24)#end
S3760-24-1#

S3760-24-1#show ip route    ! 查看路由表信息
...
```

（2）配置三层交换机 S3760-2 的基本信息。

```
S3760-24-2#configure
S3760-24-2(config)#int fa 0/1
S3760-24-1(config-if-FastEthernet 0/1)#no switch
S3760-24-1(config-if-FastEthernet    0/1)#ip   address   192.168.3.1
255.255.255.0
S3760-24-1(config-if-FastEthernet 0/1)#no shutdown

S3760-24-1(config-if-FastEthernet 0/2)#int fa0/24
S3760-24-1(config-if-FastEthernet 0/24)#no switch
S3760-24-1(config-if-FastEthernet    0/24)#ip   address   192.168.4.1
255.255.255.0
S3760-24-1(config-if-FastEthernet 0/24)#no shutdown
S3760-24-1(config-if-FastEthernet 0/24)#end
```

```
S3760-24-1#

S3760-24-1#show ip route      ！查看路由表信息
...
```

（3）配置三层交换机 S3760-1 的动态信息。

```
S3760-24-1#configure
S3760-24-1(config)#router rip
S3760-24-1(config-router)#version 2
S3760-24-1(config-router)#network 192.168.1.0
S3760-24-1(config-router)#network 192.168.4.0
S3760-24-1(config-router)#network 192.168.2.0
S3760-24-1(config-router)# no auto-summary
S3760-24-1(config-router)#end
S3760-24-1#

S3760-24-1#show ip router        ！查看路由表信息
...
```

（4）配置三层交换机 S3760-2 的动态信息。

```
S3760-24-2#configure
S3760-24-2(config)#router rip
S3760-24-2(config-router)#version 2
S3760-24-2(config-router)#network 192.168.3.0
S3760-24-2(config-router)#network 192.168.4.0
S3760-24-2(config-router)# no auto-summary
S3760-24-2(config-router)#end
S3760-24-2#

S3760-24-2#show ip router          ！查看路由表信息
...
```

步骤四：配置网络 FTP 服务器。

（1）在公司网络中心的 PC3 计算机上，使用 IIS 程序构建 FTP 服务器。

（2）在测试计算机中执行"开始→运行"命令，在"打开"文本框中输入 cmd 命令，转到命令行操作状态，使用 ping 测试命令，连续测试对方网络的连通性。

```
ping  192.168.3.2
…（！OK）
```

观察测试计算机网络的运行状态，发现网络连通良好，会出现成功发包和收包的测试信息。

（3）从后勤部门网络中的 PC1 计算机上，访问网络中心为销售部构建的、存放客户数据信息的 FTP 服务器。打开 IE 浏览器工具，输入如下测试命令。

```
FTP://192.168.3.2
…（！OK）
```

由于构建了一个交换网络，通过动态路由实现办公网络连通，因而可以访问网络中构建的 FTP 服务器。成功访问 FTP 服务器的结构信息如图 18-6 所示。

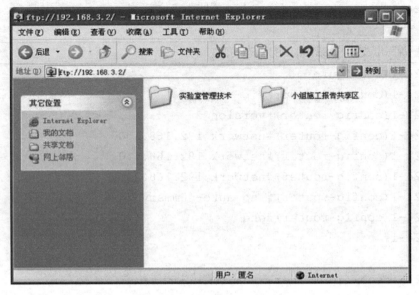

图 18-6　办公网中设备成功访问 FTP 服务器

步骤五：配置三层交换机基于名称的扩展访问控制列表。

```
S3760-24-2#configure
S3760-24-2(config)# ip access-list extended 100
S3760-24-2(config-std-nacl)#deny  tcp  192.168.1.0  0.0.0.255  host
192.168.3.2 eq ftp
S3760-24-2(config-std-nacl)# permit ip any any
S3760-24-2(config-std-nacl)#end
S3760-24-2#

S3760-24-2#int fa0/24
S3760-24-2(config-if)#ip access-group 100  in
S3760-24-2(config-if)#no shutdown
S3760-24-2(config-if)#end
S3760-24-2#
```

步骤六：网络测试。

（1）在后勤部门网络的 PC1 计算机上，执行"开始→运行"命令，在"打开"文本框中输入 cmd 命令，转到命令行操作状态，使用 ping 测试命令，测试对方网络的连通性，命令格式如下。

```
ping  192.168.3.2
…（！OK）
```

由于禁止的是 FTP 服务，观察测试计算机网络的运行状态，发现网络连通良好，会出现成功发包和收包的测试信息。

（2）在后勤部门网络的 PC1 计算机上，访问网络中心构建销售部客户信息的 FTP 服务器。打开 IE 浏览器工具，输入如下测试命令。

```
FTP: // 192 .168 .3 .2
… ( ! down )
```

由于使用了基于名称的扩展访问控制列表技术，通过三层交换机上的数据流禁止后勤部门访问网络中心的 FTP 服务器，如图 18-7 所示，但销售部门的 PC2 计算机则可以访问 FIP 服务器。

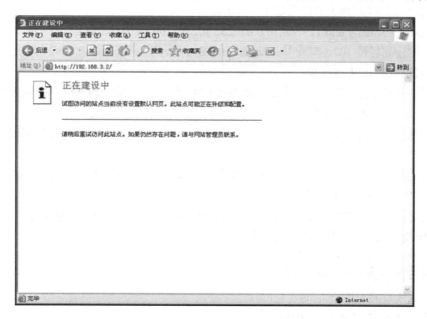

图 18-7　禁止后勤部门访问 FTP 服务器

18.6　认证试题

下列每道试题都有多个选项，请选择一个最优的答案。

1. 在配置访问控制列表的规则时，以下描述不正确的是（　　）。

A. 加入的规则都被追加到访问列表的最后

B. 加入的规则可以根据需要插入到任意位置

C. 修改现有的访问列表需要删除并重新配置

D. 访问列表按照顺序检测直到找到匹配的规则

2. 创建一个扩展访问控制列表 101，通过以下哪条命令可以把它应用到端口上（　　）。

A. pemit　access-list 101 out

B. ip access-group 101 out

C. access-list 101 out

D. apply　access-list 101 out

3. 以下陈述中，IP ACL 不能实现的是（　　）。

A. 拒绝从一个网段到另一个网段的 ping 流量

B. 禁止客户端向某个非法 DNS 服务器发送请求

C. 禁止以某个 IP 地址作为源发出的 telnet 流量

D. 禁止某些客户端的 P2P 下载应用

4. 扩展访问控制列表的号码范围（　　　）。

A. 1 ~ 99

B. 100 ~ 199

C. 800 ~ 899

D. 900 ~ 999

5. 如下访问控制列表的含义是（　　　）。

Access-list 102 deny udp 129.9.8.10 0.0.0.255 202.38.160.10 0.0.0.255 gt 128

A. 规则序列号是 102，禁止从 202.38.160.0/24 网段的主机到 129.9.8.0/24 网段的主机使用端口大于 128 的 UDP 进行连接

B. 规则序列号是 102，禁止从 202.38.160.0/24 网段的主机到 129.9.8.0/24 网段的主机使用端口小于 128 的 UDP 进行连接

C. 规则序列号是 102，禁止从 129.9.8.0/24 网段的主机到 202.38.160.0/24 网段的主机使用端口大于 128 的 UDP 进行连接

D. 规则序列号是 102，禁止从 129.9.8.0/24 网段的主机到 202.38.160.0/24 网段的主机使用端口小于 128 的 UDP 进行连接

6. 在访问控制列表中，有一条规则如下：access-list 131 permit ip any 192.168.10.0 0.0.0.255 eq ftp。在该规则中，any 的含义是（　　　）。

A. 检察源地址的所有比特位

B. 检查目标地址的所有比特位

C. 允许所有的源地址

D. 允许 255.255.255.255　0.0.0.0

7. 以下为标准访问控制列表选项的是（　　　）。

A. access-list 116 permit host 2.2.1.1

B. access-list 1 deny 172.168.10.198

C. access-list 1 permit 172.168.10.198 255.255.0.0

D. access-list standard 1.1.1.1

8. 访问控制列表是路由器的一种安全策略，如果决定使用标准访问控制列表来做安全控制，以下为标准访问控制列表的选项是（　　　）。

A. access-list standart 192.168.10.23

B. access-list 10 deny 192.168.10.23 0.0.0.0

C. access-list 101 deny 192.168.10.23 0.0.0.0

D. access-list 101 deny 192.168.10.23 255.255.255.255

9. 配置访问控制列表如下所示，最后默认的规则是什么（　　　）。

access-list 101 permit 192.168.0.0 0.0.0.255 10.0.0.0 0.255.255.255

A. 允许所有的数据报通过

B. 仅允许到 10.0.0.0 的数据报通过

C. 拒绝所有数据报通过

D. 仅允许到 192.168.0.0 的数据报通过

10. 计费服务器的 IP 地址在 192.168.1.0/24 子网内，为了保证计费服务器的安全，不允许任何用户 telnet 到该服务器，则需要配置的访问控制列表为（   ）。

A. access-list 11 deny tcp 192.168.1.0 0.0.0.255 eq telnet/access-list 111 permit ip any any

B. access-list 111 deny tcp any 192.168.1.0 eq telnet/access-list 111 permit ip any any

C. access-list 111 deny udp 192.168.1.0 0.0.0.255 eq telnet/access-list 111 permit ip any any

D. access-list 111 deny tcp any 192.168.1.0 0.0.0.255 eq telnet/access-list 111 permit ip any any

PART 19

项目 19
保护办公网出口安全

核心技术

◆ 防火墙安全技术

能力目标

◆ 配置办公网防火墙设备，保护办公网安全

知识目标

◆ 了解办公网接入互联网安全
◆ 了解防火墙安全基础
◆ 区别不同类型的防火墙设备
◆ 会配置防火墙的工作环境
◆ 会配置防火墙的基础技术

【项目背景】

绿丰公司是一家消费品销售公司，公司为适应电子商务发展需要，组建了互联互通的办公网络，搭建了客户销售数据服务器，从而实现资源共享。

然而，公司网络在运行的过程中，网络中心经常发现来自外部互联网上的攻击事件，如有人在公司的内网服务器上安装了广告木马、有试探性的数据包频频测试服务的 FTP 端口等。

为了保护公司内部网络的安全，公司决定在办公网的出口地方安装一台防火墙设备，禁止来自互联网上的敏感数据进入公司内部网络。

【项目分析】

为了保护公司内部网络的安全，防范来自互联网上的攻击事件发生，需要在企业网的出口地方安装硬件防火墙设备。硬件防火墙能够有效地防范来自互联网上的攻击事件，通过检查进

入办公网的所有数据包，禁止筛选出的、可疑的数据包通过防火墙进入公司内网，从而保护公司内部网络的安全。

【项目目标】

本项目主要从网络管理员日常安全管理角度出发，讲解办公网出口安全控制技术，即防火墙设备的基础知识。了解防火墙的基础知识，会区别硬件防火墙和软件防火墙的异同点，会登录防火墙设备，配置防火墙的基础工作环境，能通过防火墙对办公网进行简单的安全控制，是作为网络管理员必备的职业技能。

【知识准备】

19.1　什么是防火墙

防火墙是一套位于企业内部网（Intranet）与互联网（Internet）之间的网络安全系统，能按照一定的安全策略建立硬件和软件的有机组成体，把一家企业的公共网络服务器和企业内部网络分隔开，从而有效防止来自互联网上的黑客攻击，保护企业内部网络的安全运行。

网络安全上实施的防火墙，通常是由硬件和软件设备组合而成，能在公司的内部网和互联网之间构造一个保护屏障，在内部网与互联网之间建立起一个安全网关（Security Gateway），从而保护内部网免受来自互联网非法用户的入侵，如图 19-1 所示。

防火墙主要由服务访问规则、验证工具、包过滤和应用网关 4 个部分组成。防火墙通过检查流入或流出网络中的数据包，实施对网络通信的安全防范。按照一定规则检查、过滤数据包，允许"同意"的人和数据进入企业的内部网络，同时将"不同意"的数据拒之门外，最大限度地阻止互联网络中的黑客攻击。换句话说，如果没有通过防火墙，公司内部的用户就无法访问互联网，互联网上的用户也无法和公司内部的用户进行通信。

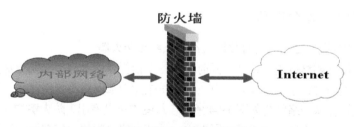

图 19-1　防火墙防止来自互联网的攻击

19.2　防火墙类型

按照保护网络功能的高低程度，办公网中安装的防火墙通常可以分为硬件防火墙和软件防火墙两种类型。

1.　硬件防火墙

硬件防火墙是指把防火墙程序做到芯片里面，由硬件执行这些功能，可以减少 CPU 的负担，使路由更稳定。

硬件防火墙是保障内部网络安全的一道重要屏障。它的安全性和稳定性，直接关系到整个内部网络的安全。因此，日常例行的检查对于保证硬件防火墙的安全性是非常重要的。

硬件防火墙多应用于有一定规模，并且对安全要求较高的网络中。就安全性能来讲，硬件防火墙大大优于软件防火墙。

硬件防火墙的缺点是费用昂贵，配置管理技术复杂，如图 19-2 所示。

图 19-2　硬件防火墙设备

2.　软件防火墙

软件防火墙单独使用一套软件系统来完成防火墙功能，通常将软件防火墙部署在系统主机上，通过配置该软件完成放行哪个端口、禁止哪个 IP 段之类的安全控制。

软件防火墙的安全性较硬件防火墙差，并且占用较多系统资源，在一定程度上会影响系统性能。软件防火墙多用于保护单机系统或是家庭、小型私人网络，很少用于企业的办公网中。如图 19-3 所示，是常见的、保护单机系统的 360 安全卫士防火墙。

图 19-3　360 安全卫士防火墙

19.3　防火墙安全特性

1．内部网和互联网之间的所有数据流都必须经过防火墙

这是防火墙所处网络位置的特性，同时也是一个前提。因为只有当防火墙是内、外部网络之间通信的唯一通道时，才可以全面、有效地保护企业内部网络不受侵害。

典型的防火墙体系网络结构如图 19-4 所示。从图中可以看出，防火墙的一端连接企业内部的局域网，而另一端则连接着互联网。所有内、外部网络之间的通信都要经过防火墙。

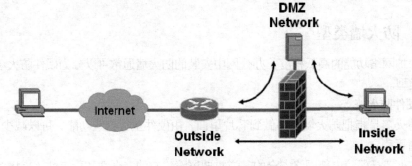

图 19-4　典型的防火墙体系网络结构

2．只有符合安全策略的数据流才能通过防火墙

防火墙最基本的功能是确保网络流量的合法性，并在此前提下将网络的流量快速地从一条链路转发到另一条链路上去。最原始的防火墙就是一台"双穴主机"，即具备两个网络端口，同时拥有两个网络层地址。

防火墙将网络上的流量通过相应的网络端口接收上来，按照 OSI 协议栈的七层结构顺序上传，在适当的协议层进行访问规则和安全审查，然后将符合通过条件的报文从相应的网络端口送出，而对那些不符合通过条件的报文则予以阻断。因此，从这个角度上来说，防火墙是一个类似于桥接或路由器的、多端口转发设备，它跨接于多个分离的物理网段之间，并在报文转发过程之中完成对报文的审查工作，如图 19-5 所示。

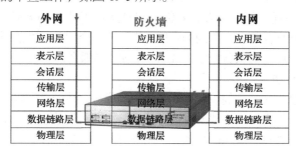

图 19-5　防火墙按照 OSI 七层模型过滤信息

3．防火墙自身应具有非常强的抗攻击免疫力

这是防火墙能够担当企业内部网络安全防护重任的先决条件。防火墙处于网络边缘，它就像一个边界卫士一样，每时每刻都要面对黑客的入侵，这就要求防火墙自身要具有非常强的抗入侵本领。防火墙操作系统本身是关键，只有自身具有完整信任关系的操作系统才可以谈论系统的安全性。

防火墙自身的服务功能非常低，除了专门的防火墙嵌入系统外，再没有其他应用程序在防火墙上运行。当然这些安全性是相对而言的，保护内部网络的防火墙如图 19-6 所示。

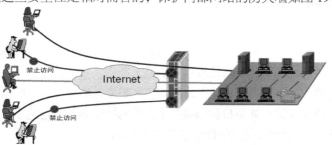

图 19-6　防火墙保护的内部网络

19.4　防火墙工作原理

防火墙的本义是指在古代构筑和使用木制结构房屋时，为防止火灾的发生和蔓延，人们将坚固的石块堆砌在房屋周围作为屏障，这种防护构筑物就被称之为"防火墙"。

防火墙最初的设计思想是对内部网络总是信任，而对外部网络总是不信任，所以最初的防火墙是只对外部进来的通信进行过滤，而对内部网络用户发出的通信不做限制。

防火墙对网络的安全检查功能也就是两个状态：Yes 或者 No，含义就是接受或者拒绝。防火墙对网络的工作方式都是一样的：分析出入防火墙的数据包，决定放行还是拒绝它们。这就

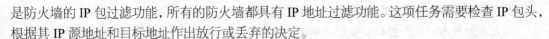

是防火墙的 IP 包过滤功能，所有的防火墙都具有 IP 地址过滤功能。这项任务需要检查 IP 包头，根据其 IP 源地址和目标地址作出放行或丢弃的决定。

1. 包过滤防火墙

包过滤防火墙的工作原理是：系统在网络层检查数据包，与应用层无关。这样系统就具有了很好的传输性能，可扩展能力强。但是，包过滤防火墙的安全性有一定的缺陷，因为系统对应用层信息无感知，也就是说防火墙不理解通信的内容，所以可能被黑客所攻破。

2. 应用网关防火墙

应用网关防火墙检查所有应用层的信息包，并将检查的内容信息放入决策过程，从而提高网络的安全性。然而，应用网关防火墙是通过打破客户机/服务器模式来实现的。

每个客户机/服务器通信都需要两个连接：一个是从客户端到防火墙，另一个是从防火墙到服务器。另外，每个代理需要一个不同的应用进程，或一个后台运行的服务程序，对于每个新的应用必须添加针对此应用的服务程序，否则不能使用该服务。

3. 状态检测防火墙

状态检测防火墙基本保持了简单包过滤防火墙的优点，性能比较好，同时对应用也是透明的，在此基础上，安全性有了大幅提升。这种防火墙摒弃了简单包过滤防火墙仅仅考察进出网络的数据包，而不关心数据包状态的缺点，在防火墙的核心部分建立状态连接表维护连接，将进出网络的数据当成一个个的事件来处理。

可以这样说，状态检测防火墙规范了网络层和传输层的行为。

4. 复合型防火墙

复合型防火墙是指综合状态检测与透明代理的新一代防火墙，它基于 ASIC 架构把防病毒、内容过滤整合到防火墙里，还包括 VPN、IDS 功能。

常规的防火墙并不能防止隐蔽在网络流量里的攻击，在网络界面对应用层扫描，把防病毒、内容过滤与防火墙结合起来，这体现了网络与信息安全的新思路。

19.5 防火墙性能技术指标

1. 吞吐量

网络中的数据是由一个个数据包组成的，防火墙对每个数据包的处理都要耗费资源。吞吐量是指在没有帧丢失的情况下，设备能够接受的最大速率。其测试方法是：在测试中以一定速率发送一定数量的帧，并计算待测设备传输的帧，如果发送的帧与接收的帧数量相等，那么就将发送速率提高并重新测试；如果接收的帧少于发送的帧则降低发送速率并重新测试，直至得出最终结果。吞吐量测试结果以比特/秒或字节/秒来表示。

吞吐量和报文转发率是关系防火墙应用的主要指标，吞吐量越大，防火墙的性能就越高。

2. 时延

防火墙的工作时延是衡量防火墙很重要的技术指标。一般是指数据从入口处输入帧的最后1 个比特，到达出口处输出帧的第 1 个比特，输出所用的时间间隔。

衡量标准：时延越小，表示防火墙的性能越高。

3. 并发连接数

防火墙的并发连接数是指穿越防火墙的主机之间或主机防火墙之间，能同时建立的最大连接数，是衡量防火墙工作性能的重要技术指标。

4. 每秒新建连接数

防火墙的每秒新建连接数，是指防火墙在 1s 之内能够新建的连接数量，体现了防火墙的反应能力或者说是灵敏度，也是衡量防火墙工作性能的重要技术指标。

5. 丢包率

防火墙的丢包率是指防火墙在连续负载的情况下，设备由于资源不足应转发但却未转发的帧百分比。

衡量标准：丢包率越小，防火墙的性能越高。

6. 背靠背

防火墙的背靠背是指防火墙从空闲状态开始，以达到传输介质最小合法间隔极限的传输速率，发送相当数量的固定长度的帧，当出现第一个帧丢失时发送的帧数。

衡量标准：背靠背主要是指防火墙缓冲容量的大小，网络上经常有一些应用会产生大量的突发数据包（如 NFS 备份、路由更新等），而且这些数据包的丢失可能会导致更多数据包的丢失，强大的缓冲能力可以减小这种突发情况对网络造成的影响。

19.6 项目实施：保护办公网出口安全

【任务描述】

绿丰公司的办公网在运行的过程中，网络中心经常发现来自外部互联网上的攻击事件，如有人在公司的内网服务器上安装了广告木马、有试探性的数据包频频测试服务的 FTP 端口等。

为了保护公司内部网络的安全，公司决定在办公网的出口地方安装一台防火墙设备，禁止来自互联网上的敏感数据进入公司内部。

【网络拓扑】

如图 19-7 所示的网络拓扑，是绿丰公司办公网络的工作场景。通过在办公网的出口地方安装一台防火墙设备，以保护办公网的安全，防范来自互联网上的攻击事件。目前公司要求网络管理员学会管理和维护防火墙设备，以保护公司的网络安全。网络管理员小王学会了登录防火墙，并对其进行初始化配置，使其满足基本的网络安全需求。

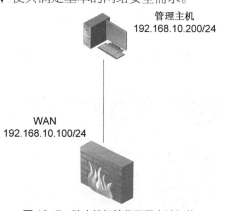

管理主机
192.168.10.200/24

WAN
192.168.10.100/24

图 19-7 防火墙初始化配置实验拓扑

【任务目标】

学会登录防火墙，并对其进行初始化配置，使其满足基本的网络安全需求。

【设备清单】

锐捷 RG-WALL1600 系列防火墙（1 台）、测试 PC（若干）、网线（若干）。

【备注】本任务内容以锐捷 RG-WALL 防火墙为样本说明,其他厂商防火墙产品配置过程相同。

【工作过程】

步骤一:安装管理员证书。

(1)管理员证书在防火墙随机光盘的 Admin Cert 文件夹中,如图 19-8 所示。

图 19-8　管理员证书

(2)双击 admin.p12 文件,打开"欢迎使用证书导入向导"对话框,该文件将初始 Windows 的证书导入向导,单击"下一步"按钮,如图 19-9 所示。

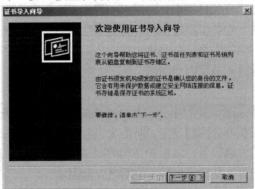

图 19-9　证书导入向导

(3)弹出"要导入的文件"对话框,在"文件名"文本框中指定证书所在的路径,单击"下一步"按钮,如图 19-10 所示。

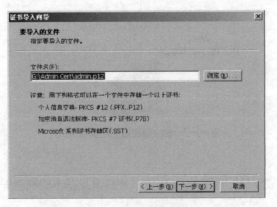

图 19-10　指定证书路径

（4）弹出"密码"对话框，在"密码"文本框中输入导入证书时使用的密码，密码为123456，单击"下一步"按钮，如图19-11所示。

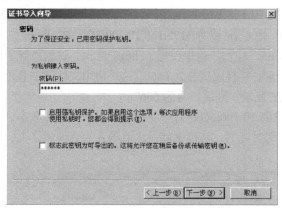

图 19-11　输入密码

（5）弹出"证书存储"对话框，单击"根据证书类型，自动选择证书存储区"单选按钮，让 Windows 自动选择证书存储区，然后单击"下一步"按钮，如图19-12所示。

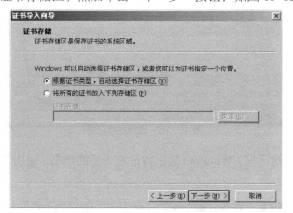

图 19-12　Windows 自动选择证书存储区

（6）弹出"正在完成证书导入向导"对话框，单击"完成"按钮，完成证书导入，如图19-13所示。系统会提示证书导入成功，如图19-14所示。

图 19-13　完成证书导入

图 19-14　证书导入成功

步骤二：登录防火墙。

锐捷防火墙设备在出厂时，默认在其 WAN 端口上，配置一个管理 IP 地址 192.168.10.100/24，并且授权只有 IP 地址为 192.168.10.200 的主机，才能对其进行维护、配置和管理。

将管理主机的 IP 地址配置为 192.168.10.200/24，在 Web 浏览器的地址栏中输入 https://192.168.10.100:6666。注意，这里使用了 https 协议，这就意味着所有的管理流量都是通过 SSL 协议进行加密处理，并且端口号为 6666，这是使用文件证书登录防火墙时使用的通信端口。如果使用 USB-KEY 登录，则端口号为 6667。

当使用 https://192.168.10.100:6666 登录防火墙时，在"选择数字证书"对话框中，防火墙将提示管理主机初始管理员证书，该证书就是之前导入的管理员证书，单击"确定"按钮，如图 19-15 所示。

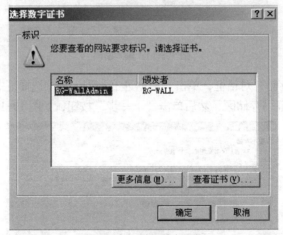

图 19-15　选择数字证书

弹出"安全警报"对话框，Windows 提示验证防火墙的证书，单击"是"按钮，如图 19-16 所示。

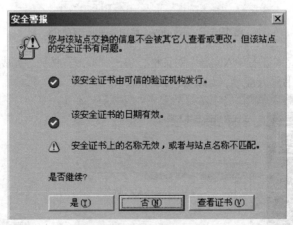

图 19-16　验证防火墙证书

通过验证后，此时就可以进入到防火墙的登录界面，如图 19-17 所示。

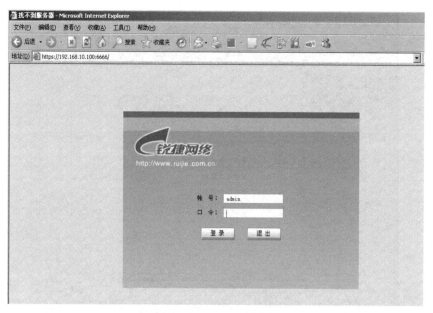

图 19-17 防火墙的登录界面

使用默认的账号 admin，口令 firewall 登录防火墙，如图 19-18 所示，进入防火墙的配置界面。

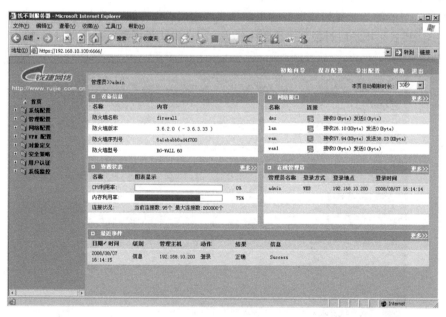

图 19-18 防火墙的配置界面

步骤三：初始化向导 1——修改口令。

进入防火墙的配置界面后，单击右上方的"初始向导"按钮，进入防火墙的初始化向导界面。初始化向导的第 1 步是修改默认的管理员口令，如图 19-19 所示。

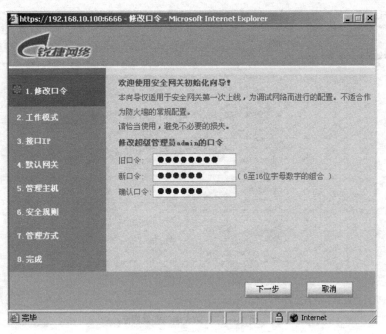

图 19-19　修改管理员口令

步骤四：初始化向导 2——工作模式。

初始化向导的第 2 步是设置端口的工作模式。端口工作在路由模式和混合模式，默认为路由模式。路由模式是指端口对报文进行路由转发，混合模式是指端口对报文进行透明桥接转发，如图 19-20 所示。

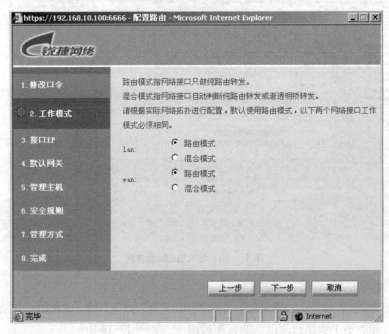

图 19-20　防火墙工作模式

步骤五：初始化向导 3——端口 IP。

初始化向导的第 3 步是设置端口的 IP 地址和掩码信息，并且可以设置该地址是否作为管理地址，是否允许主机 ping 等选项，具体设置如图 19-21 所示。

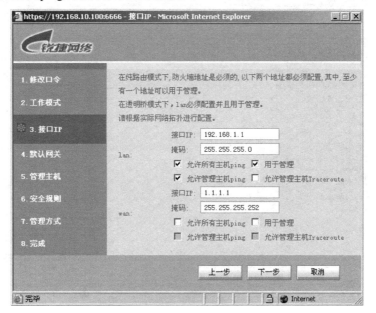

图 19-21　修改防火墙端口 IP

步骤六：初始化向导 4——默认网关。

初始化向导的第 4 步是设置防火墙的默认网关，通常这都是 ISP 路由器的地址，如图 19-22 所示。

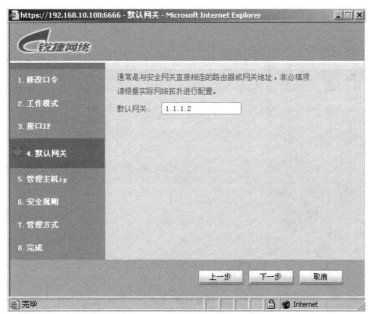

图 19-22　修改防火墙默认网关

步骤七：初始化向导 5——管理主机。

初始化向导的第 5 步是设置管理主机，只有该地址可以对防火墙进行管理。后续在配置界面中还可以添加多个管理主机。默认的管理主机 IP 为 192.168.10.200，如图 19-23 所示。

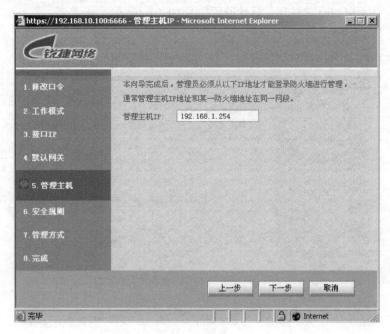

图 19-23　设置管理主机

步骤八：初始化向导 6——安全规则。

初始化向导的第 6 步是添加安全规则，这里可以根据内部和外部的子网信息进行配置，如图 19-24 所示。

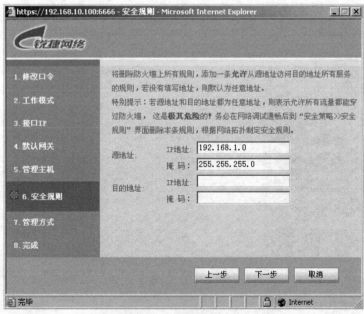

图 19-24　防火墙安全规则

步骤九：初始化向导 7——管理方式。

初始化向导的第 7 步是设置管理防火墙的方式，有 3 种选择：使用 Console 端口进行命令行管理；使用 Web 的 https 方式进行命令行管理；使用 SSH 加密连接进行命令行管理，如图 19-25 所示。

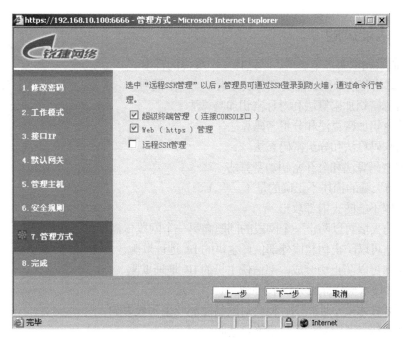

图 19-25　防火墙管理方式

步骤十：初始化向导 8——完成向导。

初始化向导的最后一步是完成向导配置，此时界面会显示之前的配置结果，单击"完成"按钮，如图 19-26 所示。

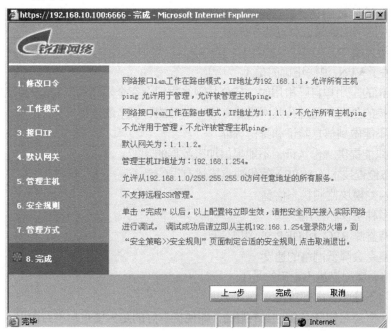

图 19-26　防火墙完成向导

19.7 认证试题

下列每道试题都有多个选项，请选择一个最优的答案。

1. 加密算法若按照密钥的类型可以分为（　　　）两种。

A. 非对称密钥加密算法和对称密钥加密算法

B. 公开密钥加密算法和分组密码算法

C. 序列密码算法和分组密码算法

D. 序列密码算法和公开密钥加密算法

2. 关于防火墙的描述不正确的是（　　　）。

A. 防火墙不能防止内部攻击

B. 使用防火墙可以防止一个网段的问题向另一个网段传播

C. 防火墙可以防止伪装成外部信任主机的 IP 地址欺骗

D. 防火墙可以防止伪装成内部信任主机的 IP 地址欺骗

3. 包过滤技术与代理服务技术相比较（　　　）。

A. 包过滤技术安全性较弱，但会对网络性能产生明显影响

B. 包过滤技术对应用和用户是绝对透明的

C. 代理服务技术安全性较高，但不会对网络性能产生明显影响

D. 代理服务技术安全性高，对应用和用户透明度也很高

4. 防止用户被冒名欺骗的方法是（　　　）。

A. 对信息源进行身份验证

B. 进行数据加密

C. 对访问网络的流量进行过滤和保护

D. 采用防火墙

5. 以下关于 VPN 说法正确的是（　　　）。

A. VPN 指的是用户自己租用的、与公共网络物理上完全隔离的、安全的线路

B. VPN 指的是用户通过公共网络建立的、临时的、安全的连接

C. VPN 不能做到信息验证和身份认证

D. VPN 只能提供身份认证，不能提供加密数据的功能

6. 对状态检查技术（ASPF）的优缺点描述有误的是（　　　）。

A. 采用检测模块监测状态信息

B. 支持多种协议和应用

C. 不支持监测 RPC 和 UDP 的端口信息

D. 配置复杂会降低网络的速度

7. 关于防火墙的描述不正确的是（　　　）。

A. 防火墙不能防止内部攻击

B. 如果一个公司信息安全制度不明确，即使拥有好的防火墙也起不到作用

C. 防火墙可以防止伪装成外部信任主机的 IP 地址欺骗

D. 防火墙可以防止伪装成内部信任主机的 IP 地址欺骗

8. 下列不属于防火墙的主要技术有哪些（　　　）。

A. 简单包过滤技术

B. 状态检测包过滤技术

C. 应用代理技术

D. 复合技术

E. 地址翻译技术

9. 防火墙的测试性能参数一般包括（　　　）。

A. 吞吐量

B. 新建连接速率

C. 并发连接数

D. 处理时延

10. 下列有关防火墙局限性描述哪些是正确的（　　　）。

A. 防火墙不能防范不经过防火墙的攻击

B. 防火墙不能解决来自内部网络的攻击和安全问题

C. 防火墙不能对非法的外部访问进行过滤

D. 防火墙不能防止策略配置不当或错误配置引起的安全威胁

项目 20
把办公网接入互联网

核心技术

◆ 办公网 NAT 地址转换技术

能力目标

◆ 配置办公网路由器 NAT 技术，把办公网接入互联网

知识目标

◆ 了解网络私有地址知识
◆ 了解地址转换的 NAT 技术
◆ 区别不同类型 NAT 地址转换技术
◆ 了解 NAPT 端口地址转换技术
◆ 配置地址转换的 NAT 技术
◆ 配置地址转换的 NAPT 技术

【项目背景】

绿丰公司是一家消费品销售公司，公司为适应电子商务发展需要，组建了互联互通的办公网络，搭建了客户销售数据服务器，从而实现资源共享。

此外在企业网络的出口处，安装了一台路由器设备作为企业网的出口设备：一方面实现企业内部办公网之间的互联互通；另一方面可以把办公网接入互联网（Internet）。

企业内部网络在构建过程中，使用私有 IP 地址规划，构建了企业的内联网（Intranet）。为了把办公网接入互联网，企业向中国电信申请到有限的几个公有 IP 地址，在路由器设备上通过配置 NAT 地址转换技术，实现企业的私有网络访问外部的互联网。

【项目分析】

由于 IP 地址的使用需求旺盛，造成了全球公有 IP 地址的枯竭。因此目前所有的企业网在构建的过程中，都只能使用私有 IP 地址。但互联网上的路由器不转发带有私有 IP 地址的数据包，因此企业内部计算机如果需要访问互联网，就需要在企业网络的出口路由器或者防火墙设备上，配置 NAT 地址转换技术，把企业网中的私有地址转换为公有 IP 地址，才能实现企业网对互联网的访问。

【项目目标】

本项目主要从网络管理员日常安全管理角度出发，讲解私有地址以及私有地址和公有地址转换的 NAT 设计基础知识。了解私有地址的基础知识，熟悉私有地址转换为公有地址的过程，会配置 NAT 以及 NAPT 地址转换技术，可以实现企业网访问互联网，是作为网络管理员必备的职业技能。

【知识准备】

20.1　IPv4 地址面临困境

随着互联网应用不断以指数级速度增长，一个麻烦的问题出现了：IPv4 地址空间迅速枯竭，这直接促进了 IPv6 大规模地址技术的开发。尽管即将出现的 IPv6 被视为解决互联网长期发展地址困境的重要解决方案，但新一代的 IPv6 地址从规划、开发，再到大规模应用，还有一段漫长的过程。在 IPv4 向 IPv6 过渡的期间，人们还提出了一些短期的改善 IPv4 地址应用的解决方案，其中一项重要的技术就是地址转换 NAT 技术。

NAT 最初设计的目的就是通过允许使用较少的公有 IP 地址，代表多数的私有 IP 地址，来减缓 IP 地址空间枯竭的速度。NAT 技术的出现使人们对 IP 地址枯竭的恐慌得到了大大的缓解，甚至在一定程度上延缓了 IPv6 技术在网络中的发展和推广速度。

20.2　什么是 NAT 技术

NAT（Network Address Translation）的中文含义是"网络地址转换"，它通过将 IP 数据包头中的 IP 地址，转换为另一个 IP 地址，允许一个组织以一个公有 IP（Internet Protocol）地址出现在互联网上。顾名思义，它是一种把内部私有网络地址（IP 地址），翻译成合法网络地址的技术。

如图 20-1 所示的网络场景，将企业内网中使用的私有地址，通过出口路由器转化为公网可以使用的 IP 公有地址，以实现内部网络接入互联网。

NAT 的典型应用是将使用私有 IP 地址（RFC 1918）的企业内网连接到互联网，以实现私有网络访问公共网络的功能。这样公司就无须再给内部网络中的每个设备都分配公有 IP 地址，既避免了公有 IP 地址的浪费，又节省了申请公有 IP 地址的费用，同时也减缓了 IPv4 地址空间被耗尽的速度。

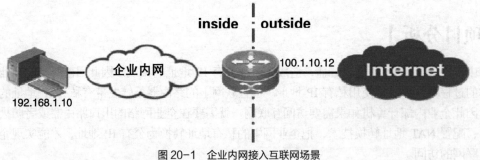

图 20-1　企业内网接入互联网场景

20.3　私有 IP 地址有哪些

在目前的 TCP/IP 网络组建过程中，应用到的 IP 地址可以分为公有 IP 地址和私有 IP 地址。公有 IP 地址就是可以在互联网中直接使用的 IP 地址，而私有 IP 地址则是只能在局域网中使用的 IP 地址。

由于目前使用的 IPv4 地址有限制，因而就不能为加入互联网中的每一台计算机分配一个公有 IP，所以在局域网中的每台计算机就只能使用私有 IP 地址了。私有 IP 地址为非注册 IP 地址，是从注册的公有 IP 中拿出一组 IP 地址，专门用于私有 IP 网络。

目前，互联网组织委员会公布的私有 IP 地址范围如下。

A：10.0.0.0 ~ 10.255.255.255 ；即 10.0.0.0/8 。

B：172.16.0.0 ~ 172.31.255.255；即 172.16.0.0/12 。

C：192.168.0.0 ~ 192.168.255.255；即 192.168.0.0/16 。

这些非注册的私有 IP 地址是一段保留的 IP 地址，由于不能保证其地址的唯一性，因此不能在互联网上使用，只能在局域网中使用。安装在互联网上的路由器设备也转发带有私有 IP 地址的数据包，它们在互联网上也不会被路由。

虽然这些私有 IP 地址不能直接和互联网连接，但通过相关的地址转换（NAT）等技术手段，仍旧可以实现使用这些地址组网的私有网络和互联网进行通信。

20.4　NAT 技术要素

NAT 技术把网络中的地址分成两大部分，即内部地址和外部地址。

其中，内部地址又可继续分为内部本地（Inside Local）地址和内部全局（Inside Global）地址；外部地址分为外部本地（Outside Local）地址和外部全局（Outside Global）地址。

这 4 个概念清楚地阐明了在企业网络中，相同主机的不同地址在 NAT 技术中所处的位置。注意这里的 4 个概念是针对网络中某一台主机上的数据包运行在不同的位置上而言的，其 IP 包中地址的变化情况由于主机处在不同的网络中 NAT 可以解释为不同的地址。

下面来解释这 4 个基本概念。

1.　内部本地地址

分配给网络内部设备的 IP 地址，这个地址可能是非法的、未向相关机构注册的 IP 地址，也可能是合法的私有网络地址。

2. 内部全局地址

合法的 IP 地址，是由网络信息中心（NIC）或者服务提供商提供的、可在互联网中传输的地址，在外部网络代表着一个或多个内部本地地址。

3. 外部本地地址

外部网络的主机在内部网络中表现的 IP 地址，该地址不一定是合法的地址，也可能是内部可路由地址。

4. 外部全局地址

外部网络分配给外部主机的 IP 地址，该地址是合法的全局可路由地址。

NAT 技术让使用私有 IP 地址的私有网络能够连接到公共网络，如互联网。通常在位于末节域（内部网络）和公共网络（外部网络）之间的边界路由器上配置 NAT，如图 20-2 所示。将 IP 报文发送给外部网络之前，NAT 将内部本地地址转换为全局唯一的 IP 地址。

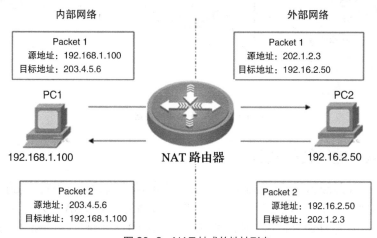

图 20-2　NAT 技术的地址形态

20.5　NAT 技术分类

按照 NAT 技术应用的不同环境和场合，常见的 NAT 技术有两种类型，分别是静态 NAT（Static NAT）和动态 NAT（Pooled NAT）。

1. 静态 NAT

静态 NAT 按照一一对应的方式，将每个内部 IP 地址转换为一个外部 IP 地址。静态 NAT 设置起来最为简单，并且最容易实现。内部网络中的每台主机都被永久映射成外部网络中的某个合法地址，这种方式经常用于企业网的内部设备需要被外部网络访问到时。

2. 动态 NAT

动态 NAT 将一个内部 IP 地址转换为一组外部 IP 地址（地址池）中的一个 IP 地址。动态 NAT 在转换 IP 地址时，它为每一个内部 IP 地址分配一个临时的外部 IP 地址，主要应用于拨号网络等频繁的远程连接环境。

当远程用户连接上之后，动态 NAT 就会分配给他一个 IP 地址；当用户断开连接时，这个 IP 地址就会被释放，留待以后使用。

3. 网络地址端口转换 NAPT（Port Address Translation）

也称为端口多路复用，是动态 NAT 技术的应用特例，是指改变外出数据包的源端口并进行端口转换。NAPT 把内部地址映射到外部网络的一个 IP 地址的不同端口上。

　　NAPT 是人们比较熟悉的一种转换方式。它普遍应用于接入设备中，内部网络的所有主机均可共享一个合法的外部 IP 地址以实现对互联网的访问，从而可以最大限度地节约 IP 地址资源。NAPT 与动态 NAT 不同，它将内部连接映射到外部网络中的一个单独的 IP 地址上，同时在该地址上加上一个由 NAT 设备选定的 TCP 端口号。如图 20-3 所示，为小型企业内网 NAPT 技术接入外网的应用场景。

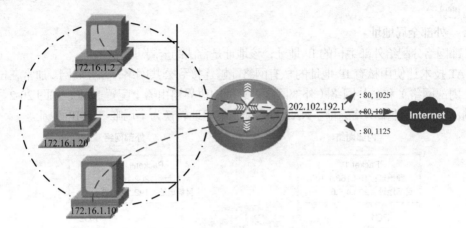

图 20-3　NAPT 技术应用场景

20.6　NAT 地址转换过程

　　如图 20-4 所示，是静态 NAT 转换的工作原理。静态 NAT 转换条目需要预先手工进行创建，即将一个内部本地地址和一个内部全局地址唯一的进行绑定。静态 NAT 转换的步骤如下。

　　步骤一：Host A 与 Host B 通信，使用私有地址 10.1.1.1 为源地址向 Host B 发送报文。

　　步骤二：路由器从 Host A 接收到报文后检查 NAT 转换表，需要将该报文源地址转换。

　　步骤三：路由器根据 NAT 转换表，将内部本地地址 10.1.1.1 转换为全局地址 172.2.2.2，然后转发报文。虽然内部全局地址通常是合法公有地址，但并不强制要求全局地址为哪类地址。

　　步骤四：Host B 接收到报文后，使用内部全局 IP 地址 172.2.2.2 作为目标地址应答 Host A。

　　步骤五：路由器接收到 Host B 发回的报文，根据 NAT 转换表将该内部全局地址 172.2.2.2 转换为内部本地地址 10.1.1.1，将报文转发给 Host A，后者接收到报文后继续会话。

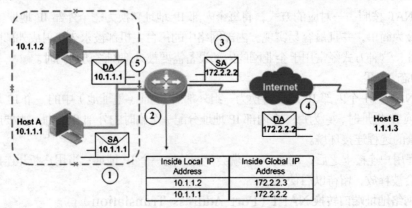

图 20-4　静态 NAT 转换

动态 NAT 转换也是将内部本地地址与内部全局地址一对一的转换，但是动态 NAT 转换是从内部全局地址池中，动态地选择一个未被使用的地址，对内部本地地址进行转换。

动态 NAT 转换条目是动态创建的，无须预先手工进行创建。动态 NAT 转换的步骤和静态 NAT 转换过程基本相似。

而端口 NAPT 转换过程是动态 NAT 的一种特殊实现形式，NAPT 利用不同的端口号将多个内部 IP 地址转换为一个外部 IP 地址，NAPT 也称为 PAT 或端口级复用 NAT。在 NAPT 转换中，NAT 路由器同时将报文的源地址和源端口进行转换，并使用不同的源端口来唯一地标识一个内部主机。这种方式可以节省公有 IP 地址，对于中小型网络来说，只需要申请一个公有 IP 地址即可。NAPT 也是目前最为常用的转换方式。

20.7 配置 NAT 地址转换技术

动态 NAT 的转换过程是企业网络地址转换配置技术中最常见的技术内容，配置动态 NAT 的转换过程可以通过以下步骤进行。

步骤一：配置路由器的基本信息。

内容包括：配置路由器的端口地址，生成直连路由；配置路由器的动态或静态路由信息，生成非直连路由。以上配置见前面相关的章节，此处省略。

步骤二：指定路由器的内部端口和外部端口。

在端口配置模式下，使用 ip nat 命令，分别指定路由器所连接的内部端口和外部端口。

这里指定内部和外部的目的是让路由器知道哪个是内部网络，哪个是外部网络，以便进行相应的地址转换，指明私有地址转换为公有地址的组件，相关命令如下。

```
router(config)#
router(config)#interface fastethernet_id
router(config-if)# ip nat  inside
                    ! 指定该端口为内部端口、私有 IP 地址端口、连接内网端口
router(config)#interface fastethernet_id
router(config-if)# ip nat  outside
                    ! 指定该端口为外部端口、公有 IP 地址端口、连接互联网端口
```

步骤三：定义访问控制列表。

使用命令 access-list access-list-number { permit | deny }，定义 IP 访问控制列表，以明确哪些报文将被进行 NAT 转换。关于访问控制列表技术的定义见前面相关的章节，此处省略。

步骤四：定义合法的 IP 地址池。

使用 ip nat pool 命令定义私有网络需要转换时，可以使用有限的公有 IP 地址池，便于私有网络中的主机随机选择可供转换的公有 IP 地址。

定义合法 IP 地址池命令的语法如下。

```
ip nat pool 地址池名称 | 起始 IP 地址 | 终止 IP 地址 子网掩码
                    ! 其中，地址池名称可以任意设定
```

步骤五：配置动态 NAT 转换条目。

在全局模式下，使用 ip nat inside source 命令，将符合访问控制列表条件的内部本地地址（私有 IP），转换到地址池中的内部全局地址（公有 IP）。

```
ip nat inside source list access-list-number { interface interface
| pool pool-name }
```

其中，部分参数的含义如下。

access-list-number：引用的访问控制列表的编号。

interface：路由器本地端口。如果指定该参数，路由器将使用该端口的地址进行转换。

pool-name：引用的地址池的名称。

20.8 项目实施：把办公网接入互联网

【任务描述】

绿丰公司在企业网络的出口处，安装了一台路由器设备作为企业网的出口设备：一方面实现企业内部办公网之间的互联互通；另一方面可以把办公网接入互联网（Internet）。企业内部网络在构建过程中，使用私有 IP 地址规划，构建了企业的内联网（Intranet）。为了把办公网接入互联网，企业向中国电信申请到有限的几个公有 IP 地址，在路由器设备上通过配置 NAT 地址转换技术，实现企业的私有网络专线访问外部的互联网。

【网络拓扑】

如图 20-5 所示的网络拓扑，是绿丰公司办公网络的工作场景。通过在办公网的出口路由器上配置 NAT 地址转换技术，实现企业的私有网络专线访问外部的互联网。

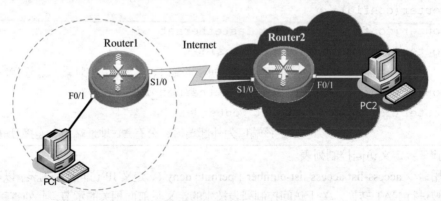

图 20-5　企业私有网络通过 NAT 技术访问互联网

【任务目标】

掌握 NAT 地址转换技术的原理，熟悉 NAT 地址转换技术中源地址转换和目标地址转换的过程，熟悉该技术实施的应用环境。

【设备清单】

路由器（2 台）、V35DCE（1 根）、V35DTE（1 根）、网线（若干）、PC（若干）。

【工作过程】

步骤一：安装网络工作环境。

按照图 20-5 所示的网络拓扑，连接设备并组建网络，注意设备连接的端口标识。

步骤二：配置企业网路由器设备。

```
router# configure terminal
router (config) # hostname router1              ! 配置企业网路由器名称
router1(config) # interface FastEthernet 1/0
router1(config-if) # ip address 172.16.1.1 255.255.255.0      ! 配
置端口 IP 地址
router1(config-if) # no shutdown
router1(config-if) # exit

router1(config) # interface Serial1/0
router1(config-if) # ip address 202.102.192.1 255.255.255.0   ! 配置 V35 端口地址
router1(config-if) # no shutdown
router1(config-if) # end
```

步骤三： 配置电信路由器信息。

```
router# configure terminal
router (config) # hostname router2                 ! 配置电信接入路由器名称
router2(config) # interface Serial1/0
router2(config-if) # clock rate 64000              ! 配置路由器的 DCE 时
钟频率
router2(config-if) # ip address 202.102.192.2 255.255.255.0   ! 配置 V35 端口地址
router2(config-if) # no shutdown
router2(config-if) # exit

router2(config) # interface FastEthernet 1/0
router2(config-if) # ip address 10.10.1.1 255.255.255.0    ! 配置互
联网端口地址
router2(config-if) # no shutdown
router2(config-if) # end
```

步骤四：配置路由器单区域 OSPF 动态路由。

```
router1(config) #
router1(config) # router ospf                 ! 启用 OSPF 路由协议
router1(config-router) # network 172.16.1.0  0.0.0.255  area 0
router1(config-router) # network 202.102.192.0  0.0.0.255  area 0
          ! 对外发布直连网段信息，并声明该端口所在的骨干（area 0）区域号
router1(config-router) # end

router2(config) #
router2(config) # router ospf                 ! 启用 OSPF 路由协议
router2(config-router) # network 202.102.192.0  0.0.0.255  area 0
router2(config-router) # network 10.10.1.0  0.0.0.255  area 0
          ! 对外发布直连网段信息，并声明该端口所在的骨干（area 0）区域号
```

```
router2(config-router) # end
```

```
router1 # show ip route              ! 查看企业内网路由表信息
Codes: C - connected, S - static, R - RIP B - BGP
      O - OSPF, IA - OSPF inter area
      N1 - OSPF NSSA external type 1, N2 - OSPF NSSA external type 2
      E1 - OSPF external type 1, E2 - OSPF external type 2
      i - IS-IS, L1 - IS-IS level-1, L2 - IS-IS level-2, ia - IS-IS
inter area
      * - candidate default
Gateway of last resort is no set
C    172.16.1.0/24 is directly connected, FastEthernet 0/1
C    172.16.1.1/32 is local host.
C    202.102.192.0/24 is directly connected, serial 1/0
C    202.102.192.1/32 is local host.
O    10.10.1.0/24  [110/51]  via 202.102.192.1, 00:00:21, serial 1/0
                             ! 查看路由表发现，产生全网络的 OSPF 动态路由信息
```

步骤五：配置企业网路由器 NAT 技术。

企业内部网络使用私有地址规划，为了把办公网接入互联网，企业向中国电信申请了
202.102.192.3 ~ 202.102.192.5 3 个公有 IP 地址，因此需要在企业网的三层路由设备上，通过
NAT 地址转换技术，把私有地址转换为公有地址。

```
router1 (config) #
router1 (config) # interface fastEthernet 0/1
router1 (config-if) # ip nat inside       ! 设置连接的内网端口
router1 (config-if) # exit
router1 (config-if) # interface serial 1/0
router1 (config-if) # ip nat outside        ! 设置连接的外网端口
router1 (config-if)#exit

router1(config)# access-list 10 permit 172.16.1.0 0.0.0.255
                         ! 定义企业内部网络中可以访问外网的私有地址范围
router1(config)#  ip nat  pool abc 202.102.192.3 202.102.192.5
netmask 255.255.255.0
                                       ! 定义企业申请到的公有地址池范围
router1(config)# ip nat inside source list 10 pool abc
                        ! 建立私有地址范围和公有地址之间的映射关系
router1(config)# end
```

步骤六：测试和验证转换状态。

（1）查看配置完成的地址转换信息。

```
router1#show ip nat translations         ! 查看地址转换的信息
```

```
    ...
    router1#show ip nat statistics           ! 查看地址转换的信息
        ...
    router1#show running-config              ! 查看配置文件信息
        ...
```

（2）使用 ping 命令测试网络连通。

按照表 20-1 规划的地址信息，配置 PC1 和 PC2 设备的 IP 地址、网关，配置过程如下。

打开"网络连接"，使用鼠标右键单击"本地连接"图标，在弹出的快捷菜单中，选择"属性"选项。定位到"常规"选项卡，双击"Internet 协议（TCP/IP）"选项，单击"使用下面的 IP 地址"单选按钮，进行相关设置。

打开公司办公网 PC1 计算机，执行"开始→运行"命令，在"打开"文本框中输入 cmd 命令，转到 DOS 命令行操作模式，输入以下命令。

```
    ping 172.16.1.1
    !!!!          ! 由于直连网络连接，公司办公网 PC1 计算机能 ping 通目标网关
    ping 10.10.1.2
    !!!!          ! 通过路由，公司办公网 PC1 计算机能 ping 通互联网中的设备 PC2 计算机
```

表 20-1 网络 IP 地址规划信息

设备	端口	端口地址	网关	备注
router1	F0/1	172.16.1.1/24	\	公司办公网设备端口
	S1/0	202.102.192.1/24	DTE	接入互联网专线端口
router2	S1/0	202.102.192.2/24	DCE	电信接入路由器端口
	F0/1	10.10.1.1/24	\	互联网中的设备端口
PC1		172.16.1.2/24	172.16.1.1/24	公司办公网 PC
PC2		10.10.1.2/24	10.10.1.1/24	互联网中的办公设备

【备注】

（1）路由器端口名称因设备不同而不同，有些设备标识为 fa1/1，本案例中为 fa0/1；WAN 口有些设备标识为 S1/1，使用 show ip interface brief 命令可以查询设备的具体名称。

（2）如果实验中缺少 WAN 端口模块及 V35 线缆，借助路由器的 Fastethernet 端口，使用普通的网线也可以组建网络，配置动态路由，实现网络连通。

（3）内网和外网的端口，以及对应的地址不要混淆。

（4）如果企业网络中的多个私有地址公用一个公有地址接入互联网，就需要在路由器上配置 NAPT 技术。配置 NAPT 技术的原理和上述动态 NAT 技术基本相似，区别就在于公有地址的范围和最后地址重载（overload）的区别。

```
    router1(config)# ip nat pool abc 202.102.192.3 202.102.192.3
    netmask 255.255.255.0
                                         ! 定义企业申请到一个公有地址
    router1(config)# ip nat inside source list 10 pool abc Overload
                            ! 建立私有地址范围和公有地址之间 NAPT 端口映射关系
```

20.9 认证试题

下列每道试题都有多个选项，请选择一个最优的答案。

1. 命令 ip nat inside source static 10.1.1.5 172.35.16.5 的作用是（   ）。

A. 为所有的外部 NAT 创建一个全局的地址池

B. 为内部的静态地址创建动态的地址池

C. 它为所有内部本地 NAT 创建了动态源地址转换

D. 为内部本地地址和内部全局地址创建一对一的映射关系

2. 下面关于地址转换，叙述不正确的是（   ）

A. 地址转换技术（NAT）不可以有效地隐藏内部局域网中的主机，但却是一种有效的网络安全保护技术

B. 一个局域网内部有很多主机，可是不能保证每台主机都拥有合法的公有 IP 地址，为了实现所有的内部主机都可以连接到互联网，可以使用地址转换技术（NAT）

C. 地址转换是在 IP 地址日益短缺的情况下提出的

D. 地址转换技术（NAT）可以按照用户的需要，在局域网内部提供给外部 FTP、WWW、Telnet

3. 不属于地址转换的配置是（   ）。

A. 定义一个访问控制列表，规定什么样的主机可以访问

B. 根据选择的方式，在连接 Internet 端口上使地址转换

C. 采用 EASY IP 或地址池方式提供私有地址

D. 根据局域网的需要，定义合适的内部服务器

4. 地址转换 NAT 的优点是（   ）。

A. 地址转换对于报文内容中含有有用的地址信息的情况很难处理

B. 地址转换可以缓解地址短缺的问题

C. 地址转换不能处理 IP 报头加密的情况

D. 地址转换由于隐藏了内部主机地址，有时会使网络调试变得复杂

5. 以下关于私有地址的说法正确的是（   ）。

A. 私有地址是由 InterNIC 组织预留的

B. 私有地址转换为 Internet 可识别的公有 IP 地址，可以采用地址转换（NAT）技术

C. 使用私有地址能够直接访问 Internet

D. A 类、B 类、C 类、D 类地址中划分一部分作为私有地址，E 类地址中没有划分私有地址

6. 下面关于 IP 地址的说法不正确的是（   ）。

A. IP 地址由两部分组成：网络地址和主机地址

B. 地址转换（NAT）技术通常用于解决 A 类地址到 C 类地址的转换

C. D 类地址作为组播地址，其网络地址部分第一个 8 位组十进制为 224~239

D. A 类地址的网络地址部分有 8 位，实际的有效位数为 7 位

7. （   ）用来规定哪些数据包需要进行地址转换。

A. 在线用户表

B. 访问控制列表

C. MAC 地址表

D. 路由表

8. （　　）技术可以把内部网络中的某些私有地址隐藏起来。

A. BGP

B. CIDR

C. NAT

D. OSPF

9. 对于 NAT 技术，下面（　　）描述是正确的。

A. 不是所有的数据流量都要经过 NAT 网关才能发出

B. 网络内部使用保留地址

C. 应用程序将经过地址转换后的包发给 NAT，NAT 再发出

D. 内部地址需要和外部地址一一对应，才能实现地址转换

10. 当运行 NAPT 时，地址过载的用途是（　　）

A. 限制可以连接到 WAN 的主机数量

B. 允许多个内部地址共享一个全局地址

C. 限制主机等待可用地址

D. 允许外部主机共享内部全局地址

PART 21

项目 21
排除常见网络故障

核心技术

◆ Windows 系统网络管理命令

能力目标

◆ 使用 ping 命令测试网络连通性
◆ 使用 netstat 命令统计网络信息
◆ 使用 ipconfig 命令查询网络地址
◆ 使用 arp 命令查询网络地址缓存
◆ 使用 tracert 命令查询网络路由信息
◆ 使用 router print 命令查询本机网络路由表
◆ 使用 nslookup 命令对 DNS 故障进行排错

知识目标

◆ 了解 ping 命令测试网络连通性
◆ 了解 netstat 命令统计网络信息
◆ 了解 ipconfig 命令查询网络地址
◆ 了解 arp 命令查询网络地址缓存
◆ 了解 tracert 命令查询网络路由信息
◆ 了解 router print 命令查询本机路由表
◆ 了解 nslookup 命令对 DNS 故障进行排错

【项目背景】

　　绿丰公司是一家消费品销售公司，公司为提高信息化办公效率，组建了互联互通的办公网络。为共享内部资源，还搭建了网络内部服务器：一来可共享办公用打印机；二来可共享办公网各种信息资源；三来还可以接入互联网。

随着公司网络规模的扩大，为加强网络管理，绿丰公司专门招聘了一名网络管理员小明，对公司网络进行运营和维护。在日常的网络管理和维护工作中，小明需要维护公司所有计算机以及网络设备，而进行最多的工作就是办公设备故障排除。因此，小明需要掌握和熟练使用最常用的网络管理及网络故障排除命令。

【项目分析】

在日常使用中，造成网络故障的原因很多，需要及时查找故障的原因以排除故障。

通常在网络故障产生后，网络管理人员首先需要排除故障，了解故障是否由计算机终端设备自身原因造成。

这时，网络管理人员需要在本地计算机上，使用 Windows 系统自带的网络故障排除命令，了解故障原因并及时排除故障。

【项目目标】

本项目从网络管理员日常管理角度出发，讲解 Windows 系统自带的网络故障排除命令。了解 ping、netstat、ipconfig、arp、tracert、router print、nslookup 命令的基本用法，是作为网络管理员必备的职业技能。

【知识准备】

21.1　ping 基础知识

ping 命令是 Windows 系统自带的一个可执行命令，也是网络管理员使用频率最高的命令。利用它不仅可以检查网络是否连通，还能帮助网络管理员分析判定网络故障产生的原因。

1．什么是 ping

对一名网络管理员来说，ping 命令是第一个必须掌握的 DOS 命令。

ping 命令的工作原理是：利用网络上计算机 IP 地址的唯一性，给目标计算机 IP 地址发送一个数据包，再要求对方返回一个同样大小的数据包，以确定两台网络机器是否连通，时延是多少。

对于每个发送的数据报文，ping 最多等待 1s，并统计发送和接收到的报文数量，比较每个接收报文和发送报文，以校验其有效性。默认情况下，发送 4 个回应报文，每个报文包含 64 字节的数据，这些网络功能的状态是日常网络故障诊断的基础，如图 21-1 所示。

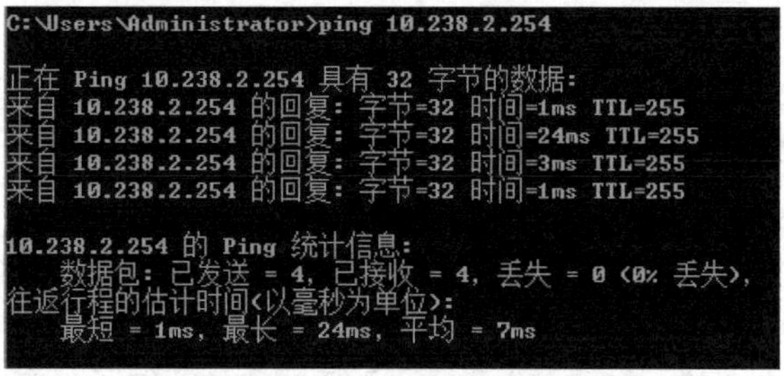
```
C:\Users\Administrator>ping 10.238.2.254

正在 Ping 10.238.2.254 具有 32 字节的数据:
来自 10.238.2.254 的回复: 字节=32 时间=1ms TTL=255
来自 10.238.2.254 的回复: 字节=32 时间=24ms TTL=255
来自 10.238.2.254 的回复: 字节=32 时间=3ms TTL=255
来自 10.238.2.254 的回复: 字节=32 时间=1ms TTL=255

10.238.2.254 的 Ping 统计信息:
    数据包: 已发送 = 4，已接收 = 4，丢失 = 0 (0% 丢失)，
往返行程的估计时间(以毫秒为单位):
    最短 = 1ms，最长 = 24ms，平均 = 7ms
```

图 21-1　使用 ping 命令检查网络连通性

2．ping 使用方法

打开计算机的 Windows 操作系统，执行"开始→运行"命令，在"打开"文本框中输入 CMD 命令，打开 DOS 窗口。

ping 命令的应用格式如下。

```
ping IP 地址:   ping 192.168.1.1
```

该命令还可以添加很多参数，输入 ping 命令后，按回车键，即可看到详细说明。

ping 命令在使用过程中，可以附加相关的参数，如下所示。

- -t ：校验与指定计算机连接，直到用户中断。若要中断可使用快捷键 CTRL+C。
- -a ：将地址解析为计算机名。

3．ping 测试结果说明

ping 命令的返回结果说明如下。

- "Request timed out." 表示没有收到目标主机返回响应数据包，也就是网络不通或网络状态恶劣。
- "Reply from X.X.X.X: bytes=32 time<1ms TTL=255" 表示收到从目标主机 X.X.X.X 返回响应数据包，数据包大小为 32bytes，响应时间小于 1ms ，TTL 为 255，这个结果表示计算机到目标主机之间连接正常。
- "Destination host unreachable" 表示目标主机无法到达。
- "PING: transmit failed,error code XXXXX" 表示传输失败，错误代码 XXXXX。

4．使用 ping 判断 TCP/IP 故障

- ping 目标 IP

可以使用 ping 命令，测试计算机名和 IP 地址。如果能够成功校验 IP 地址，却不能成功校验计算机名，则说明名称解析存在问题。

- ping 127.0.0.1

127.0.0.1 是本地循环地址，如果无法 ping 通，则表明本地计算机 TCP/IP 协议不能正常工作。

- ping 本机的 IP 地址

使用 ipconfig 命令查看本机 IP，然后 ping 该 IP，通则表明网络适配器（网卡）工作正常，不通则表明网络适配器出现故障。

如下所示，使用 ping 命令，显示测试结果详细信息。如果网卡安装、配置都没有问题，则应有类似下列显示。

```
C:>Documents and Settings\Administrator>ping 192.168.1.1
pinging 192.168.1.1  with 32 bytes of data:
Reply from 192.168.1.1 : bytes=32 time<1ms TTL=128
Reply from 192.168.1.1 : bytes=32 time<1ms TTL=128
Reply from 192.168.1.1 : bytes=32 time<1ms TTL=128
Reply from 192.168.1.1 : bytes=32 time<1ms TTL=128
ping statistics for 192.168.1.1 :
    Packets: Sent = 4, Received = 4, Lost = 0 (0% loss),
Approximate round trip times in milli-seconds:
    Minimum = 0ms, Maximum = 0ms, Average = 0ms
```

如果在 MS-DOS 方式下，执行此命令显示内容为 Request timed out，则表明网卡安装或配置有问题。将网线断开，再次执行此命令。如果显示正常，则说明本机使用的 IP 地址可能与另一台正在使用的计算机 IP 地址重复；如果仍然显示不正常，则表明本机网卡安装或配置有问题，需要继续检查相关网络配置。

● ping 同网段计算机的 IP

ping 同网段一台计算机的 IP。不通，则表明网络线路出现故障；若网络中还包含路由器，则应先 ping 路由器在本网段端口的 IP，不通，则此段线路有问题；通则再 ping 路由器在目标计算机所在网段端口的 IP，不通则是路由出现故障；通则再 ping 目标计算机的 IP 地址。

● ping 远程 IP

这一命令检测本机能否正常访问 Internet。如本地电信运营商 IP 地址为 202.101.224.69，在 MS-DOS 方式下执行命令 ping 202.101.224.69，如果屏幕显示如下。

```
pinging 202.101.224.69 with 32 bytes of data:
Reply from 202.101.224.69: bytes=32 time=2ms TTL=250
Reply from 202.101.224.69: bytes=32 time=2ms TTL=250
Reply from 202.101.224.69: bytes=32 time=3ms TTL=250
Reply from 202.101.224.69: bytes=32 time=2ms TTL=250
ping statistics for 202.101.224.69:
    Packets: Sent = 4, Received = 4, Lost = 0 (0% loss),
Approximate round trip times in milli-seconds:
    Minimum = 2ms, Maximum = 3ms, Average = 2ms
```

则表明运行正常，能够正常接入互联网。反之，则表明主机网络连接存在问题。

也可直接使用 ping 命令，ping 网络中主机的域名，如 ping www.sina.com.cn。

正常情况下会出现该网址所指向 IP，这表明本机的 DNS 设置正确，而且 DNS 服务器工作正常。反之，就可能是其中之一出现了故障。

21.2　netstat 基础知识

1．netstat 是什么

netstat 也是 Windows 操作系统内嵌的命令,是一个监控 TCP/IP 网络非常有用的小工具。

使用 netstat 命令，可以显示网络路由表、实际网络连接，以及每一个网络端口状态信息。显示与 IP、TCP、UDP 和 ICMP 协议等相关的统计数据，一般用于检验本机各端口的网络连接情况。

2．netstat 使用方法

打开计算机的 Windows 操作系统，执行"开始→运行"命令，在"打开"文本框中输入 CMD 命令，打开 DOS 窗口。在命令提示符下，输入如下内容

```
netstat
```

可以显示相关的统计信息，显示结果如图 21-2 所示。

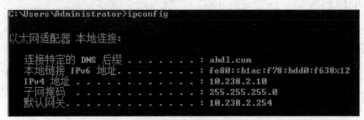

图 21-2　netstat 显示与 IP 连接信息

3．使用 netstat 判断 TCP/IP 故障

如果计算机连接网络过程中出现临时数据接收故障， TCP/IP 可以容许这些类型的错误，并能够自动重发数据报。但如果累计的出错数目占到相当大百分比，或出错数目迅速增加，那么就应该使用 netstat 命令查一查。

一般使用"netstat -a"带参数的命令，来显示本机与所有连接的端口情况：网络连接、路由表和网络端口信息。并使用数字表示，可以让用户得知目前都有哪些网络连接正在运作。

● netstat -s

本命令能够按照各种协议分别显示其统计数据。如果应用程序或浏览器运行速度较慢，或者不能显示 Web 网页之类的数据，就可以使用本命令，查看所显示的信息。

● netstat -e

本命令用于显示以太网统计数据。它列出了发送和接收端数据报数量，包括传送数据报总字节数、错误数、删除数，数据报的数量和广播的数量，用来统计基本的网络流量。

● netstat -r

用于显示路由表信息。

● netstat -a

用于显示所有有效连接的信息列表，包括已建立连接（ESTABLISHED）与监听连接请求（LISTENING）的连接。

21.3　ipconfig 基础知识

1．ipconfig 是什么

ipconfig 命令也是 Windows 系统自带的网络管理工具，用于显示当前计算机的 TCP/IP 配置信息，了解测试计算机的 IP 地址、子网掩码和默认网关。通过查询到计算机的地址信息，有利于测试和分析网络故障，如图 21-3 所示。

图 21-3　ipconfig 命令使用方法

2. ipconfig 使用方法

ipconfig 命令有不带参数和带参数两种用法，分别用于显示当前网络应用中的更多信息内容。

打开计算机的 Windows 操作系统，执行"开始→运行"命令，在"打开"文本框中输入 cmd 命令，打开 DOS 窗口输入如下内容。

ipconfig　　　　或者　　　　ipconfig /all

输入完成后，按回车键，相关信息显示如下。

```
        Windows IP Configuration                    ！Windows IP 配置
        Host Name . . . . . . . . . . . : PCNAME     ！域中计算机名、
主机名
        Primary Dns Suffix . . . . . . :             ！主 DNS 后缀
        Node Type . . . . . . . . . . . : Unknown    ！节点类型
        IP Routing Enabled. . . . . . . : No         ！IP 路由服务是
否启用
        WINS Proxy Enabled. . . . . . . : No         ！WINS 代理服务是
否启用

        Ethernet adapter:                            ！本地连接
        Connection-specific DNS Suffix :             ！连接特定的 DNS 后缀
        Description . . . . . . . . : Realtek RTL8168/8111 PCI-E Gigabi
                                                     ！网卡型号描述
        Physical Address. . . . . . . . : 00-1D-7D-71-A8-D6          ！
网卡 MAC 地址
        DHCP Enabled. . . . . . . . . . : No         ！动态主机设置协
议是否启用
        IP Address. . . . . . . . : 192.168.90.114    ！IP 地址
        Subnet Mask . . . . . . . . : 255.255.255.0   ！子网掩码
        Default Gateway . . . . . : 192.168.90.254    ！默认网关
        DHCP Server . . . . . . . : 192.168.90.88     ！DHCP 管理者
主机 IP
        DNS Servers . . . . . . . . : 221.5.88.88      ！DNS 服务
器地址
```

3. 使用 ipconfig 判断 TCP/IP 故障

● ipconfig

当使用 ipconfig 不带任何参数选项时，将显示该计算机每个已经配置的端口信息：IP 地址、子网掩码和默认网关值。

● ipconfig /all

当使用 ipconfig 带参数 all 选项时，则显示 DNS 和 WINS 服务器配置的附加信息（如 IP 地址等），并且显示内置本地网卡中的物理地址（MAC）。如果 IP 地址是从 DHCP 服务器租用的，

ipconfig 将显示 DHCP 服务器的 IP 地址和租用地址预计失效的日期。

- ipconfig /release 和 ipconfig /renew

这是两个附加选项，只能在向 DHCP 服务器租用 IP 地址的计算机上起作用。

如果输入 ipconfig /release，那么所有端口租用 IP 地址便重新交付给 DHCP 服务器（归还 IP 地址）。

如果输入 ipconfig /renew，那么本地计算机便设法与 DHCP 服务器取得联系，并租用一个 IP 地址。请注意，大多数情况下，网卡将被重新赋予和以前相同的 IP 地址。

21.4　ARP 基础知识

1．ARP 是什么

ARP 是一个重要的 TCP/IP 协议。在局域网已经知道 IP 地址的情况下，通过该协议来确定该 IP 地址对应的网卡 MAC 地址信息。在本地计算机上，使用 arp 命令可以查看本地计算机 ARP 高速缓存的内容，即局域网中计算机 IP 地址和 MAC 地址映射表。此外，使用 ARP 命令可以利用人工方式，输入静态的网卡 MAC 地址和 IP 地址映射表。

按照默认设置，ARP 高速缓存中的地址信息是动态管理的。每发送一个指定数据报，如果高速缓存中不存在该数据包中的地址信息，ARP 便会自动添加该包中的地址信息。但如果输入数据包后不再进一步使用该数据包，保存在缓存中的 "MAC/IP 地址对" 就会在 2～10min 内失效。所以，需要通过 ARP 命令查看高速缓存内容时，最好先 ping 此台计算机。

2．ARP 使用方法

打开计算机的 Windows 操作系统，执行 "开始→运行" 命令，在 "打开" 文本框中输入 CMD 命令，打开 DOS 窗口。在盘符提示符中输入如下命令。

```
ARP  -a
```

显示当前计算机保存的网卡 MAC 地址和 IP 地址 ARP 映射表，如图 21-4 所示。

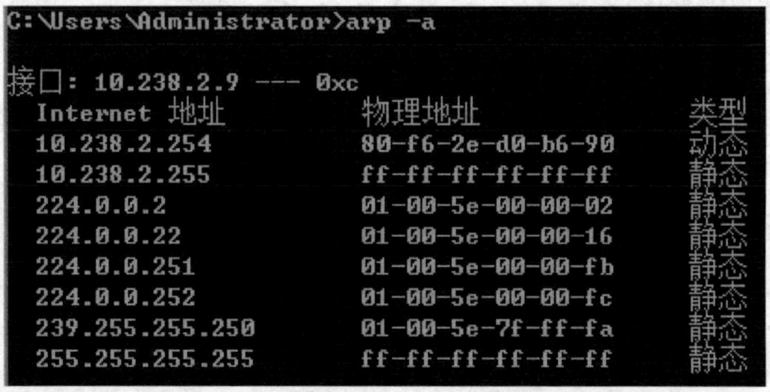

图 21-4　MAC 地址和 IP 地址 ARP 映射表

3．使用 ARP 判断 TCP/IP 故障

- ARP -a

用于查看高速缓存中的所有项目。在 Windows 系统中使用 "ARP –a"（a 被视为 all，即全部），显示全部 MAC 地址和 IP 地址 ARP 映射表信息。

- ARP -a IP

如果有多块网卡，那么使用 "ARP –a" 再加上端口的 IP 地址，就可以只显示与该端口相关的 ARP 缓存项目。

● ARP -s IP 物理地址

可以向 ARP 高速缓存中人工输入一个静态项目。该项目在计算机引导过程中将保持有效状态，在出现错误时，人工配置的物理地址将自动更新该项目。

● ARP -d IP

使用本命令能够人工删除一个静态项目。在命令提示符下，输入如下内容。

```
ARP - a
```

如果使用过 ping 命令，测试 IP 地址 10.0.0.99 主机连通，则 ARP 缓存显示如下。

```
Interface:10.0.0.1  on  interface 0x1
Internet Address        Physical Address        Type
10.0.0.99               00-e0-98-00-7c-dc       dynamic
```

该缓存项指出位于 10.0.0.99 的远程主机，解析出对应 00-e0-98-00-7c-dc 的 MAC 地址。

21.5 tracert 基础知识

1．tracert 是什么

Windows 系统中的 tracert 命令是路由跟踪实用程序，主要用于确定网络中的 IP 数据包，在访问目标网络主机时所经过的路径。tracert 命令使用 IP 生存时间（TTL）和 ICMP 错误消息，来确定从一个主机到网络上其他主机的路由。

通常当网络出现故障时，需要检测网络故障的位置，此时可以使用 tracert 命令来确定网络在哪个环节上出现了问题，如图 21-5 所示。

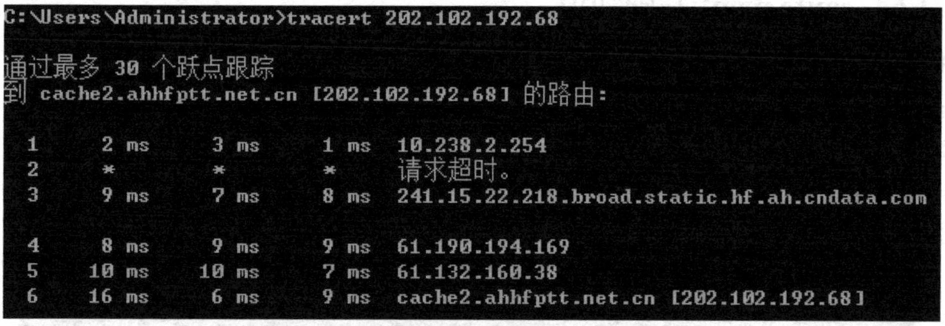

图 21-5 tracert 路由跟踪实用程序

2．tracert 工作原理

使用 tracert 命令向目标网络发送不同 IP 的生存时间（TTL）值数据包，tracert 诊断程序确定到目标网络所采取的路由。要求路径上的每台路由器在转发数据包之前，至少将数据包上的 TTL 递减 1。

一般启动 tracert 程序后，先发送 TTL 为 1 的回应数据包，并在随后的每次发送过程中，将 TTL 递增 1，直到目标响应或 TTL 达到最大值，从而确定路由。

当数据包上的 TTL 减为 0 时，路由器应该将"ICMP 已超时"的消息发回源系统。通过检查中间路由器发回"ICMP 已超时"消息，确定网络的路由。

3．tracert 使用方法

tracert 命令的使用方法很简单，只需要在 tracert 后面跟一个 IP 地址，即可确定从一个主机到网络上其他主机的路由。

打开计算机的 Windows 操作系统，执行"开始→运行"命令，在"打开"文本框中输入 CMD 命令，打开 DOS 窗口。在命令提示符下，输入如下内容。

```
tracert ip
```

在下例中，数据包必须通过两个路由器（10.0.0.1 和 192.168.0.1）才能到达主机 172.16.0.99。主机的默认网关是 10.0.0.1，192.168.0.0 网络上路由器的 IP 地址是 192.168.0.1。

```
C: >tracert 172.16.0.99 -d
Tracing route to 172.16.0.99 over a maximum of 30 hops
1  2s  3s  2s  10,0.0,1
2  75 ms  83 ms  88 ms  192.168.0.1
3  73 ms  79 ms  93 ms  172.16.0.99
Trace complete.
```

4. 使用 tracert 判断 TCP/IP 故障

可以使用 tracert 命令确定数据包在网络上停止位置。默认网关确定 192.168.10.99 主机没有有效路径。这可能是路由器配置问题，或者是 192.168.10.0 网络不存在（错误 IP 地址）。

```
C:>tracert 192.168.10.99
Tracing route to 192.168.10.99 over a maximum of 30 hops
1  10.0.0.1  reports: Destination net unreachable.
Trace complete.
```

21.6 route print 基础知识

1. route print 是什么

路由表是用来描述网络中计算机分布的信息表，通过在相关设备上查看路由表信息，可以清晰地了解网络中设备的分布情况，从而能及时排除网络故障。

route print 是 Windows 操作系统内嵌的查看本机的路由表信息命令，该命令用于显示与本机互相连接的网络信息，如图 21-6 所示。

```
C:\Users\Administrator>route print
=========================================================================
    网络目标        网络掩码          网关           接口      跳点数
      0.0.0.0         0.0.0.0     10.238.2.254    10.238.2.12      30
    10.238.2.0   255.255.255.0       在链路上      10.238.2.12     286
   10.238.2.12 255.255.255.255       在链路上      10.238.2.12     286
  10.238.2.255 255.255.255.255       在链路上      10.238.2.12     286
     127.0.0.0       255.0.0.0       在链路上       127.0.0.1      306
     127.0.0.1 255.255.255.255       在链路上       127.0.0.1      306
127.255.255.255 255.255.255.255      在链路上       127.0.0.1      306
     224.0.0.0       240.0.0.0       在链路上       127.0.0.1      306
     224.0.0.0       240.0.0.0       在链路上      10.238.2.12     286
255.255.255.255 255.255.255.255      在链路上       127.0.0.1      306
255.255.255.255 255.255.255.255      在链路上      10.238.2.12     286
```

图 21-6 route print 命令查询到本机路由表

2. route print 工作原理

为了理解 route print 命令查询到的信息代表的含义，首先需要了解一下三层路由设备是如何工作的。三层路由设备是安装在不同的子网络中，用来协调一个网络与另一个网络之间的通信指路设备。

一台三层路由设备一般都连接多个子网络（包含多块网卡，每一块网卡都连接到不同的网段）。当用户需要把一个数据包发送到本机以外的一个不同网段时，这个数据包将被发送到三层路由设备上，该三层路由设备将决定这个数据包应该转发给哪一个网段。

即使这台三层路由设备连接两个网段或者十几个网段，决策的过程也都是一样的。决策都是依据路由表做出，并依据路由表指示的地址信息，把该数据包转发到连接的端口上。

3．route print 使用方法

打开计算机的 Windows 操作系统，执行"开始→运行"命令，在"打开"文本框中输入 CMD 命令，打开 DOS 窗口。在命令提示符下，输入如下内容

```
route print
```

使用 route print 命令后，显示如下信息内容。

```
Network Destination  Netmask  Gateway  Interface  Metric
        0.0.0.0  0.0.0.0  60.15.64.154     60.15.64.154  1
        0.0.0.0  0.0.0.0  192.168.1.1  192.168.1.20  11
     60.15.64.1  255.255.255.255  60.15.64.154  60.15.64.154  1
  60.15.64.154  255.255.255.255  127.0.0.1  127.0.0.1  50
60.255.255.255  255.255.255.255  60.15.64.154  60.15.64.154  50
    127.0.0.0  255.0.0.0  127.0.0.1  127.0.0.1  1
    192.168.1.0  255.255.255.0  192.168.1.20  192.168.1.20  10
 192.168.1.20  255.255.255.255  127.0.0.1  127.0.0.1  10
    224.0.0.0  240.0.0.0  60.15.64.154     60.15.64.154  1
255.255.255.255  255.255.255.255  60.15.64.154  60.15.64.154  1
Default Gateway: 60.15.64.154
```

本机路由表信息分为 5 列，解释如下。

- 第一列是网络目标地址列，列出了本台计算机连接的所有子网段地址。
- 第二列是目标地址的网络掩码列，提供这个网段本身的子网掩码，让三层路由设备确定目标网络的地址类。
- 第三列是网关列，一旦三层路由设备确定要把接收到的数据包，转发到哪一个目标网络，三层路由设备就要查看网关列表。网关列表告诉三层路由设备，这个数据包应该转发到哪一个 IP 地址，才能达到目标网络。
- 第四列是端口列，告诉三层路由设备哪一块网卡，连接到合适的目标网络。
- 第五列是度量值，告诉三层路由设备为数据包选择目标网络优先级。通向一个目标网络如果有多条路径，Windows 将查看测量列以确定最短路径。

21.7　nslookup 基础知识

1．nslookup 是什么

nslookup 是 Windows 操作系统内嵌的命令，是一个监测网络中 DNS 服务器能否正确实现域名解析的命令行工具，是一个查询域名信息非常有用的小工具。

2．nslookup 工作原理

在日常网络维护中，网络管理员在配置好 DNS 服务器并添加相应的记录之后，只要 IP 地

址保持不变，一般情况下就不再需要去维护 DNS 的数据文件。不过在确认域名解释正常之前，最好测试一下所有的配置是否正常。

许多人会简单地使用 ping 命令检查一下。但是 ping 命令只能用来检查网络连通情况，虽然当输入的参数是域名的情况下会通过 DNS 进行查询，但是它只能查询 A 类型和 CNAME 类型的记录，而且只会告诉你域名是否存在，其他的信息一概没有。如果需要对 DNS 的故障进行排错，就必须熟练使用另一个更强大的命令 nslookup。这个命令可以指定查询的类型，可以查到 DNS 记录的生存时间，还可以指定使用哪个 DNS 服务器进行解释。

3．nslookup 使用方法

打开计算机的 Windows 操作系统，执行"开始→运行"命令，在"打开"文本框中输入 CMD 命令，打开 DOS 窗口。在命令提示符下，输入如下命令。

```
nslookup
```

查询后显示的结果，如图 21-7 所示。DNS 服务器的主机名为 ahhfptt，IP 地址为 202.102.192.68。

```
C:\Users\Administrator>nslookup www.qq.com
服务器:   cache2.ahhfptt.net.cn
Address:   202.102.192.68

DNS request timed out.
    timeout was 2 seconds.
DNS request timed out.
    timeout was 2 seconds.
```

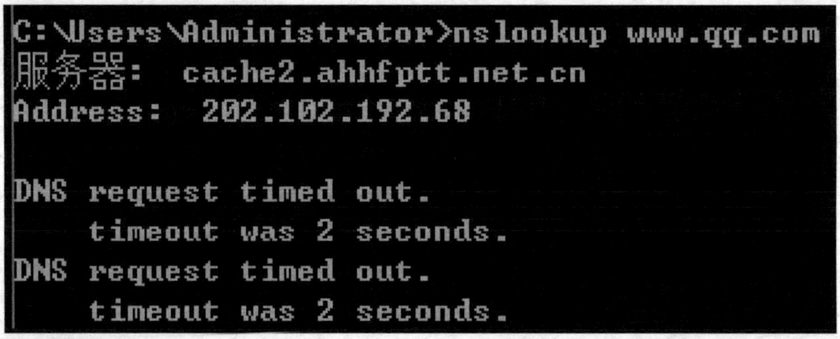

图 21-7　nslookup 解析域名地址

4．使用 nslookup 判断 TCP/IP 故障

假设本机所在的网络中，已经搭建了一台 DNS 服务器 linlin，该服务器已经能顺利实现正向解析（解析到服务器 linlin 的 IP 地址为 192.168.0.1）。那么，它的反向解析是否正常呢？也就是说，能否把 IP 地址 192.168.0.1 反向解析为域名 www.company.com 呢？

在命令提示符下输入 nslookup 192.168.0.1，得到结果如下。

```
Server: linlin
Address: 192.168.0.5
Name: www.company.com
Address: 192.168.0.1
```

这说明，DNS 服务器 linlin 的反向解析功能也正常。

● 故障 1

有的时候，输入 nslookup　www.company.com，会出现如下结果。

```
Server: linlin
Address: 192.168.0.5
*** linlin can't find www.company.com: Non-existent domain
```

这种情况说明：网络中的 DNS 服务器 linlin 在工作，却不能实现域名 www.company.com 的正确解析。此时，要分析 DNS 服务器的配置情况，就要看 www.company.com 这一条域名对应的 IP 地址记录，是否已经添加到了 DNS 的数据库中。

● 故障 2

有的时候，输入 nslookup www.company.com，还会出现如下结果：

```
*** Can't find server name for domain: No response from server
*** Can't find www.company.com : Non-existent domain
```

这种情况说明：测试主机在目前的网络中，根本没有找到可以使用的 DNS 服务器。此时，要对整个网络的连通性做全面的检测，并检查 DNS 服务器是否处于正常工作状态。采用逐步排错的方法，找出 DNS 服务不能启动的根源。